U0829942

Carbon Neutral Retrofitting – New Future for Existing Campus

零碳改造

——旧校园的新未来

谢俊　刘冰　吕天罡　周静　马明　编著

天津大学出版社
TIANJIN UNIVERSITY PRESS

图书在版编目（CIP）数据

零碳改造 : 旧校园的新未来 / 谢俊等编著.
天津 : 天津大学出版社, 2024. 9. -- ISBN 978-7-5618-7798-2
Ⅰ. TU244.2
中国国家版本馆CIP数据核字第2024XM3222号

零碳改造——旧校园的新未来 | LINGTAN GAIZAO : JIUXIAOYUAN DE XINWEILAI

出版发行	天津大学出版社
地　　址	天津市卫津路 92 号天津大学内（邮编：300072）
电　　话	发行部：022-27403647
网　　址	www.tjupress.com.cn
印　　刷	廊坊市瑞德印刷有限公司
经　　销	全国各地新华书店
开　　本	787 mm × 1 092 mm 1/16
印　　张	20.5
字　　数	390 千
版　　次	2024 年 11 月第 1 版
印　　次	2024 年 11 月第 1 版
定　　价	128.00 元

凡购本书，如有缺页、倒页、脱页等质量问题，烦请与我社发行部门联系调换

版权所有　　侵权必究

《零碳改造——旧校园的新未来》
编委会

主　　编　谢　俊

副 主 编　刘　冰　吕天罡　周　静　马　明

编写组成员　任　波　李　冰　关维维　孔祥力　杨林清　贺　伟　刘汝杰　王　枭　韩　涛　徐　杉　吴　俊　陈　浩　杨　柳　刘孝海　杨斯奇　姚发露　陈朝晖　朱　丽　张寿行　李斯奇　李巾锭　王惟宇　陈萨如拉　龚　强　何　成　邵泽彪　杨　洋　霍玉佼　马子雯　李昉芳　王文远

序

随着全球气候变化问题日益严峻，减少碳排放、实现可持续发展已成为全球共识。在此背景下，各类机构及组织纷纷采取行动，力求通过各自领域的努力，推动绿色低碳的发展模式。作为长期关注环境问题并致力于推动绿色发展的学者，我深感校园在这场绿色革命中应扮演重要角色。

《零碳改造——旧校园的新未来》一书，从理论基础、政策支持、实践路径和案例分析等多个维度，为读者全面展示了校园零碳改造的全貌，具有很强的可读性和操作性，是一本兼具理论深度与实践指导意义的优秀著作。无论是政府决策者、学校管理者、科研工作者、环保工作者，还是对零碳感兴趣的普通读者，都能从中获得启发和帮助。

本书的理论基础和政策支持部分，详细阐述了碳排放对环境的影响以及全球零碳化的紧迫性。编者通过数据和科学研究，揭示了全球变暖的现实和挑战，强调了减少碳排放的重要性和紧迫性，为读者对后续内容的学习打下坚实的理论基础。在实践路径和案例分析部分，编者从零碳校园资源环境设计、校园建筑被动式节能改造、校园建筑设备升级与能效提升和零碳校园可再生能源供给技术与方案等方面详细介绍了校园零碳化改造的具体路径和方法。这部分内容，不仅可以使读者了解到校园零碳改造的系统性和复杂性，为读者提供宝贵的指导和经验借鉴，同时也展示了校园零碳改造的可行性和美好前景。

本书作为中国长江电力股份有限公司、三峡电能有限公司科研项目“既有校园零碳化改造新型智慧综合能源系统关键技术研究及应用示范”的项目成果，得到了天津大学及相关单位的指导及支持，其为本书的编著提供了重要保障。

诚然，在实现校园零碳化的道路上，我们还有很长的路要走。希望《零碳改造——旧校园的新未来》一书，能够成为大家在这一征程中的有力工具和可靠伙伴，激励更多的人投身到校园零碳化改造的事业中来，共同为实现绿色、低碳、可持续的未来而努力，能够作为校园零碳改造的星星之火播撒全国，成为可以燎原的发端。

目 录

第一章 绪论

1.1 研究背景和意义

1.1.1 研究背景

1. 全球碳排放现状及零碳目标

碳中和已经成为全球共同目标。能源短缺和环境恶化是长久以来备受各国关注的严重环境问题，是目前全球社会经济发展所面临的两大严峻挑战，各个国家和地区都在呼吁节能减排行动。工业革命以来，人类活动给自然界带来了史无前例的巨大影响，碳循环体系首当其冲，进而出现了全球变暖、海平面上升等现象，引发了全球的反思。如何应对气候变化已成为人类最为重大和紧迫的课题。2015年第21届联合国气候变化大会上，全球有超过190个缔约国（地区）参与签署了《巴黎协定》，确立了全球温控的长期目标，堪称人类历史上全球治理的典范。截至2021年12月底，全球已有136个国家、116个地区、234个主要城市和683家企业制订了碳中和目标（表1-1）。据Energy & Climate的统计，碳中和目标已覆盖了全球88%的温室气体排放、90%的世界经济体量

表 1-1 部分国家碳达峰碳中和目标时间表

（数据来源：清华大学互联网产业研究院《2022 城市零碳交通白皮书》）

地区	国家	实现碳达峰年份	碳中和目标年份	提出碳中和目标的场合或文件
欧洲	英国	1991	2050	2019 年 6 月新修订的《气候变化法》
	法国	1991	2050	2020 年颁布法令通过“国家低碳战略”
	德国	1990	2050	2019 年 11 月通过的《气候保护法》
	丹麦	1996	2050	2018 年立法规定
	瑞典	1993	2045	2017 年立法规定
	挪威	1990 年前	2030	2017 年立法规定
	芬兰	1994	2035	2021 年立法规定
	荷兰	1996	2050	2022 年内阁提出气候政策
	冰岛	—	2040	2018 年立法规定
美洲	美国	2007	2050	2020 年 12 月拜登总统宣称
	加拿大	2007	2050	2019 年 10 月特鲁多总理承诺
亚洲	中国	2030	2060	2020 年 9 月国家主席习近平在第 75 届联合国大会上宣布
	日本	2013	2050	2020 年 12 月日本经济产业省发布的《面向 2050 年碳中和的绿色成长战略》
	韩国	2020	2050	2020 年 4 月韩国执政的民主党在选举中宣称

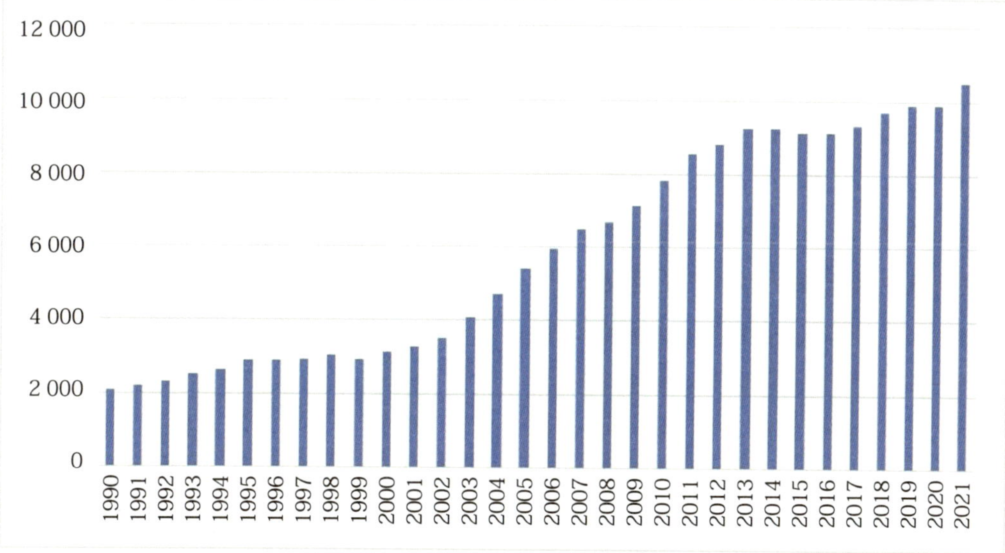

图1-1 1990—2021年我国二氧化碳历年排放量/百万吨
数据来源：IEA（国际能源署）

和85%的世界人口。

自1980年以来，中国成为世界上增长最快的经济体，在以高速工业化和城市化进程为主要动力的中国经济转型过程中，国内生产总值扩张超过30倍。作为“世界工厂”，中国工业产值增加值占世界工业产值增加值的1/4，水泥和钢铁占世界总产量的一半以上。但与此同时，中国也是目前世界上最大的温室气体(GHGs)排放国，排放量约占全球温室气体排放总量的1/4。图1-1展示了自1990年以来我国历年二氧化碳排放总量的变化趋势，可见2005年至2021年间，二氧化碳年排放总量增长近一倍。

“双碳”目标是我国进入新发展阶段，实现高质量发展的必然选择和迫切需要。中国是全球人口最多、碳排放量最大的国家，国家主席习近平在2020年9月的第七十五届联合国一般性辩论上郑重宣布，中国“二氧化碳排放力争于2030年前达到峰值，努力争取2060年前实现碳中和”，向世界展示出了中国在应对气候变化问题上的大国担当，也体现出了中国构建全球命运共同体的基本理念与决心。2022年1月24日，习近平总书记在十九届中共政治局第三十六次集体学习时的讲话中提出，“实现‘双碳’目标，不是别人让我们做，而是我们自己必须要做”，进一步明确了“双碳目标”是我国进入新发展阶段，实现可持续发展的必然选择和迫切需要。

我国碳达峰碳中和目标时间紧、任务重。“双碳”目标的确立，将倒逼中国能源结构、生产方式、经济结构转型。中国带头发动前所未有的第四次绿色工业革命，成为世界应对气候变化的创新者、领先者、贡献者。但与此同时，对比欧美等发达国家可知，欧盟和美国都表示在2050年实现碳中和，然而欧盟27个成员国整体已于1990年碳达峰，美国于2005年达峰，意味着其各自有60年和45年的时间从峰值走向净零排放。相比之下，中国“2030年碳达峰、2060年碳中和”的目标要求我国仅用30年将碳排放量从峰值降至净零排放甚至负碳排放，中国的减排路径远比欧美陡峭，减排速度甚至要超出欧盟1倍。同时考虑到当前碳排放总量大的特征，未来的40年里，中国以“双碳”目标作为约束性目标，将面临时间紧、任务重的严峻挑战，但同时这也将成为中国应对全球气候危机，推动低碳经济，引领全世界可持续建设的巨大机遇。未来40年的碳中和之路可谓时间紧、任务重。

2. 建筑行业的节能降碳对双碳目标的实现意义重大，公共建筑能效提升是建筑节能的重要方向

基于对全球建筑部门的能耗核算，国际能源署（International Energy Agency，IEA）报道指出，建筑业终端（建筑建造和建筑运行）的能源消耗量约占世界总能耗的30%~40 %，其中，英国为50%，欧洲为41%，美国为36%。此外，相关资料显示，全球40%~50%的温室气体排放量来自建筑业。2021年，在所有与能源相关的行业里，建筑行业CO_2排放量与用能总量位于首位，CO_2排放量占总排放量的37%，建筑行业用能量占总用能量的36%。因此控制建筑能耗的增长已经逐步成为许多国家提高能源利用效率和减排CO_2政策中最重要的部分。

据中国建筑节能协会发布的《2022建筑能耗与碳排放研究报告》统计，2020年全国建筑存量为696亿m^2,其中20%为公共建筑。2020年，公共建筑、城镇居住建筑和农村居住建筑的碳排放分别为8.34亿tCO_2、9.01亿tCO_2和4.27亿tCO_2，公共建筑占建筑碳排放总量的比例为38.6%，在我国建筑行业总能耗中占据很大比重。2020年全国建筑碳排放强度为31.1 $kgCO_2/m^2$，城镇居住建筑和农村居住建筑的碳排放强度分别为28.1 $kgCO_2/m^2$和18.3 $kgCO_2/m^2$；公共建筑碳排放强度为58.6 $kgCO_2/m^2$，显著高于另外两类建筑。在2010—2020十年间，公共建筑碳排放增长51%（6.34亿tCO_2），成为碳排放增长的主要来源。由此可见，公共建筑不仅能耗强度高，碳排放强度也高于全国水平，降低公共建筑能耗强度与建筑能耗总量，是实现建筑领域节能减排的重要解决方法。相较于国家平均水平，公共建筑的能耗及碳排放强度均较高。因此，降低这些建筑的能耗和总量，是建筑行业实现节能减排的关键策略。在我国当前阶段，节能的重点正逐渐从居住型建筑转向公共建筑，从单一建筑向整个建筑群的集中管理过渡，同时也从仅关注建筑的设计、施工及验收，扩展到建筑运行的持续管理。

此外，相关研究预计，我国建筑能源的消耗量还在持续增加。2021年，大多数主

要经济体的建造活动有所回升，回到了新冠疫情暴发前的水平，同时随着工作场所重新开放但仍然存在混合式工作模式，建筑物的能源密集型使用有所增加。根据IEA的报告，2021年建筑能源需求比2020年增加了大约4%,达到了135 EJ,是过去10年来最大的增长。这造成了建筑物运营所产生的CO_2排放量达到了历史最高水平，约100亿吨CO_2，比2020年增加了大约5%，比2019年出现的上一个峰值高出2%。因此，关于我国建筑能耗总量和碳排放的控制势在必行。

未来几年，建筑行业预计仍将保持高速增长，如果建筑行业不采取相应措施，将会给实现双碳目标的完成造成不可忽视的阻力。随着中国双碳战略不断推进，近零碳建筑受到越来越多的关注。未来中国建筑近零碳改造不断落地，将会逐渐出现近零碳园区、社区、校园。通过构建园区城市组网实现区域近零碳，为远期最终实现区域“碳中和”打下坚实基础。建筑节能设计和提升能源效率是应对世界能源短缺情况的重要举措，是实现建筑业的碳中和目标的有效途径，是应对我国目前建筑总能耗越来越高的有力策略，是力争2030年左右达到建筑能源消费总量峰值的必经之路，因此，关于建筑的节能设计及降碳研究十分重要。

3. 校园建筑是公共建筑节能降碳的重要领域，开展绿色校园建设有强大基础

校园建筑是公共建筑中的重要分类。教育部2021年教育事业统计数据结果显示，全国共有各级各类学校52.93万所，在校生2.91亿人。其中有3 012所高校，3 496.13万学生，年总能耗超过2 000万吨标准煤，占国内能源消费总量的8.5%，年人均碳排放量比全国人均高近5倍；中小学的单位面积能耗为14.5 kW·h/（m^2·a）~25.8 kW·h/（m^2·a），对学校用能现状的研究显示，供暖成本较高，可再生能源利用率较低。显而易见，校园建筑的节能是公共建筑节能领域的关键部分。随着教育行业的不断扩展，预计未来我国的校园建筑在数量和规模上都将显著增长。此外，校园智能技术的引入以及师生对于更优质学习生活环境的需求日益提高，这些因素都将使得对校园建筑的能耗与强度的控制面临更大挑战。

学校是国家教育的核心场所，反映了时代特征，并具有深刻的社会影响力。2021年7月，教育部发布《高等学校碳中和科技创新行动计划》，这一计划明确了高校在实现国家碳达峰和碳中和战略中的具体任务。作为城市结构中不可或缺的部分，学校集教学、研究、生产和居住等多功能于一体，其能源消耗和温室气体排放远超城市其他区域。

校园通常包括多样的建筑类型，并且教学与居住区在能源使用上存在显著差异，这使得校园能源节能与运行管理成为一项复杂的任务。《绿色校园评价标准》主编吴志强提出，“绿色校园是绿色社区的缩影”，是一个微型的城市群体。1949年以来，我国高校及学科之间经历了合并、重组以及

细化等变化，带动校园教育、管理模式的不断改变，如高校院系管理模式、学科组团建设模式。随着高校教育产业化的发展，中国内地出现一股高校之间合并、扩招热潮，出现了众多的大型、超大型校园建设，比如天津大学津南新校区、河北师范大学南二环新校区、华北理工大学曹妃甸新校区等，都是少则一两千亩（66.7~133.4万m^2），多则可达四五千亩（266.7~333.3万m^2）的大型、超大型校园，现代高校的人数规模也从几千人发展到甚至近10万人规模，现代高校正在成为带动一方经济乃至一个城市快速发展的动力引擎。现代校园建筑集多功能于一体，能耗问题正在受到社会的关注。校园由办公（或科研）楼、教学楼、图书馆、食堂、宿舍以及其他附属用房等十余类建筑组成，形成了独立于社会的一个生活圈，成为现代城市经济和社会文明的标志性元素。如何在大型或超大型校园实现绿色环保的项目建设及运行管理，成为现代校园规划研究的热点。

同时，全球能源危机情况日益严重，而可持续性校园、绿色低碳校园、节能建筑设计等设计意识逐渐被人们接受，校园规划建设对建筑高效用能问题也越来越关注。寒冷地区高校校园如何在实现高效用能的基础上，统筹校园建筑综合体设计的舒适宜居和合理布局，逐渐成为热点问题。为贯彻落实《中共中央国务院关于完整准确全面贯彻新发展理念做好碳达峰碳中和工作的意见》和《国务院关于印发2030年前碳达峰行动方案的通知》（国发〔2021〕23号）精神，整合能源投资和能源技术，统筹协调校园能源需求与能源供给，为校园零碳发展提供整体解决方案和实施路径，开展面向既有校园的零碳化改造具有重要意义。

1.1.2 研究意义

2015年《巴黎协定》为全球气候行动制订了关键目标，即将全球温升目标控制在工业化前2 ℃以内，努力控制在1.5 ℃以内。然而根据国际能源署最新研究结果，即使各国能够按照目前的政策全面有序落实碳减排行动，仅有望在21世纪末将全球升温幅度控制在1.8 ℃。这意味着，若要实现1.5 ℃以内的温控目标，需要全球协力采取更为积极乃至激进的措施促进全面减碳。交通运输行业与人类生产生活关系密切，是经济与社会发展的重要支柱，如不加以限制，其产生的碳排放将持续增加。研究不同气候区、不同类型既有校园的零碳路径对实现全球碳排放净零的目标至关重要，引起了各相关部门和研究机构的高度关注。

本书将在总结归纳既有学者研究成果的基础上，针对不同气候区、不同类型既有校园用能特点、能源资源条件，研究生成不同场景下既有校园零碳化改造的能源系统解决方案和具体实施技术路径。涵盖校园资源环境设计、校园建筑被动式节能改造、校园建筑设备升级与能效提升、可再生能源供给技术与方案等，为高等学校、职业院校、中学等不同学校类型提出的套餐式能源系统解决方案将具有先进性、可负担性和可获取性，是3A（Advanced，Affordable，Accessible）型的既有校园零碳化改造方案，有效解决既有校园零碳化改造系列套餐式、整体性的实施路径缺乏问题，以期推动以校园作为重要单元的社会结构向低碳、零碳目标更进一步。

1.2 相关概念解析与理论阐释

1.2.1 既有校园

既有校园通常指的是已经完工并投入使用的校园，相对于正在建设或计划建设的新校园而言，这些校园已经拥有稳定的空间功能布局、成型的公共建筑风貌以及完善的景观绿化，处于正常使用状态。既有校园具有以下3个特点。第一，既有校园由于建设年代较早，经过师生日常使用，可能会出现建筑与基础设施陈旧、校园道路雨后积水、各类设备能源利用效率低等问题。第二，既有校园仍处于正常运行且在接下来的一定时间内长期正常运行的状态，需要通过更新改造措施解决现阶段问题，优化校园建成环境。第三，既有校园仍有可能存在未建设完成的区域，处于新建与改造并存的校园建设模式。

1.2.2 零碳化改造

目前，全球社会经济发展正面临能源短缺和环境恶化问题，其已成为制约社会经济持续发展的主要障碍。各个国家和地区都在呼吁节能减排行动。2015年《巴黎协定》设定了21世纪后半叶实现净零排放的目标，在此基础上零碳建筑的概念也应运而生。零碳建筑以单位建筑面积碳排放量的稳步下降为主要目标，与国家、城市以及行业的温室气体减排目标直接挂钩，对于建筑的年排碳量有明确限制要求。

在零碳之路上，各国已经大力建设超低能耗建筑、近零能耗建筑，近零碳园区、社区、校园将会逐渐出现。在零碳转型中，零碳校园建设将发挥关键作用，以校园转型为起点，势必能够更好推动社区及城市的零碳转型。目前，“零碳化改造”尚没有标准定义，普遍认为既有校园的零碳化改造，将在一个既有校园范围内，通过建筑节能、校园能源管理、可再生能源规模化利用等改造手段，使在一定周期内（通常为一年），直接或间接产生的二氧化碳排放总量全部抵消，从而全年实现碳元素“零排放”，即内部碳源减碳汇等于零。

1.3 国内外研究现状

1.3.1 国外研究现状

1.3.1.1 零碳校园的发展现状

1. 零碳校园的国际承诺

1990年，来自全球22个国家（地区）的大学校长签署了《塔卢瓦尔宣言》，标志着绿色校园建设的开始。随后，国外多所大学纷纷采取行动推动绿色校园建设（表1-2），如美国乔治华盛顿大学设立了绿色大学推进委员会，哈佛大学和加拿大滑铁卢大学提出了绿色校园倡议，英国爱丁堡大学提出了环境议程。

表1-2 20世纪90年代国外高校绿色校园建设行动

（数据来源：清华大学互联网产业研究院《2022城市零碳交通白皮书》）

国家	学校	时间	重要举措	结果
美国	塔夫特大学	1990	塔夫茨清洁计划	了解环境，以减少大学内部运作的影响
美国	乔治华盛顿大学	1994	绿色大学推进委员会	成为美国第一所绿色大学
美国	哈佛大学	1991	绿色校园倡议	自行减少温室气体排放
加拿大	滑铁卢大学	1990	绿色校园倡议	在高等教育中建立最佳环境政策并实施可持续发展理念
英国	爱丁堡大学	1997	环境议程	开设环境相关课程，提高环保意识
澳大利亚	澳大利亚校园迈向可持续发展（ACTS）	1997	解决与校园可持续发展相关的问题	建立可持续发展教育之路

在国外高校碳排放领域的研究方面，发达国家高等院校通过开展低碳校园研究较早提出了相应的校园低碳规划策略、节能减排发展目标、定量评估研究方法等。21世纪以来，多个院校先后签署协议，表达其努力实现碳中和目标的决心，世界各地不同的大学校园都为准备和签署脱碳倡议作出了贡献。Amaral等人最近的一项综述研究回顾了来自世界31个国家（地区）的106所大学校园的可持续发展举措。他

们表明，在这些高等教育机构中，北美和欧洲是确定机构数量最多的地区。

在美国，早在2005年，美国耶鲁大学便设定了一项雄心勃勃的目标，即到2020年将碳排放量较1990年减少10%，其中通过“现有建筑的节能改造”和“应用可再生能源”实现60%的减排目标。继耶鲁大学之后，哥本哈根大学、哈佛大学等其他高等教育机构也相继成立了相关部门，根据各自的特色和条件，制订了自己的低碳校园建设目标和实施计划。目前，已经有超过600所学校签署了《美国大学和大学校长的气候承诺》（ACUPCC），并承诺实现碳中和，占美国高等教育大学校园的30%以上。加州大学伯克利分校制订了远大的减排目标，即到2050年将碳排放量减至1990年水平的20%。这一目标是基于《京都议定书》对美国的碳排放限制以及加利福尼亚州自身的减排计划而设立的。为实现这一目标，伯克利大学对校园内的二氧化碳排放源头、排放量及现有的减排措施进行了细致的调查。基于这些数据，学校进一步推动新能源的开发使用，以加大减排力度，最终达到校园的碳中和目标。另一个例子是位于明尼苏达州莫里斯市的文科校区，该校区是明尼苏达大学的一部分，通过实施可再生能源资源，该校区能够通过其风力发电场满足60%的能源需求。此外，洛杉矶社区学院区（LACCD）与美国高等教育可持续发展促进协会（AASHE）一起迈出了重要一步，其目标是推进先进能源技术的利用，使所有大学校园在“净零能耗”和“气候中性”下运行。

在英国，格拉斯哥大学设定了2030年的净零排放目标，成为英国第一所宣布将在10年内放弃化石燃料的大学。英国大学协会与大学和学院环境协会（EAUC）成立了英国高等教育和继续教育学生和领导者气候委员会，以满足高等教育部门碳减排的愿望。根据IPCC的建议，他们建议高等教育机构进一步的目标是到2030年实现范围1和范围2的净零排放，不迟于2050年实现范围3的净零。

除此之外，在亚洲大学校园，日本千叶大学成为日本第一所在2025年前完全依靠可再生能源运营的大学，并成立了日本可再生能源大学联盟。东京大学在构建低碳校园方面展示了前瞻性的规划，设定了2012年和2030年两个碳减排阶段性目标：2012年碳排放量需比2006年降低15%，而2030年则需减少50%。为实现这些目标，东京大学建立了一套行动框架，鼓励师生员工从日常行为做起，积极节能减排。该校还寻求与社会和研究机构在多个层面上合作，共同推动低碳城市的构建。此外，新加坡南洋理工大学在2010年发布了生态校园可持续发展计划，提出到2025年将校园能耗较2011年减少50%，并力图成为全球最绿色的大学之一。

这些案例表明，国际上许多高校的碳减排行动都是建立在自身详细的碳平衡核算清单基础之上的，通过阶段性的具体目标来实现碳减排。

2. 零碳校园的评价标准

在全球范围内，主要的绿色建筑评价标准如美国的LEED、英国的BREEAM和澳大利亚的GREEN STAR均推出了专为学校设计的版本。与此同时，德国的DGNB正在制订针对教育建筑的标准，而日本的CASBEE则为教育建筑设置了特定条款，尽管大部分评价标准与其他类型建筑相同。

LEED for Schools评分系统涵盖了可持续场地设计、水资源利用效率、能源与大气保护、材料与资源使用、室内环境质量以及创新设计6个领域。

BREEAM Education 2008则包括管理、健康与舒适、能源、交通、水资源、材料使用、废物处理、土地使用与生态、污染与创新10个方面，并且引入了权重体系和最低分值要求，使得评分过程更加细致和复杂。

澳大利亚绿色建筑委员会在2010年1月推出的Green Star Education V1计算工具则从管理、室内环境质量、能源、交通、水资源、材料、土地使用与生态、排放和创新9个方面进行评估。

日本的CASBEE学校建筑评估工具在大部分方面与其他类型建筑相同，但在室内环境和服务质量等几个关键条目上设有特定标准。

1.3.1.2 针对校园资源环境设计的研究

校园是大型实体，对环境产生巨大影响，从而对整体城市可持续性产生巨大影响。联合国环境规划署（UNEP）与牛津大学合作制订和发起了建设自然积极型大学的倡议，该倡议是一个全球大学网络，旨在支持高等教育部门、运营和供应链、校园和城市内自然恢复的优先顺序。400多所大学的人们表示有兴趣加入这个网络，对联合国生态系统恢复十年和可持续发展目标作出了重大贡献。

在低碳交通方面，中国、美国和英国是交通碳排放重要的研究力量，目前的研究热点主要集中在理论与方法、低碳出行、绿色供应链管理、碳排放驱动因素等方面，情景分析、数据包络分析和车辆路径问题是近年来交通碳排放研究领域常用的关键词。Betanti Ridhosari等人通过对于学生使用的交通工具、教师和学术支持人员使用的交通工具，包括讲师、大学领导、行政人员、实验室分析师以及安全官员、司机、清洁服务人员、机械人员、工作人员等支持人员、访客使用的其他交通工具的调查进行了印度尼西亚的佩尔塔米纳大学的碳足迹计算，并提出了减少交通产生的碳排放的建议。Özgür Göçer等人以伊斯坦布尔的Özyegin大学为例探讨了交通方式对校园使用者校园活动参与率的影响程度。J. Allen等人对两个不同人口群体的出行方式选择及其对校园使用和活动参与的影响进行了统计分析。

在低碳景观方面，高等教育中的校园绿化举措已成为一个非常富有成效的领域，通常侧重于对制度方面、课程内容或关键参与者、学生和教师的调查。然而，大学校园在绿化方面的一般知识、采取的措施和计划、管理等方面仍然面对挑战。Trinity Gomez等人认为景观作为生活实验室提供了思考和实施的机会，可以更紧密地与校园可持续发展计划和政策联系起来，探讨了校园生物物理景观本身在高等教育环境中将景观和学习结合在一起的方式。Evan Mallen等人探讨了城市大学校园内植被环境对当地小气候的热影响，认为城市热岛与树冠和景观美化显著相关。

在校园水资源利用和处理方面，随着人们对水能资源的需求不断增长以及气候变化对人类社会的影响越来越大，共同解决可持续利用水能资源和遏制碳排放问题的必要性已得到广泛认可。Varinder S. Kanwar等人的研究结果表明，结构化和有序地进行水审计有助于教育机构节约用水并确保其最佳使用。改善大学校园部门间沟通有助于制订有效的管理计划，精心设计的水循环和再利用系统可确保减少净用水量。Ruishi Li等人建立了校园不同功能区域的水、能源使用情况和碳排放的综合框架，从而协助制订校园减少碳排放和加强节能节水的综合战略。

在固废管理方面，从技术上讲，校园内的固体废物可以按69%的比例回收利用，但只有16%的校园利益相关者非常关注废物回收、26%的校园垃圾在校园内单独收集，因此校园固废管理的优化潜力仍然很大。目前，一些大学已经采用了综合的可持续固废管理实践来实现可持续发展。例如，康奈尔大学回收和堆肥的废物占其总废物的70%以上。同样，佛罗里达大学和拉各斯大学分别回收了30%和53%的废物。Aleksandra Jakimiuk等人进行了促进大学校园可持续废物管理的途径的案例研究，提出生物反应器和“Kiero”堆肥系统为大学的绿色空间创造了天然肥料，堆肥使大学能够减少食物和有机废物，从而促进闭环经济。

1.3.1.3 针对校园建筑被动式节能改造的研究

一些发达国家，尤其是欧洲国家对建筑的被动式节能研究已经有近半个世纪的历史。“被动式节能建筑”这一概念最初源于20世纪80年代德国的低能耗建筑理念。1988年，瑞典隆德大学的Bo Adamson教授和德国的Wolfgang Feist博士首次提出了被动式节能建筑的概念。他们主张，通过利用被动设计策略，在不使用消耗能源设备的情况下就能使建筑的室内环境保持在一个舒适的程度。

1991年，世界上第一座被动式节能建筑(Passive House Darmstadt Kranichstein)终于在德国的达姆施塔特(Darmstadt)建成，虽然该建筑建成至今已超30年，但仍在设计要求的范畴内良好运转，维持良好的节能效果。1996年，菲斯特博士(Wolfgang Feist)在德国Darmstadt成立了被动房研究所(PHI)，该研究所是目前世界上研究被动式节能技术最权威的机构之一。被动房研究所致力于不断研发并改进建筑动态模拟、建筑能量平衡以及被动式建筑设计(例如，通过使用被动房规划设计软件包)的各种算法和软件工具。另外，被动房研究所每年都会召开国际被动房大会以及低成本被动房的专题研讨会。以这些研讨会成果为蓝本，大量的被动式建筑在德国境内以及境外已建成；这些研讨会针对实践设计而制成的会议纪要可以在被动房研究所订购。每年一度的国际被动房大会已经成为节能建筑和节能改造领域内科学家、建筑师、工程师及产品研发者的一个全球性交流平台。

现今，在欧美等发达国家被动式节能建筑已具有一定的规模，并在当地各种积极政策激励之下，建立了较为完善的产业链及评价体系。比利时是世界上第一个最早在全国范围内实施只建造“被动式房屋”的国家。自2015年1月1日起，比利时规定境内新建建筑必须遵循被动式房屋的标准进行建设。瑞典在2007年颁发了两个与被动式节能房屋有关的评价标准。同样在2007年，德国将建筑的照明能源消耗量和制冷能源消耗量纳入被动式节能房屋的评价指标。到2010年，德国已打造了超过1.3万余座被动式节能建筑并投入良好的运行之中。瑞士工程师和建筑师协会制订了人均能源需求不超过2 000 W当量容量的社会计划，同时指出实现该计划的关键包括被动节能改造。

在校园被动式节能改造方面，日本大阪大学为实现可持续校园的目标，为每类建筑制订能源使用计划，并在校园内安装可再生能源设备，并对校园建筑进行了被动式节能设计改造，最终大阪大学的单位建筑面积能源消耗量降低了22%。Yang Wang等人介绍了德国南部一所新建被动式校舍的能源性能和二氧化碳排放的三年监测研究（运行和优化），结果表明，被动式住宅校舍可以满足3个能源基准系统的要求，并将使德国标准校舍的年二氧化碳排放总量减少2/3。M Guerrieri等人从大学校园和城市之间的这种相似性出发，旨在开发一种定量方法，以估计市政当局采用一组给定干预措施在多大程度上有助于使该城市接近零能源状况。

1.3.1.4 针对校园建筑设备升级与能效提升的研究

通过合理配置冷热源系统、机电系统和自控系统，并选用高效节能设备和材料，可以精确并稳定地调控校园建筑的舒适性参数，从而提高整体能效。主动式节能技术包括供热、热水、空调、新风系统和建筑能源系统的节能措施。在进行校园建筑设备的优化设计时，应考虑到不同气候区的特点，选择最适合当地条件的主动式节能技术，这样不仅能降低技术实施的成本，还能提高能源利用效率。

在供热系统节能技术方面，到目前为止，国外学者已经进行了一系列旨在优化区域供热系统管理的研究。在目前的研究中，已经从不同的细节层次上建立了基于供热系统模型的优化问题，广泛的数学方法已经被应用于自动管理热泵的运行时间、流速、温度和热水箱的容量。Heinz等人基于规则的热泵控制策略，提出提高屋顶光伏电力利用率的方法。Golmohamadi等人使用三阶段随机规划的住宅热泵调度，以提高电力热灵活性。Toradmal等人考虑建筑热惯性、光伏利用率及电池容量的地源热泵和空气源热泵的协同优化。Deng等人利用基于黑洞算法的优化策略开发冷、热、动力联合地源热泵系统。Chen等人建立了基于深度强化学习算法的校园供热系统自适应管理模型，采用模型预测控制理论来应对校园供热需求的间歇性，进行校园供热系统预测管理。

在空调系统、新风系统节能技术方面，国外学者已开展了减少空调系统相关环境影响的策略研究，从而提高能源效率。近年来，由于能源消耗和制冷剂的使用，传统空调技术的广泛使用加剧了对环境的影响。Beccali等人评估了包括带有辅助热源的太阳能热、传统的并网光伏系统和传统的离网光伏系统在内的3种不同太阳能空调系统。Solano-Olivares等人对安装在墨西哥一所大学的太阳能吸收式空调系统原型进行了环境影响评估，并与商用空调系统进行了比较，结果显示其在所有影响类别中都取得了更好的结果，从而显著减轻了环境影响。Longo等人为希腊雅典不同配置的吸收式空调系统进行了全生命周期评估，结果表明，传统并网系统在运行阶段的排放量最高（高耗电量），其次是太阳能热能（辅助锅炉中的天然气消耗），而离网传统系统的排放量最低。Chen等人进行了新风通风系统对教室室内空气质量干预的综合分析，结果表明新风通风系统可降低室内CO_2浓度$1\ 120\ \times 10^{-6}$。

在建筑能源系统节能技术方面，现有研究表明，通过采用“智能建筑原则”并将“智能”整合到其能源系统中，可以解决高等教育建筑和能源系统实现净零碳排放的问题。智能能源系统可以通过更智能地利用能源资源来帮助实现碳减排，以实现运营目标并响应电网信号。有关智能能源属性以及概念和技术模型的更多详细信息已在其他地方详细审查。目前，已经有多所大学通过整合智能能源监测和可再生能源发电来减少碳足迹。

1.3.1.5 针对校园可再生能源供给的研究

在欧洲，以可再生能源应用较为普遍的德国为例，其太阳能发电基本以分布式为主要形式，集中于各个建筑的屋顶部分。风电则大多应用于丘陵地带以及近海区域。生物质能的应用则大多以燃烧发电或沼气发电的形式应用于村镇区域。德国持续推动太阳能光伏发电站、中小型风电站、生物质燃烧和沼气发电站的建设，尽可能在局域小电网的调控下实现能源的实时消纳和各类可再生能源的互补利用。此外，在应用并入大电网的办法提升可再生能源自给率的同时将剩余可再生能源电力输送到外部区域，更大程度地带动大范围产业发展。据统计，英国除北爱尔兰以外的其他区域2018年可再生能源的发电量已经达到了95.9 亿kW · h，相对2017年同比增长15.2％，可再生能源极有可能在未来成为英国的主要发电源，也显示出英国新能源发电水平的先进性。伴随着现阶段海上风电成本的下滑和海上风电场数量的增多，风电技术发展有了长足的进步，在英国可再生能源发电量占比中达到了55％。

在美国，风电和光电同样是目前能源转型的重要突破口。据统计，随着能源利用效率的不断提升，美国在2008—2018年10年间的能源使用量收缩了8%以上，即使社会经济及人口数量持续增长，能源消耗量也能始终维持在较低的可控范围内。除了光伏发电和风电之外，美国对于生物质发电的研究开展也相对较早，在2008年其生物质发电量就已经超过了340 MW，2018年又跨越了1 600 MW的台阶，其对于生物质发电的相关政策也日臻完善。

在校园的可再生能源利用方面，目前国外已有很多学者开展了相关研究。Javier M. Rey-Hernández等人以西班牙的一所大学为研究案例，评估可再生区域供热系统的性能，以在翻新的大学校园中实现几乎零能耗的状态。研究结果表明，可再生区域供热可作为深度能源改造策略中的最佳技术，通过生物质燃料区域供热系统的深度能源改造策略，具有在大陆天气条件下实现大学近零能耗建筑的潜力。Xueyu Tian等人以康奈尔大学为案例，构建了上部结构优化模型，以处理所研究区域碳中和能源系统的优化设计、季节性运行、能源结构以及所涉及的各可再生能源基荷和峰值负荷技术的相应容量，从而设计了100%可再生能源的综合能源系统的方案，实现碳中和能源转型。Ayooluwa A. Ajiboye等人的研究探讨了满足圣约大学能源需求的最经济可行的混合可再生能源系统方案，对技术-环境-经济的敏感性分析表明，光伏-柴油-电网-BESS可再生能源系统是最佳配置。

1.3.1.6 针对零碳人才培养的研究

随着全世界对于碳减排的关注度日益提高，零碳专业人才的培养也更加令人关注。英国专家卢卡斯早在20世纪70年代就提出了有名的环境教育模式，指出了环境教育为“为了环境的教育”。1992年“环境与发展大会”通过的《二十一世纪议程》，第一次明确提出了“面向可持续发展重建教育”的导向。在2002年12月，第254号决议于联合国第57届大会通过，大会宣布2005年至2014年为“联合国可持续发展教育十年”。此举旨在在教育领域内深化可持续发展的理念，继而培养全民对于可持续和公正社会的责任感和实践能力。

英国是全世界最早关注零碳教育的国家之一，对于零碳教育的内涵、价值、作用都有较深刻的理解和研究。英国的零碳人才培养主要从4个角度出发：第一，树立学生碳减排意识、培养低碳生活的理念，使学生充分认识到碳减排的重要性。第二，推广生态可持续教育与实践相结合，增进教育与社会、自然之间的密切联系。第三，鼓励学生与家庭成员一起，共同接受低碳教育。第四，促进与其他国家之间低碳经济方面的合作，从而实现零碳人才方面的交流。美国的零碳教育更多与实践相结合，目前已成为加强学生创新意识和能力的重要组成部分。在美国，许多学校开设了关于节能减排的课外兴趣小组，鼓励学生开展可再生能源相关的研究，并为此设立相关奖项。例如伯克郡大学，每年会从特设的校级奖励中单独拿出一个名额用以鼓励减少污染物排放方面的课题研究。此外，德国也对零碳教育非常关注，零碳人才培养渗透于从幼儿教育到高等教育的每个阶段。

1.3.2 国内研究现状

1.3.2.1 零碳校园的发展现状

我国零碳校园研究发展起步较晚，体量相对较小。但是从发展机遇上来看，目前正处于蓬勃发展的关键时期。许多学校已投入到减碳工作中，但目前的能耗水平依然较高。在执行过程中，企业大多使用传统的能源管理系统，而对光伏、碳管理等系统不了解，管理平台相互割裂的现象比较突出，体验较差。

1996年，我国首次正式引入“绿色学校”概念，并编制了《中国绿色学校指南》。2012年，山东建筑大学的王崇杰教授出版了《绿色大学校园》，介绍了在高等教育机构中应用低碳和可持续技术的实践。2008年，教育部联合住房和城乡建设部发布了《高等学校节约型校园建设管理与技术导则（试行）》，为高校在节能审计、建筑能耗管理与远程监控等方面提供了指导。此外，2013年4月1日起实施的《绿色校园评价标准》（编号CSUS/GBC04—2013）由中国城市科学研究会绿色建筑与节能专业委员会绿色校园学组编制并发布，这一标准后来也成为同济大学开展绿色校园评价工作的技术基础，并为国家标准《绿色校园评价标准》的编写提供了依据。

为落实住房和城乡建设部2013年发布的《关于印发2014年工程建设标准规范制订、修订计划的通知》（建标〔2013〕169号），2014年4月18日，由中国城市科学研究会主导，同济大学吴志强教授主编，联合19家单位共同参与，着手制订了国家标准《绿色校园评价标准》。这项标准于2019年正式获批实施，编号为GB/T 51356—2019。

2020年教育部办公厅和国家发展改革委办公厅联合下发的《绿色学校创建行动方案》都对节约型校园、绿色学校创建提出了新的要求；2021年7月，教育部印发了《高等学校碳中和科技创新行动计划》，对高校服务保障碳达峰、碳中和国家战略提出了明确要求。

2007年我国既有校园能耗监控的研究在政策指导下启动，目前我国有200所高校实施了节约型校园建设，北京外国语大学根据北京市节能标准的最高要求进行了节能改造。天津大学津南校区采用了以地源热泵为主的区域能源供能系统，目前天津大学佐治亚理工深圳学院正在进行近零碳校园建设。

1.3.2.2 针对校园资源环境设计的研究现状

我国对校园资源环境设计的研究比较晚，理论成果也相对较少。到了20世纪八九十年代，国家对于高等教育的关注度日益提高，同时高校的办学规模也在逐渐扩大，有关校园资源环境的研究随之增多，出现了许多相关的理论成果，同时对于高校环境建设的关注度也更高。

国内学者对于校园资源环境的研究大多集中于校园整体景观规划的探讨。刘丽和在《校园园林绿地设计》一书中对不同类别校园的景观环境设计策略和绿色生态校园建设策略进行了详尽的探讨。何镜堂在《弘扬地域文化 创造生态校园》一书中，从可持续和绿色生态的角度，对生态、地域与校园资源环境设计结合的方法和路径进行了详细的阐述。苏晓芸在东北农业大学校园景观的可持续规划设计中采用了实践案例分析方法，从6个方面进行系统构建：低碳交通体系、可持续景观体系、低碳建筑设计、水系规划、废弃物有效回收利用以及高校文化有机融合，形成了一套完整的可持续校园规划系统。李欣则从景观规划与建筑功能布局的协调、绿色基建与高校景观的共融以及综合型绿化与高校生态的统一3个方面，提出了具体的策略，旨在提升校园整体的可持续性发展。杨阳重点对城市园林水景应用现状进行研究，对其中的高碳问题进行梳理并进行深入思考，进而基于低碳的可持续发展理念，对城市园林水景的发展提出新思路。袁同着力于研究低碳理念和景观项目成本之间的关系，结合相关成本控制理论，从实际案例入手，分析探讨了在低碳理念景观项目建设周期内各个环节内对成本的具体影响体现。

1.3.2.3 针对校园建筑被动式节能改造的研究现状

被动式建筑在中国的开展相比国外较晚，自2009年起，在建筑节能与科技司的指导下，中德双方以推广被动式低能耗建筑理念为目标展开了深入合作。2011年6月，中国住建部与德国相关部门签订了《关于建筑节能与低碳生态城市建设技术合作的谅解备忘录》，进一步确立了发展被动式低能耗建筑的合作方向和最大限度减少建筑能源需求的工作重点。目前，中国住建部科技中心与德国能源署已为3个实践工程授予了被动式建筑的质量认证标识，分别是秦皇岛“在水一方”一栋18层住宅、哈尔滨“溪村庭院”和潍坊“未来之家”。根据统计数据，若新建建筑全部被认证为被动式建筑，同时对现有的寒冷地区、严寒地区采暖居住建筑展开被动式改造，到2050年时，我国北方居住建筑的采暖用能将可以控制在5 000万吨以内。

此外，目前也有一部分学者针对校园开展了被动式节能技术的研究。刘志超总结了岭南高校既有建筑现存的若干问题以及既有建筑改造中被动式节能的设计重点，认为岭南高校既有建筑中被动式节能设计应当遵循整体性、地域性、时代性原则，并从梳理建筑布局、优化内部空间、提升围护结构3个方面为校园既有建筑提出了具体的被动式节能改造策略。周丽华在分析建筑被动式节能设计的应用现状和发展趋势后，提出了一种以建筑物理环境性能为核心的性能驱动设计理念，有效实现这一理念的途径主要分为环境整合方法和空间调节方法两种。张会民利用软件模拟，结合豫南地区的气候条件，从豫南地区的地域特征及现有初级中学的建筑特点两方面入手，得出当地教学楼建筑的最佳朝向、体型系数、窗墙比，设计了一套将太阳能和生物能与被动式教学楼相结合的系统，总结出适合豫南地区中学教学楼的节能设计建议。井源泉对镇平县思源实验学校所采用的被动式设计策略展开了量化研究，通过这一研究分析了被动式设计策略的有效性。余阳春以在昭通盐津地区的实践为案例进行研究,分析总结被动式设计策略在实践中的应用。

1.3.2.4 针对校园建筑设备升级与能效提升的研究现状

主动式建筑节能方式可以通过与暖通、给排水、电气等设备专业进行配合实施，也对建筑专业选取的被动节能技术进行了升级，这当中，节能型设备的选取、设备系统升级是校园建筑能效提升的重点之一。相较于发达国家，我国主动式节能的整体技术发展水平仍存在较大差距，具体体现在发展理念和应用操作等方面。目前，国内对主动式节能技术的研究较少涉及系统且深入的探讨，因此在主动式建筑节能技术的研究和应用方面，我国还有很大的提升空间。

国内一部分硕博论文对建筑设备能效提升开展了研究。陈浩楠通过深度分析不同主动式技术及其组合方案的节能效果，得出影响系统能耗的重要因素，为郑州地区新建图书馆节能方案的设计和优化提供理论依据。荆强针对校园公共类建筑供热运行特点，基于TRNSYS建模与机器学习方法，对校园供热系统优化运行控制策略进行了研究。雍小龙以浙江大学节能升级改造的实际项目为例，对宿舍和食堂热水系统的特征参数进行了详细计算，并分析了运行数据，这一研究进一步分析了高校的热水系统在以空气源热泵为主进行应用推广时的节能效果与可行性。潘兰针对各类建筑用电效率低的问题，提出了实施照明系统LED灯节能改造、空调机组集中定时控制改造、图书馆空调新风系统变风量改造、智慧教室控制改造等改善措施。马宁在研究智慧能源系统时，基于能源需求响应的概念，特别关注了需求响应的不确定性以及区域间功率交换的影响，从这两个方向出发对智慧能源系统开展了考虑需求响应的优化调度方法的深入研究。

1.3.2.5 针对零碳校园可再生能源供给的研究现状

目前，鉴于校园能源价格较低，校园多处于市政配套较齐全的区域，国内校园还未对光伏、光热、地源热泵等可再生能源潜力进行充分挖掘，未形成多种可再生能源“优先利用、经济高效、多能互补、综合集成”的局面，校园能耗和碳排放较高，缺乏针对校园用能特性的新能源技术成果。随着双碳战略的实施，校园中可再生能源利用量必然会提高，结合校园寒暑假等特点，会出现能源使用波动性的问题。如何统筹考虑校园的昼夜使用规律、不同类型校园建筑特点、储能等成为校园新型能源系统的关键技术问题。

2022年10月26日，教育部在《绿色低碳发展国民教育体系建设实施方案》中提出，要在学校建设领域大力推广可再生能源的规模化应用。此外，2019年国家颁布的《绿色学校评价标准》（GB/T 51356—2019）将可再生能源利用纳为重要评价指标。该评分标准依据学校所在地的气候、自然资源状况及校园能源需求、应用可再生能源的情况进行评分。此外，国内一部分学者在硕博士论文中对校园可再生能源应用开展了研究，多集中于对太阳能相关应用的讨论。朱星宇对校园屋顶光伏发电系统的地理潜力、技术潜力、经济性和环境效益进行了评估。何文成在研究中选取了青岛地区的一所高校作为案例，使用TRNSYS软件探究了太阳能辅助地源热泵系统在建设低碳节能高校中的应用效果。严露深入分析高校中光伏系统发电在建筑规划、能耗降低、科研及教育示范等方面的优势。

1.3.2.6 针对零碳人才培养的研究现状

20世纪80年代以来，随着我国社会经济的快速发展，高校成为人才培养的主阵地，面对生态恶化和能源危机等问题，教育部陆续出台了诸多政策支持双碳人才培养。

2021年7月，教育部印发了《高等学校碳中和科技创新行动计划》(简称《行动计划》)，行动计划要求高校做好碳达峰、碳中和工作，支撑科技支撑和人才保障。《行动计划》中提出如下目标。近期目标，利用3~5年时间，在高校系统布局建设一批碳中和领域科技创新平台，汇聚一批高水平创新团队，不断调整优化碳中和相关专业、学科建设，推动人才培养质量持续提升，实现碳中和领域基础理论研究和关键共性技术新突破。中期目标，通过5~10年的持续支持和建设，若干高校率先建成世界一流碳中和相关学科和专业，一批碳中和原创理论研究和关键核心技术达到世界领先水平，为实现碳中和打下坚实基础。远期目标，立足实现碳中和目标，建成一批引领世界碳中和基础研究的顶尖学科，打造一批碳中和原始创新高地，形成碳中和战略科技力量，为我国实现能源碳中和、资源碳中和、信息碳中和提供充分科技支撑和人才保障。教育部印发的《加强碳达峰碳中和高等教育人才培养体系建设工作方案》明确了加强绿色低碳教育，将绿色低碳理念纳入教育教学体系；推动高校参与或组建碳达峰碳中和相关国家实验室、全国重点实验室和国家技术创新中心；加快紧缺人才培养等重点任务。

此外，国内许多高校也在充分利用学科、师资优势开展碳能力教育培训。以同济大学为例，该校以建设“节约型校园”的成果作为出发点，同时整合高校人才培养、科学研究以及为社会服务等相关职能，展示了其发展理念的深度，这种综合发展方式的内涵已经超越了一般意义上的“节约型校园”建设。

1.3.3 研究现状总结

当前，我国绿色校园建设刚刚起步，部分新建校园开展了低碳化设计，部分区域应用了可再生能源，但从校园整体上，并没有实现低碳，距离零碳目标更是存在较大差距。

既有校园建筑类型多样，能源资源消耗较高，校园开展的多为点式或线式改造，如教学楼、宿舍楼、食堂的节能改造，或者换热站、变电站改造等，缺乏针对既有校园整体的节能改造方案，更缺少针对既有校园的零碳化改造实施路径。既有校园供电、供气、供冷/热等能源供需系统多为单独规划、单独设计和独立运行。当前研究面临着缺乏既有校园零碳化改造系列套餐式、整体性的实施路径的问题。能源利用效率不高、能源系统之间互补性差，如何从校园整体统筹校园能源资源的综合解决方案与具体的实施路径，是目前面临的难点之一。

[1] CHAU C K, LEUNG T M, NG W Y. A review on life cycle assessment, life cycle energy assessment and life cycle carbon emissions assessment on buildings [J]. Applied energy, 2015, 143: 395-413.

[2] 邹才能, 陈艳鹏, 熊波, 等. 碳中和目标下中国新能源使命 [J]. 中国科学院院刊, 2023, 38(1): 48-58.

[3] 马乐凡, 罗秋霞. “双碳”目标下造纸工业绿色发展策略 [J]. 中华纸业, 2022, 43(18): 2-8.

[4] STEEMERS K. Energy and the city: density, buildings and transport [J]. Energy and buildings, 2003, 35(1): 3-14.

[5] LU S, LIU Y, SUN Y, et al. Indoor thermal environmental evaluation of Chinese green building based on new index OTCP and subjective satisfaction [J]. Journal of cleaner production, 2019, 240: 118151.

[6] ABD RASHID A F, YUSOFF S. A review of life cycle assessment method for building industry [J]. Renewable and sustainable energy reviews, 2015, 45: 244-248.

[7] CHAI Q, ZHANG X. Technologies and policies for the transition to a sustainable energy system in china [J]. Energy, 2010, 35(10): 3995-4002.

[8] 高力强. 寒冷地区校园综合体的低能耗模块化设计研究 [D]. 天津：天津大学, 2019.

[9] XU X, CULLIGAN P J, TAYLOR J E. Energy saving alignment strategy: achieving energy efficiency in urban buildings by matching occupant temperature preferences with a building’s indoor thermal environment [J]. Applied energy, 2014, 123: 209-219.

[10] 谭洪卫. 高校校园建筑节能监管体系建设 [J]. 建设科技, 2010(2): 15-19.

[11] 田慧芳. 国际碳中和的进展、趋势及启示 [J]. 中国发展观察, 2020(23): 72-74.

[12] 张璐. 既有校园雨洪管理体系构建研究 [D]. 天津：天津大学, 2019.

[13] AMARAL A R, RODRIGUES E, GASPAR A R, et al. A review of empirical data of sustainability initiatives in university campus operations [J]. Journal

of cleaner production, 2020, 250: 119558.

[14] SHEA R P, WORSHAM M O, CHIASSON A D, et al. A lifecycle cost analysis of transitioning to a fully-electrified, renewably powered, and carbon-neutral campus at the University of Dayton [J]. Sustainable energy technologies and assessments, 2020, 37: 100576.

[15] FAN J, MENG X, TIAN J, et al. A review of transportation carbon emissions research using bibliometric analyses [J]. Journal of traffic and transportation engineering (English edition), 2023, 10(5): 878-899.

[16] GÖÇER Ö, GÖÇER K. The effects of transportation modes on campus use: a case study of a suburban campus [J]. Case studies on transport policy, 2019, 7(1): 37-47.

[17] ALLEN J, FARBER S. How time-use and transportation barriers limit on-campus participation of university students [J]. Travel behaviour and society, 2018, 13: 174-182.

[18] GOMEZ T, DERR V. Landscapes as living laboratories for sustainable campus planning and stewardship: a scoping review of approaches and practices [J]. Landscape and urban planning, 2021, 216: 104259.

[19] MALLEN E, BAKIN J, STONE B, et al. Thermal impacts of built and vegetated environments on local microclimates in an Urban University campus [J]. Urban climate, 2020, 32: 100640.

[20] KANWAR V S, SHETTY A, MEHTA T. Water audit of Chitkara University, Himachal Pradesh : a zero discharge campus [J]. Materials today: proceedings, 2022, 69: 383-386.

[21] LI R, ZHAO R, XIE Z, et al. Water - energy - carbon nexus at campus scale: case of North China University of Water Resources and Electric Power [J]. Energy policy, 2022, 166: 113001.

[22] GURSOY HAKSEVENLER B H, KAVAK F F, AKPINAR A. Separate waste collection in higher education institutions with its technical and social aspects: a case study for a university campus [J]. Journal of cleaner production, 2022, 367: 133022.

[23] ADENIRAN A E, NUBI A T, ADELOPO A O. Solid waste generation and characterization in the University of Lagos for a sustainable waste management [J]. Waste management, 2017, 67: 3-10.

[24] JAKIMIUK A, MATSUI Y, PODLASEK A, et al. Closing the loop: a case study on pathways for promoting sustainable waste management on university campuses [J]. Science of the total environment, 2023, 892: 164349.

[25] 黄泽，张松. 我国被动式建筑发展策略研究 [J]. 江苏建筑，2017(S1): 1-2.

[26] 熊雄，雷浩，杨柳，等. “地域性”视野下的建筑被动式设计要点浅析 [J]. 建筑节能，2018, 46(2): 61-65.

[27] 张春鹏. 德国被动式超低能耗建筑设计及保障体系探究 [D]. 济南：山东建筑大学，2016.

[28] 李佳兴. 被动式建筑在严寒地区的适用性研究 [D]. 乌鲁木齐：新疆大学，2016.

[29] ANDRIN M F, ROLAND J S. 2000 W society: a sustainable energy vision for the future[J]. Proceedings of the Institution of Civil Engineers-Engineering Sustainability, 2012, 165, 4:255-260.

[30] YOSHIDA Y, SHIMODA Y, OHHASHI T. Strategies for a sustainable campus in Osaka University[J]. Energy & buildings, 2017, 147(7):1-8.

[31] GUERRIERI M, LA GENNUSA M, PERI G, et al. University campuses as small-scale models of cities: quantitative assessment of a low carbon transition path [J]. Renewable and sustainable energy reviews, 2019, 113: 109263.

[32] ZHANG M, WU Q, WEN J, et al. Day-ahead stochastic scheduling of integrated electricity and heat system considering reserve provision by large-scale heat pumps [J]. Applied energy, 2022, 307: 118143.

[33] EFKARPIDIS N A, VOMVA S A, CHRISTOFORIDIS G C, et al. Optimal day-to-day scheduling of multiple energy assets in residential buildings equipped with variable-speed heat pumps [J]. Applied energy, 2022, 312: 118702.

[34] ABOKERSH M H, VALL è S M, SAIKIA K, et al. Techno-economic analysis of control strategies for heat pumps integrated into solar district heating

systems [J]. Journal of energy storage, 2021, 42: 103011.

[35] HEINZ A, RIEBERER R. Energetic and economic analysis of a PV-assisted air-to-water heat pump system for renovated residential buildings with high-temperature heat emission system [J]. Applied energy, 2021, 293: 116953.

[36] GOLMOHAMADI H. Stochastic energy optimization of residential heat pumps in uncertain electricity markets [J]. Applied energy, 2021, 303: 117629.

[37] TORADMAL A, KEMMLER T, THOMAS B. Boosting the share of onsite PV-electricity utilization by optimized scheduling of a heat pump using buildings thermal inertia [J]. Applied thermal engineering, 2018, 137: 248-258.

[38] DENG Y, LIU Y, ZENG R, et al. A novel operation strategy based on black hole algorithm to optimize combined cooling, heating, and power-ground source heat pump system [J]. Energy, 2021, 229: 120637.

[39] CHEN M, XIE Z, SUN Y, et al. The predictive management in campus heating system based on deep reinforcement learning and probabilistic heat demands forecasting [J]. Applied energy, 2023, 350: 121710.

[40] SCHMID F, BIERLING B, SPINDLER K. Development of a solar-driven diffusion absorption chiller [J]. Solar energy, 2019, 177: 483-493.

[41] SOLANO - OLIVARES K, ROMERO R J, SANTOYO E, et al. Life cycle assessment of a solar absorption air-conditioning system [J]. Journal of cleaner production, 2019, 240: 118206.

[42] LONGO S, BECCALI M, CELLURA M, et al. Energy and environmental life-cycle impacts of solar-assisted systems: the application of the tool "ELISA" [J]. Renewable energy, 2020, 145: 29-40.

[43] CHEN Y-H, TU Y-P, SUNG S-Y, et al. A comprehensive analysis of the intervention of a fresh air ventilation system on indoor air quality in classrooms [J]. Atmospheric pollution research, 2022, 13(4): 101373.

[44] KOURGIOZOU V, COMMIN A, DOWSON M, et al. Scalable pathways to net zero carbon in the UK higher education sector: a systematic review of smart energy systems in university campuses [J]. Renewable and sustainable energy reviews, 2021, 147: 111234.

[45] SHAFFER B, FLORES R, SAMUELSEN S, et al. Urban energy systems and the transition to zero carbon: research and case studies from the USA and Europe [J]. Energy procedia, 2018, 149: 25-38.

[46] BOURDEAU M, ZHAI X Q, NEFZAOUI E, et al. Modeling and forecasting building energy consumption: A review of data-driven techniques [J]. Sustainable cities and society, 2019, 48: 101533.

[47] SOARES N, MARTINS A G, CARVALHO A L, et al. The challenging paradigm of interrelated energy systems towards a more sustainable future [J]. Renewable and sustainable energy reviews, 2018, 95: 171-193.

[48] HALL L M H, BUCKLEY A R. A review of energy systems models in the UK: prevalent usage and categorisation [J]. Applied energy, 2016, 169: 607-628.

[49] DEBARSY N, ERTUR C. Testing for spatial autocorrelation in a fixed effects panel data model [J]. Regional science and urban economics, 2010, 40(6): 453-470.

[50] HANY ELGAMAL A, KOCHER-OBERLEHNER G, ROBU V, et al. Optimization of a multiple-scale renewable energy-based virtual power plant in the UK [J]. Applied energy, 2019, 256: 113973.

[51] LEE L-F, YU J. Estimation of spatial autoregressive panel data models with fixed effects [J]. Journal of econometrics, 2010, 154(2): 165-185.

[52] VERMA M, LOHA C, SINHA A N, et al. Drying of biomass for utilising in co-firing with coal and its impact on environment: a review [J]. Renewable and sustainable energy reviews, 2017, 71: 732-741.

[53] REY-HERNáNDEZ J M, REY-MARTíNEZ F J, YOUSIF C, et al. Assessing the performance of a renewable district heating system to achieve nearly zero-energy status in renovated

university campuses: a case study for Spain [J]. Energy conversion and management, 2023, 292: 117439.

[54] TIAN X, ZHOU Y, MORRIS B, et al. Sustainable design of Cornell University campus energy systems toward climate neutrality and 100% renewables [J]. Renewable and sustainable energy reviews, 2022, 161: 112383.

[55] AJIBOYE A A, POPOOLA S I, ADEWUYI O B, et al. Data-driven optimal planning for hybrid renewable energy system management in smart campus: a case study [J]. Sustainable Energy Technologies and assessments, 2022, 52: 102189.

[56] 丁晓楠. 国内外低碳教育现状比较 [J]. 合作经济与科技, 2013(18): 98-100.

[57] 王崇杰, 薛一冰, 何文晶. 绿色大学校园 [M]. 北京: 中国建筑工业出版社, 2012.

[58] 程嘉颖. 绿色校园评价标准研究现状综述 [J]. 城市建筑, 2019, 16(12): 27-29,152.

[59] 刘丽和. 校园园林绿地设计 [M]. 北京: 中国林业出版社, 2001.

第二章 零碳校园资源环境设计

在当今环境和能源问题日益严重的背景下，建设零碳校园是实现“双碳”目标的重要内容。由于既有校园的总体规划与建设已基本完成，校园内的功能分区、交通流线、建筑布局、绿化景观以及各类专项规划的编制以及建设也已基本完成。所以，在校园的总体规划方面无法进行较大的变动，若以减少碳排放为目标，则需要对目前尚未落实的规划建设项目以及专项规划进行修订或优化。本章将从校园交通低碳优化、绿地景观升级改造、水资源处理与利用和垃圾处理与利用等4个方面来探讨校园资源环境的低碳优化。

在校园交通低碳优化方面，在分析校园交通特点的基础上，将从校园交通规划与设计、功能分区与道路规划、低碳出行、交通管理等方面提出相应的低碳策略和措施，以降低校园交通碳排放。

在绿地景观升级改造方面，将从绿地规划、植物绿化、低碳景观小品和植物群落固碳计算等方面提出低碳设计方法和策略，为校园绿化景观低碳改造提供科学依据。

在校园水资源处理与利用方面，将从校园的用水规划、再生水利用、建筑给排水节水改造和废水处理等方面提出相应的改造方案和措施，以便有效提升校园的水资源管理水平，推动校园低碳发展。

在校园垃圾处理与利用方面，将探讨垃圾分类、固废处理与处置、固废循环利用等方面的低碳改进措施，以促进校园固废管理工作的升级与可持续发展。

2.1 低碳交通优化

2.1.1 校园交通特点

2.1.1.1 人流状况的聚散性和阵发性

校园交通具有显著的聚散性和阵发性，聚散性是指大量人流会在教学楼和食堂周边形成聚集。阵发性是指人流一般会在上下课的时间点瞬间增长，具有明显的周期性特点。

2.1.1.2 通勤方式的多元性

校园的通勤方式一般有步行、非机动车和机动车3种。特别是大型校园具有面积大、生活区和教学区距离远等特点，学生利用自行车和电动车代步已成普遍现象，这需要更多面积的停车场与之适应。同时，教职人员和外部人员一般采用机动车出行，导致校园交通矛盾变得更大。

2.1.1.3 通勤性和生活性

校园道路一般有通勤性和生活性两种功能。校园道路的主要功能是通勤，但因学生整天在校园生活，与纯粹的通过性道路不同，校园道路更像居住社区的道路，即除交通功能外，还承载着的学生和教工休息时间的生活和社会交往功能，有时还是学生运动的场所。

2.1.2 交通规划

校园道路交通规划是指在校园范围内，不仅校园各种用地、组团以及功能区分区之间具有机动车、非机动车、行人交通运输的功能，还包括校园内各种市政管线铺设的地下走廊。校园道路交通体系布局对校园用地布局形态、校园功能分区以及校园绿化和景观都具有显著的影响。校园交通规划需要合理规划道路和交通节点，确保不同功能区之间的良好连接性，优化交通组织，减少交通拥堵，提高步行和骑行的便利性，进而推动低碳交通的实施。

2.1.2.1 校园空间布局与道路网

校园道路是人流活动的反映，它连接了校园建筑、广场等重要场所，校园内的其他要素都要依附于校园道路。校园道路作为校园的骨架，其形式决定了校园的空间形式。校园内与环形空间布局、带形空间布局、网格形空间布局以及自由形空间布局相对应的道路布局为环形校园道路、带形校园道路、网格形校园道路以及自由形校园道路。

环形校园道路布局的特点是校园的核心区域与其他部分区域在距离和方向上是均衡的。以核心功能区域为中心，通过内外环交通流线划分不同功能区。内环规划为慢行交通区域，主要包括与外界联系较少的功能区，如教学办公区、生活休闲区等，以避免外界干扰。外环规划为以车行交通为主的区域，多为与外界联系较多且向周边社区开放的区域，方便与外界的交流，也提高了区域的利用率。

带形校园道路布局呈现分支状，用地灵活多样，并没有一个主导性的中心存在。校园交通以一条核心道路为骨架，其他辅助道路可以根据功能布局自由延伸。校园建筑物沿着这条核心交通线两侧排列，这不仅有利于后续的开发，也有助于形成宽敞的空间。这条核心交通线同时也是校园的一条景观轴线，因此它可以灵活而轻松地与校园地形融合在一起，实现交通流线与自然景观的融合。然而这种布局的缺点也很明显，即核心交通线过长而导致校园内的出行不方便。在校园出行高峰期，这条主要道路可能会受到过大的交通压力，从而导致道路拥堵，对校园出行和整体美观产生不利影响。为了避免交通流线过于集中，可以考虑设置几条平行的核心交通线，以分担校园出行的负担。

网格形校园道路布局的特点是，校园内的道路和用地划分得井井有条，有利于建筑的布置和校园交通的组织。这种布局使得交通关系更加清晰，交通流量也更容易分配和使用。此外，网格状的路网适合机动车行驶，车辆行驶方向更加明确。但明显的不足是道路布局的通达性较差。在校园内，当交通流量突然增加时，很难有效地分流，导致局部交通量集中的地区容易产生拥堵。此外，校园内直线段的道路容易让车辆以过高的速度行驶，增加了安全隐患。因此，为了解决这些问题，可以考虑将网格形校园道路布局与建筑网格成一定的角度斜交，以创造更多有趣的活动空间。这样可以为校园建筑和道路之间提供适当的缓冲，减少机动车和非机动车冲突的发生。在需要大量外来车辆进出的校园中可以考虑增加对角线或环线形式的道路布局。

自由形校园道路布局形态较为自由，可依据地形进行自由布局，对校园形态和建筑布局约束较小。自然环境较好的小规模校园往往采用此种布局形式。自由形校园道路一般依地势而建，结合曲折的地形形成灵活多样的室外空间。但其缺点在于主干道多为不规则曲线，校内建筑布局较为松散，一般规划为多个小型组团，与校园道路形成自然的联系，不易寻找到目的地，为此应在校园的出入路口以及交叉口上设置相应的交通标志牌来进行相应的引导，以帮助出行者迅速找到目的地。

2.1.2.2 校园功能分区与道路规划

由于校园规模、办学类型、地理环境以及周边的社会条件的不同，其功能分区也不尽相同，总的来说可以分为教学办公区、生活休闲区、文体活动区、绿化景观区、后勤服务区以及教职工生活区等。其中最为核心的为三大功能区，即教学办公区、文体活动区和生活休闲区。

为了实现适用于功能分区的合理交通规划，应该以合理的路网结构对不同区域进行分割，例如可以通过不同道路形式进行合理设置让机动车在功能分区外围活动，行人和非机动车在功能区域内活动，不仅可以做到人车分流，又可以方便师生在各功能区之间进行空间交往。

对于教学办公区与生活休闲区之间的道路规划的主要考虑因素是区域之间的出行行为，这两个区域是校园功能结构的基础，其主要出行行为是上课、自习和娱乐休闲，是校园内师生日常生活、学习、办公的重要流线。因此交通规划应体现步行者优先，同时兼顾自行车流的原则，建立起以慢行交通为服务对象的通勤性校园道路。并且区域内道路不宜设置过长，可以在教学办公区域与生活休闲区域之间设立隔离墩之类的稳静化设施，防止机动车驶入。

对于文体活动区与生活休闲区之间的道路规划的主要考虑因素是区域之间的出行行为是锻炼身体、素质教育和休息，是校园内师生课余休闲生活的主要流线。为了避免对教学和生活秩序产生不良影响，应该尽量将体育场地靠近生活区一侧，并采用适合慢行交通的生活性道路连接两者。此外，还要确保校园主干道不穿行连接运动区和生活区的生活性道路。

对于文体活动区与教学办公区之间的道路规划，主要考虑到这两个区域之间最主要的出行行为是上课、自习和娱乐休闲，这是最容易产生相互干扰的两个区域。为了避免两个区域相互之间产生干扰，对各自所需的环境氛围产生不利影响，需要让两者保持一定距离，因此可以考虑将两者隔离开来，布置在校园车行主干道两侧，同时在道路两旁设置高大茂密的行道树以减少噪声干扰。

2.1.2.3 道路设计

小型校园道路一般分为三类道路，主干道路宽度为13~18 m，其中机动车道宽度为9~12 m，人行道路宽度为2~3 m。主干道是校园交通体系的核心道路，为出行主要功能区域服务，主要考虑外来机动车出行需求。出行次干道路总宽度为11~14 m，其中自行车行道路宽度为7 m，两侧人行道路宽度为2~3 m，在各功能区域内为次要流线服务，限制机动车驶入，鼓励采用步行以及自行车等慢行交通。出行支路道路宽度为2~3 m，作为建筑间或是景观绿化内的生活性景观道路，主要考虑出行者的步行需求。

中型校园道路也可以分为三类道路，主干道路宽度17~20 m，其中机动车道宽度为12 m，人行道路宽度为2.5~3 m，主路作为骨架按功能区域对大学校园进行划分。出行次干路道路总宽度为11~14 m，其中自行车行道路宽度为7 m，两侧人行道路宽度为2~3 m，作为各功能区域内限制机动车出行的非机动车路。出行支路道路宽度为2~3 m，作为一些生活性景观道路。

大型校园则一般以分区为多中心，采用多组团的建设形式，一般也分为三类道路，主干道路宽度为26~36 m，其中机动车道路宽度为14~16 m，非机动车道路宽度为3~3.5 m，两侧隔离带宽度为0~2 m，两侧人行道路宽度为3~5 m，作为校园骨架道路以及为出行主要功能区域服务。出行次干路道路总宽度为11~14 m，其中自行车行道路宽度为6~8 m，两侧人行道路宽度为2.5~3 m，在各功能区域内为次要流线服务，限制机动车驶入，鼓励采用步行以及自行车等慢行交通。出行支路道路宽度为2~3 m，作为建筑间或是景观绿化内的生活性景观道路，主要考虑出行者的步行需求。

2.1.2.4 道路网优化

评价道路网建设水平的指标主要有路网密度、道路面积率、干道网密度等。道路网规模指标在引导道路网规划、评估道路建设水平和实现低碳校园方面具有重要的作用。通过对校园内交通流量、流向进行分析，了解高峰期和非高峰期的交通状况，设计合理的道路网建设水平指标和交通节点。

由于校园道路规划多借鉴城市道路规划，为此，城市道路规划对于在不同规模的校园中，根据调研数据的整理以及主观评价和一些工程数据的整理分析来对校园道路规划中的众多技术指标提出一个推荐的指标数据，将具有一定的参考价值。见表2-1和表2-2。

表 2-1 校园路网规模指标

大学校园类型	占地面积 /hm^2	大学校园路网规模指标		
		道路用地面积率	道路网密度 / ($km\cdot km^{-2}$)	道路级配
大型大学校园	<140	6% 左右	6~10	1:（2~4）:（4~4.5）
中型大学校园	140~210	11%~15%	11~15	2:3 左右
小型大学校园	>210	10% 左右	11~15	1:1~1:2

表 2-2 校园分区路网指标

功能分区	出行次干道路道路网密度 / ($km\cdot km^{-2}$)
教学办公区	8~15
文体活动区	4~13
生活休闲区	10~30

道路面积率是指校园道路用地面积（包括道路面积、交通广场、停车场和其他道路交通设施用地，不包括居住区内部及大院内部道路）与校园用地面积之比。它是综合评价校园道路宽度和密度的重要技术指标。校园道路面积率的主要影响因素有远景预测车流量、街道绿化规划、地下管线的布置要求、街道景观等。采用窄道设计，缩小机动车道宽度，减少道路面积，留出更多空间用于步行、骑行和绿化，利于降低机动车通行速度。

道路网密度是校园范围内所有道路总长度与校园总用地面积的比值，包括平均道路网密度和总道路网密度，其中平均道路网密度是指各级道路长度与校园总用地面积的比值。影响道路网密度的因素有道路网总体布局、是否需要组织单行线、功能区的规模和安排。在特定区域限制机动车通行，减少车辆流量，创造更安静、环保的校园环境。合理规划公共交通线路，覆盖主要功能区域，提供便捷的公共交通服务，减少私人车辆需求。提高校园非机动车和步行道路网密度，畅通校园道路微循环，是实现低碳校园的重要措施。

道路网结构是校园内各级道路道路网密度之间的比例，道路网网络等级结构的合理性直接影响路网功能的发挥，进而影响交通系统的总体容量。校园道路网所具备的合理级配，应该能保证道路交通流由低一级向高一级有序汇集，并由高一级道路向低一级道路疏散，从而通过不同等级道路交叉口间距的控制及不同出行距离交通的分流来提高道路网运转效率。低碳校园一方面需要优化主要干道分布，即根据功能分区和交通需求，合理设置主要干道，连接主要功能区域，减少主干道长度。另一方面需要设计交通换乘枢纽，将不同交通模式有机结合，提供便捷的换乘服务，减少车辆通行。

根据校园道路按照各功能区相互之间的联系道路的使用性质对其进行分类，确定各类规模校园的路网规模指标以及各功能分区的分区路网规划技术指标。

2.1.2.5 低碳交通

低碳道路交通发展路径一般包括技术改进式减排、政策管理式减排及结构调整式减排（表2-3），其中结构调整式减排包括优化道路网空间结构、优化出行结构（包括增加公交、慢行交通出行比例，降低燃油小汽车分担率等）、调整能源结构以减少燃油机动车使用等，是从碳排放产生源头进行控制的一项关键性减排策略，旨在传统技术性及制度性减排措施的基础上，进一步助力道路交通低碳化发展，是当前低碳道路交通发展不可或缺的一部分。

表 2-3 低碳道路规划路径

路径	目标措施	
技术改进式减排	提高道路网通行效率	引入智能交通系统 推广智能网联系统
	降低机动车单车排放量	传统能源汽车技术进步 提高传统能源质量 促进清洁替代燃料的研发
政策管理式减排	降低机动车单车排放量	提升机动车排放管理标准
	限制机动车出行	车辆限行政策，提高停车费
	提高清洁能源使用	新能源汽车推广
	优化居民出行方式行为	交通需求管理，鼓励低碳出行
结构调整式减排	减少燃油机动车出行量和出行距离	优化道路网结构 优化出行结构 能源结构调整与优化

在进行低碳校园建设时，交通规划应遵循步行优先的原则，需要建立“内外双环”的道路系统，其中内环用于步行交通，外环用于车辆通行，两者互不干扰。内环主要是围绕中心区域规划的环状道路，该道路能够连接校园内的各个功能分区，并在各个功能

分区、绿地内设置步道等来缩短师生的步行距离。外环则是位于学校外围的交通环，围绕各个功能分区，使学校相对独立，减少来自周边环境和城市交通的干扰。以福建农林大学新校区的道路规划为例，内环用于在校园内部连接各个功能分区，而外环则围绕校园，连接各个出入口，减少周边交通的影响。

构建由高比例充电桩、新能源公交、共享交通、健康步道和智慧交通管理系统构成的校园绿色交通体系，同时将交通系统纳入智慧能源系统，参与对可再生能源的利用以及对电网稳定的促进；通过稳静化交通、自行车专用廊道、健康步道系统和智慧化无障碍设施等手段，建立以交通需求管理理念为导向的校园低碳交通综合示范场景；结合校园静态交通设施，建设光储一体化新能源停车空间，进一步抵消校园交通系统的碳排放。

2.1.3 低碳出行

为了实现低碳出行，首先要减少步行距离或换乘自行车的需求，尽量选择步行或自行车的绿色低碳通勤方式。其次应该大力发展校内公共交通与共享交通，通过调查并分析校内人员主要的通勤线路，可以开设校内公共交通，方便人员通勤，并减少校内人员使用私人机动车和非机动车的数量，从而间接地减少校园交通通勤所产生的碳排放量。最后还可以采用专线直达线路的公共交通方式，大大减少途中停站的时间。此外，还应该改善校园内的停车系统，合理配置停车设施，采取集中停车的方式，将机动车集中停放在校园的主要出入口处，缩短机动车在校园内的停留时间，从而减少废气的排放。

目前校园的出行方式主要有公共交通、小汽车、电动车、自行车、步行等。低碳校园鼓励师生步行往来于校园各主要区域，减少汽车使用。学生出行的行为碳足迹在总碳足迹中占有较大比重，完善优化出行减排对策对实现碳中和校园具有重要意义。一方面与市政部门合作，在校园内部和周边增建停车换乘站点，鼓励教职工乘坐公共交通工具；另一方面在学生出行高峰时段增加校内公交运营时间和班次，并针对校车配置新能源。比较好的步行通行策略是，校园中心地带为行人专用区，通过有盖连廊贯通校园主要建筑群，配合茂盛的绿化，为师生提供一个舒适便捷的步行空间。

校园巴士系统可以解决上学和放学的集中出行的需求，集中出行不但低碳环保、高效快捷，还可以沿途欣赏校园美景。在如同公园一样的校园环境里，自行车交通成为一种融入自然、方便快捷的交通方式。因此，既有校园改造的交通方式中，建议设计环绕整个校园的自行车交通流线，校园内机动车实行封闭管理。主要公共交通连接道路仅供校内穿梭巴士、自行车、人行及应急车辆通行，其他机动车辆的通行不允许使用此路线。根据教学活动时段的集中性教学流线主要分成两类，第一类为上学高峰期交通管理，第二类为放学高峰期交通管理。

在校园主入口应设计足够的机动车通行空间，机动车道路的宽度要足够，保证双向通行，避免拥堵。在教学楼、实验楼、教师公寓等教师活动区域应多设置停车场或地下停车位，同时在这些楼宇附近应设立校内班车停靠点。面积比较大的校区应考虑开通摆渡车，方便师生通行。除此之外，应规划构建不同时段的校区与校区之间、校区与教职工住所之间的公交体系，减少私人机动车出行，降低通勤时间和距离，尽可能减少交通流量。

节约能源、减少污染、利于健康的绿色出行方式越来越受到广大师生的认可。步行和骑行作为零排放的交通方式，不仅有助于减少环境污染，还有益于提升健康和改善校园环境。为了鼓励师生少开车、不开车，多采用步行与骑行的通行方式，学校应在校园生活服务区、教学实验区、体育活动区等人流比较大的部位设置专用的自行车通道和步行主通道。可以利用隔离带、石墩、升降桩等对机动车进行物理隔离，保障步行、自行车等慢行交通的便利和安全，让师生有更大的慢行交通的活动空间，减少机动车在校园的活动范围和使用频率，降低机动车的碳排放，鼓励支持绿色健康出行。同时，在人员主要活动区域规划建设自行车或非机动车棚，减少校内通行时间。例如北京化工大学昌平校区在人流较大路段均使用了石墩或升降桩进行了物理隔离，在学生公寓、教学楼、图书馆等主要楼宇周边设置有非机动车棚，学校免费提供宏德单车，既方便学生骑行使用，又营造了良好的绿色校园骑行文化氛围。

近几年共享单车成为一个新兴的出行方式，由于校园占地面积比较大，很多学生上课只能步行，给很多学生造成不便。共享单车既环保又快捷，所以共享单车是学生们青睐的出行模式，在校园中有着较大的发展潜力。而将太阳能技术与共享单车结合起来，利用太阳能能源与共享单车的便利出行，可帮助学生解决出行问题，所以应适当加大太阳能自行车的投放量，以满足大学生的高密度使用需求，激发潜在使用需求。太阳能共享单车实质并不复杂，其实是“物联网+互联网”的应用，一边是人一边是物，可以广泛应用于校园，但在很多校园每到毕业季的时候，就会有大批的自行车报废，而且共享单车在使用过程中会造成损伤，会减少自行车的寿命，如果共享单车可以利用废旧的自行车改造，那环保的效果会进一步提升。

2.1.4 交通管理

交通需求管理(Traffic Demand Management，TDM)，是一种为提高交通运行效率而控制交通出行需求的策略。TDM对校园交通优化的启示在于，为未来校园的交通需求作出合理的预测。如根据校园规模和发展速度来预测未来校园的机动车位和非机动车的数量，用于指导未来校园规划。基于TDM技术，持续进行交通出行数据的研究和监测，掌握校园内交通模式的变化和影响，优化交通管理策略，是实现低碳校园的重要措施。

2.1.4.1 建立完善的交通安全管理系统

交通安全系统的健全和完善需要全方位思考，在动态交通方面考虑人群疏散、车行引导、停车位指示等，在静态交通方面，针对停车问题、交通标识问题，进行系统的管理，设置和规划合理的停车场，设立合适的交通标识牌。

2.1.4.2 提倡绿色环保出行

减少对机动车出行的过度依赖，开设校园交通安全文明出行教育课堂，也可以采用互联网平台公众号，以文案、图片漫画、海报等宣传形式展现，加强交通安全出行知识的普及和思想意识的形成。

2.1.4.3 鼓励在校教职工集体出行

鼓励教职工多人共同搭乘一辆车进出校园，既有利于减少校园内机动车数量，也有利于降低个人的交通出行成本。合乘制要求教职工在相同的路线和时间内合乘，学校可以通过构建网络预约平台促进教职工选择合乘，但由于教职工的路线和时间的不确定性，合乘局限于上下班通勤，对于个体出行，建议采用公共交通。另一种出行方式是学校集体管理，统一使用固定上下课时间和地点的大巴车。因为校园内的出行时间和路线有规律性，大部分教职工的出行符合正常的校园规律，教职工可以集中在特定时间搭乘大巴车。

2.1.4.4 对校园出入的交通车进行分类管理

将进入校园内的所有车辆进行登记注册和分类，可分为通勤类、办公类、外来访客类等。按照类别来分配停车位置，标明停车场的序号和适用人群，形成通行停放一体化的管理服务。

2.2 绿地景观升级改造

校园绿地景观可以分为自然景观和人工景观。校园绿化与景观能够提升校园的碳汇，对必要的碳排放进行汇集、固定，是推动校园实现“双碳”目标的重要措施。同时，既有校园绿化景观的规划与建设，可以减缓破坏或恢复原有生态系统的平衡，提高生态自修复能力。降低校园建设工程对原生环境的负面影响是促进校园低碳生态平衡发展的基本思路。

2.2.1 校园绿地

通过设置多种校园绿地系统，增加绿化的覆盖面积，能够丰富校园内的生物多样性和提升校园碳汇能力。常见绿化形式有地面绿化、墙体绿化、屋顶绿化。

地面绿化是最常见的一种绿化形式，通常会配备相应的景观小品和配套设施，不仅具有较高的观赏价值，还有娱乐休闲功能。墙体绿化，也被称为垂直绿化或立体绿化，不仅能增加建筑立面的美观效果，还能降低建筑外围护结构得热、改善室内温度、减少设备制冷能耗，并且能降低室内光辐射强度等。屋顶绿化一般指所有脱离土地进行的种植技术，不仅包括屋顶种植，还包括天台、露台、阳台等一切不与地面、土壤相连接的各类建筑物或构筑物的绿化技术。屋顶绿化不仅丰富了建筑的屋顶外观，还能改善局部微气候、减轻热岛效应、减少噪声、保温隔热、净化空气以及改善雨洪等。校园人均绿地面积要求见表2-4。

表 2-4 校园人均绿地面积

校园类型	学校人均公共绿地面积 A_g/m²	
	新区建设	旧区改建
普通高校、特殊类型高校	$1.2 \leqslant A_g<1.5$	$0.8 \leqslant A_g<1.0$
	$1.5 \leqslant A_g<2.0$	$1.0 \leqslant A_g<1.2$
	$A_g \geqslant 2.0$	$A_g \geqslant 1.2$

2.2.2 植物绿化

植物绿化在校园环境中可以改善湿度、调节温度、遮阴挡风、引导风向、降低噪声影响、优化微气候条件以及提高区域内空气品质，是生态系统中的天然调节器。生态修复的重要措施就是合理利用植物特点来提高建成环境质量，首先应该根据绿化位置不同将绿化系统分为地面绿化、墙体绿化和屋顶绿化，其次在绿化植物的选择上应优先选取净碳汇较高的植物，不断提高区域内植物的碳汇能力。园林绿地中的土壤表面覆盖物如小石子、卵石、植物修剪垃圾、枯枝落叶等，这些透水性强、吸水性好的材料，可用于树木树池、绿地边角地带或其他不适宜裸露的地方。能够有效减少地表水的蒸发，调节土壤温度，确保植物根系的水分吸收。

2.2.2.1 整体原则

植物选择通常包括基调树种、骨干树种、一般树种。基调树种是指在绿地中被广泛应用、种植数量大、形成景观基调的树种。基调树种的选择应当以当地的气候为主要依据，避免品种过多。

骨干树种是指在校园绿地中被广泛使用，作为景观主体的树种，与基调树种共同构成绿化主体，一般为5~12种，具有较强的抗逆性、耐修剪性、易繁殖性和观赏价值。

除了基调树种和骨干树种外，其他树种可用于提高生物多样性、丰富色彩，数量不限，称为一般树种。通过选择基调树种、骨干树种和一般树种，可以使主题更加突出，色彩更加丰富。

2.2.2.2 地区差异

温暖半湿润大陆季风气候区具有夏季炎热、冬季寒冷、四季明显等气候特点。绿化树种应以乔木为主，结合灌木、藤本、地被、花卉，打造丰富的植物群落，乔木作为校园绿化的主体，在改善环境、保护环境、美化环境等方面起到重要作用。由乔木、灌木、藤本、地表植被构成的自然人工植物群落，既能丰富园林的景观，又能使绿地得到更好的使用，使其单位面积绿化大大增加，从而达到更好的生态效果。同时，需快长树与慢长树、常绿树与落叶树相结合。

对于水资源特别匮乏的西北干旱地区，水土流失严重，风沙影响较强，土壤贫瘠。如新疆石河子市种植的西伯利亚云杉、西伯利亚冷杉、小叶白蜡、白榆、新疆杨、银灰杨、银白杨、苦杨、胡杨、新疆野苹果、新疆落叶松、沙棘、柽柳、红柳、新疆枸杞、准噶尔鸢尾、马蔺、骆驼刺、梭梭、白蜡等均比较适合西北的气候条件。

2.2.2.3 低碳植物

增加碳汇是低碳植物景观的主要目标之一，植物种类的选择，不同植物的搭配，植物的维护修理都是要考量的因素。总的来说，首先要因地制宜、合理配置，根据不同的地理环境选择合适的固碳植物，固碳能力较高的植物有乌冈栎、垂柳、绦柳等。其次，快长树种的固碳能力高于慢长树种，两者结合可以形成长久良好的固碳效益。最后，常绿植物与色叶、落叶植物搭配，因为落叶植物秋冬季节容易凋落，搭配常绿植物可以保证一年四季都有较好的固碳释氧能力。

2.2.3 景观要素

2.2.3.1 景观小品

景观小品中的景墙可通过利用废弃材料和再生材料实现碳循环利用。例如低碳视角下的休息亭可以利用太阳能进行设计，采用几何的太阳能发电板作为屋顶，屋顶的太阳能板在白天吸收阳光，晚上为休息亭周围提供照明。

2.2.3.2 铺装

低碳校园应该多应用透水性铺装，透水性铺装是指能使雨水通过，直接渗入路基的人工铺筑的铺装材。它可以很好地缓解雨水造成洪涝的现象，避免影响行人通行，而且可以降低温度、降低噪声、坚固耐用，还可以充分利用水资源，加强雨水收集。需要注意的是，透水性铺装一方面要求铺装的表面有很好的透水性，另一方面在基层也有一定的透水性。根据透水铺装面层材料的不同，可分为透水砖铺装、透水水泥混凝土铺装和透水沥青混凝土铺装、嵌草砖、园内鹅卵石铺装、碎石铺装等。透水路面适用于人行道、校园非机动车道路和通行轻型交通车及停车场路面。

2.2.3.3 水体

在水体景观中，生态浮岛是常见的有效提升水体循环效率的景观装置。生态浮岛，又称“生态浮床”，是一种采用生态学的方法，通过在水面种植植物，可以减少水中的氮、磷含量，同时又能起到美化景观作用的一种改善水体循环、生态净化的功能性景观。

2.2.3.4 场地重塑

局部场地重塑是通过人工改造的方式，对建筑周边、校园局部环境场地的地形、设施进行改造与重建。结合场地所在区域的特点，通过改善地形和提高设施的合理性来优化场地环境。从场地的周边环境、风环境、热环境特征以及使用功能等方向考虑，利用改变地势的高低、调整场地内构筑物的遮挡、修建绿色基础设施等方式来实现场地环境性能的提升。在校园内，需要进行改造重塑的场地，往往是场地环境破败、功能不适宜以及偏僻的角落区域。

2.2.4 固碳计算

《联合国气候变化框架公约》定义，从大气中去除二氧化碳的过程、活动和机制被定义为碳汇。将森林生态系统的固碳过程用“碳汇”来描述，树木和植物等吸收大气中二氧化碳的过程用“固碳”来形容，绿化固碳主要就是指树木或植物通过叶片光合作用来吸收并固定二氧化碳的过程。“碳源”为自然界中向大气释放碳的母体，植物具有固碳与碳源的双重身份。

2.2.4.1 计算方法

主要指应用于绿地碳汇量化研究的方法，包括估算单株植物碳汇能力的光合速率法、叶面积指数法等；对植物群落的碳汇能力研究方法，包括地面调查法、遥感估算以及微气象学法等。

（1）针对单株植物的碳汇能力计算方法，包括光合速率法以及叶面积指数法。光合速率法是采用光合作用测定仪测出植物的瞬时光合速率，通过计算公式得出植物在光合作用下的当日净同化量，计算得到该植物日固定量以及释放量。这种方法适用于测定单株植物的固碳释氧量，计算后可得知单位土地面积叶片的日固碳量和日释氧量。植物的净同化量为当日光合作用的变化曲线中，时间曲线与净光合速率曲线所围合成的面积。计算单株植物日净同化量的公式为：

$$\Sigma_{i=1}^{j}[(A_{i+1}+A)\div 2\times(t_{i+1}-t_i)\times 3\ 600\div 1\ 000] \quad \text{（式 1-1）}$$

在式 1-1 中，A_i是第一测点的瞬时光合速率；

t_i是第一测点的测试时间；

3 600 为每小时秒数；

1 000 为 1mmol 等于 1 000 μmol。

通过计算出植物的日净同化总量P，计算植物日CO_2的摩尔固定量以及O_2释放量的公式为：

$$W_{CO_2}=P\times\frac{44}{1\ 000},\ W_{O_2}=P\times\frac{32}{1\ 000} \quad \text{（式 1-2）}$$

在式 1-2 中，W_{CO_2}为单位土地面积的叶片CO_2的摩尔固定量；

44 指CO_2的摩尔质量；

W_{O_2}为单位土地面积的叶片O_2释放量；

32 指O_2的摩尔质量。

（2）叶面积指数法是以单株植物的叶面积指数来推算出植物的日固碳量。计算的一般形式为单位叶面积日固碳释氧量乘以植物叶表总面积，得到单株植物的日固碳释氧量。在测定植物的叶面积指数时有相对误差，从而影响到最终得出的固碳释氧值的准确性。

该方法计算公式为：

$$Q=P\times \mathrm{ILAI}$$

$$Q_{CO_2}=W_{CO_2}\times \mathrm{ILAI}$$

$$Q_{O_2}=W_{O_2}\times \mathrm{ILAI} \quad \text{（式1-3）}$$

在式1-3中，Q为单位面积日固碳释氧量；

Q_{CO_2}为单位面积日CO_2固定量（日固碳能力）；

Q_{O_2}为单位面积日O_2释放量（日释氧能力）；

ILAI为该植物的叶面积指数。

可使用该计算公式（式1-3）得出不同植物的固碳释能力。使用SPSS软件对不同类型的植物之间的净光合速率、叶面积指数、固碳释氧能力的差异进行聚类分析。

（3）地面调查法是通过设置典型样地进行准确调查，基于部分植物的基本数据，建立生物量与该植物生长特征参数的回归方程，通过场地其余植物进行预测计算，是目前最常用的计算方法。在植被中的应用包括平均生物量法、生物量转换因子法和模型测算法。几种方法都具有相同的数学推理逻辑，是通过实地测量植物的基础数据，模拟出植物的生物量的计算公式，在代入所得的生物量的计算数据的基础上，乘以0.44~0.55的换算系数得出固碳量。

（4）平均生物量法是主要应用于大尺度上的绿地碳汇研究，基于城市深林中选取的各样地中植被的平均生物量，根据不同分类的绿地植被的指标得出森林生物量的方法。生物量的计算主要包括两种方法。第一种是用于人工林地，是根据标准地的标准木各组成部分（根、干、枝、叶）来推算林分生物量。第二种是采用相关曲线法，对样地中的树木选取砍伐后，烘干后按不同器官称重，根据其生物量与所测树木的指标之间的相关性，得出回归方程：

$$W=a\ (D^2H^b) \quad \text{（式1-4）}$$

$$W=aD^b \quad \text{（式1-5）}$$

公式中W表示各个部分的生物量；

a、b各表示方程中的待定参数；

D表示树木胸径；

H表示树木高度。

因城市植被不能通过采伐称重来得出各标准木的生物量，主要根据现有的生物量的回归方程，通过测定树木的胸径或者高度得到单株树木的生物量。其中，树木高度的测量过程误差较大，因此多使用树木胸径来进行树木的生物量计算以提高整体数据的准确性。此外，城市植被长期进行修剪，相比同等自然状态的树木生物量要小，因此需要在计算中乘以相对应的修正系数，并根据树木长势以及健康状况，乘以相应的调整系数。生物量转换因子法是根据某区域森林类型中树木密度、林分的状况、林龄等因子改变而变化的林分生物量与木材材积比值，使用分龄级的转换因子来取得更加精准的区域森林生物量的核算数据。其中有表示林分材积（V）与BEF的倒数方程式：

$$BEF=a+b/V \quad \text{（式1-6）}$$

在式1-6中，a、b为常数，材积小时，BEF大；材积大时，BEF取值恒定为a。同样，从该方程式可以进而推算出区域森林的生物量（B）和蓄积量（V）的先行关系：

$$B=a+bV \quad \text{（式1-7）}$$

生物量法多应用于国内外中大尺度城市森林植被的生物量及碳储量的估算。但由于生物量转换因子在研究中包括木材密度及总生物量的转换系数均取为常数，后续有研究表明，生物量转换因子的取值与树龄、种类、场地等相应组成特征有很大联系，基于此方法所核算出的森林生物量的准确度参差不齐，因此对于该方法的使用仍存在不同的讨论。

（5）随着科技的快速发展，遥感估算法成为核算植被碳研究的重要手段之一。通过遥感手段结合植被生长情况的调查测量，对植被进行时间与空间等不同维度上的分析计算。通过对样地内的森林生态系统中碳含量的状态以及动态变化观察记录，估算出城市的土地利用与该区间内碳储量之间的变化。研究中所采用的遥感影像的数据具有多个来源，其中包括TM影像，SPOT、NOAA/AVHRR的数据，雷达数据，QUICKBIRD等。基于特定的光谱参数等联系相应的多元回归分析、数学建模等计算方法监测区域的生物量。同时运用地面调查法，结合样地调查的基础数据，最后完成区域森林碳汇估算。相比其他碳汇估算方法，遥感估算法会更高效快速地得到城市区域尺度的森林碳汇的数据。目前，由于遥感影像的分辨率不足以及区域尺度下土地、树木的条件差异较大，评估结果的准确性以及全面性有待进一步研究。

（6）微气象学法主要基于局部小气候，以测量城市一块绿地或某植物种类的碳通量为主，其中包括涡度相关法、涡度协方差法和弛豫涡旋积累法。这3种方法使用不同仪器及测算方法，计算空气中某参考面涡旋流动的量。该方法主要集中于单块绿地以及某一植物种类，由于对下垫面的要求高，而且操作和计算的难度相应增加，因此存在不确定性。

（7）模型测算法是指在样地清查数据的基础上制作的固碳量的估算模型，其中认可度较高的包括CITY green模型、I-Tree模型以及国家树木效益计算工具（National Tree Benefit Calculator）。CITY green是美国林业局在1996年基于ERSI公司的Arcview3.X软件研发出的对城市环境效益进行定量分析评价的设计工具。该工具通过6个功能模块（包括植物生长模拟、雨水径流削减、空气净化、水土保持、降低能耗以及设计方案生态效益评价等指标）进行定量计算。其中，树木固碳量是其重要计算指标之一，可系统计算研究区域内树木的年固碳量及碳储量，还能够涉及植物产生的间接固碳效应，适用于大尺度场地的固碳效益分析。I-Tree是美国林务局于2006年开发的软件，已更新至6.0版，该软件可用于评估不同城市不同绿地的生态效益。其中包括Storm，Eco，Hydro，Type Selector，Streets等模块，用于样本选择。国家树木效益计算工具National Tree Benefit Calculator是美国林业局基于I-Tree开发的软件，基于实地测量到的数据，构建树木胸径拟算成树龄的计算函数，对树木叶表面积、树木冠幅以及树高等参数建模，最后通过线性回归生成预测模型。在软件中输入树木的位置、周围环境、树木种类及胸径的测量数据后，得到树木各个方面的生态效益和环境以及生态价值。National Tree Benefit Calculator是基于大量的调研数据所研发的，因此该计算方法适用于小尺度场地的固碳量的计算，以及其他雨水径流以及净化空气生态效益的量化分析。

2.2.4.2 群落固碳

不同植物群落结构所产生的固碳效益存在一定差异。由阔叶树的乔木层与针阔叶混交的灌木层结构的群落固碳效益更高，固碳效益较差的群落结构有单层结构的阔叶树乔木层，以及针阔叶混交组成的乔木层。具有如乔灌木型、乔灌草型等多层的植物群落结构时，对群落固碳效益起到增加作用。其中，乔木层（阔叶）与灌木层（针阔叶混交）、乔木层（针阔叶混交）与灌木层（针阔叶混交）2种类型的群落固碳效益更高。通过树种搭配可以弥补不同结构的植物群落结构配置上的劣势，所以为了将群落固碳效益最大化，可以将不同群落结构的植物在满足生态、实用、观赏需求的前提下相互结合。

在绿地使用与维护管理阶段中，对主要的管理工作中所产生的碳排放进行分类计算，包括灌溉、绿地照明、施肥、打农药、修剪等方面。其中，绿地内的灌溉工作中产生的碳排放量最高，达27 550.695 kg/hm^2，占其总养护管理措施排放量的69.46%。其次照明和施肥所产生的碳排放在10%~20%之间，分别为18.99%和10.75%，其中照明措施中碳排放的主要来源为园灯所耗的电量以及肥料生产所产生的碳排放量。打农药及修剪措施由于以手动为主，所引起的碳排放量很低，分别占总碳排放量的0.33%和0.47%[8]。

将各植物群落根据其群落栽植密度进行从小到大的排序，将其与群落的碳收支量对比发现，大体上随着植物群落的栽植密度的增加，群落的碳收支值在变高；在中等栽植密度时，群落碳收支值达到最优，在更高的栽植密度时，碳收支量开始明显减小。

2.3 水资源利用与处理

校园水资源的高效利用和污废水的高效处理对于实现校园可持续发展和环境保护有着重大意义。通过节约用水、回收利用、合理管理和高效处理，可以减少水资源的浪费和损耗，降低对有限水资源的需求，实现节约用水的目标。此外，有效利用与处理水资源还可以降低校园的经济成本，减少水费支出。通过校园水资源管理的实践与教育，还能培养师生的环保意识和节约用水习惯，促进可持续发展的理念在校园内得到传播与实践。

2.3.1 传统水源

2.3.1.1 节水措施

在校园节水改造中，可以采用多种节水器具来降低用水量并提高用水效率。其中包括安装节水型厕所，通过减少冲水量或使用双冲式技术来降低用水量。此外，可以使用节水型淋浴头和水龙头，通过限流装置或喷射技术来减少水流量。在公共区域和室外场所，可以采用自动感应水龙头和喷头，通过感应器控制水流的开关，避免长时间流水浪费。此外，还可以在绿化景观中采用滴灌系统和喷灌设备，精确控制植物的灌溉水量，减少水的浪费。这些节水器具的使用能够有效降低校园的用水量，提高用水效率，实现可持续的水资源利用，同时也培养了学生的节约意识和环保意识。

校园节水改造还可以引入智能用水管理系统，通过安装水表监测设备和数据采集系统，实时监测和分析用水情况，及时发现用水异常和漏损，提供精准的用水数据和分析报告，为决策提供科学依据。同时，可以设置用水定额和限额，鼓励学生和员工合理使用水资源。此外，校园节水改造还可以加强用水管理培训和宣传，提高学生和员工的水资源意识，倡导节约用水的生活方式。通过综合应用这些节水器具和措施，校园可以实现用水量的减少，节约水资源，降低运行成本，同时也为环境保护和可持续发展作出贡献。

目前，市面上较为常见的节水器具包含

以下内容。

（1）低流量节水配件。包括以下几种。a. 低流量水龙头。将传统的高流量水龙头更换为低流量水龙头，可以显著减少用水量，同时保持正常的使用体验。这些水龙头配备了流量控制器或气泡器，可以在保持水流柔和的同时减少流量。b. 节水淋浴头。使用节水淋浴头可以将淋浴时的水流量降低，节省大量的热水消耗。这些淋浴头通常配备了节流器或喷嘴设计，可以在减少水流量的同时保持舒适的淋浴体验。c. 节水厕所冲洗系统。采用双冲式或蓄水式节水厕所冲洗系统可以显著减少冲洗时的用水量。双冲式系统允许用户根据需要选择不同的冲洗量，而蓄水式系统则通过调整水箱容量来实现节水效果。

（2）用水监控装置。a. 智能水表和监测系统。安装智能水表和水流监测系统，可以实时监测和记录校园各个区域的用水情况，可以发现用水异常、浪费和潜在的节水机会，并及时采取相关措施。b. 饮水机和自动饮水设备。选择节水型饮水机和自动饮水设备可以有效减少用水量。这些设备通常配备了节流装置和自动关断功能，能够控制水流量和避免水流的持续流出，在提供足够的饮水量的同时避免浪费。

（3）自动灌溉装置。在校园的绿化区域和植物园中使用自动灌溉系统可以实现精确的水量控制和定时灌溉。这些系统通常基于土壤湿度传感器或天气预报数据，能够智能地调节灌溉频率和水量，避免过度浇水和浪费。

（4）高效冷却系统。在校园的制冷设备和冷却系统中采用高效节能的冷却技术，如空气冷却器、蓄冷系统等，可以减少冷却水的消耗。同时，通过定期检查和维护冷却设备，确保其正常运行和高效工作，进一步降低能源和水资源的浪费。

2.3.1.2 水资源管理

校园环境可以视作一个完整而相对独立的生态环境，在许多情境下，模拟自然环境对校园进行水资源管理是一个高效又节能的方法。在雨水充沛的地区，应充分利用校园里自然湖泊起到的储水功能，科学规划湖泊景观，合理规划雨水收集路径，做好储存利用自然降水的布局与规划。学校作为一个社会运行的重要组成部分，有着人口密度高、活跃性强的特点，所以制订科学的用水制度对建成节约型校园有着重要意义。

（1）实行用水定额管理，制订追究制度。在校园的某一季度运行之初，将节水目标划定在季度目标之内，并将节水任务细化、落实到二级单位（如部门、学院、机构），并确定好负责人，强化公共机构节水制度刚性约束；采用合同进行节水管理；对淋浴、开水房、公用洗衣机使用智能卡计费管理。

（2）全局把控校园用水，定期查缺补漏。

（3）强化日常节水管理，规避潜在浪费。

（4）绘制学校完整详细的给水、排水管网系统图。包括初次设计图、竣工验收图以及历次管网及设施改造图。把每次管网改造、阀门更换、水表安装、管路改道及抢修等相关数据都记录在学校管网图纸上。按要求补全分级计量水表，建设综合能耗监控平台，通过用水量数据统计与分析查漏控失。定期进行用水平衡测试、定期检查与维修用水器具、定期测漏，防止校园管网的漏损。做到底数清、情况明，胸有成竹，不断提升节水管理水平。

2.3.2 再生水源

与常见的水资源如地下水和地表水相对应，非传统水源包括雨水、再生水、海水等。合理使用非传统水源、非传统水源利用率已成为关注节水与水资源利用的重要条文和关键性指标，其中，雨水的收集利用与中水的处理回用是非传统水源利用的代表。《绿色建筑评价标准》（GB/T 50378—2006）针对居民区利用雨水的建筑设定了明确的利用率指标。该标准规定，通过雨水回收利用的方式，非传统水源的使用比例应不低于10%，理想情况下应超过30%。这就要求设计者在校园零碳化改造过程中重视对非传统水资源的有效利用。

2.3.2.1 雨水收集

高校作为人口密集、用水量大、开放性强的场所，有大量的可利用雨水资源。如果能够合理开发利用这些雨水资源，不仅可以缓解校园供水压力，节约校园水资源，还可以减少暴雨径流，降低洪峰流量，减轻排水压力，促进雨水向地下水供给。因此，促进高校雨水生态化利用具有重要的现实意义。

现代校园对于雨水的利用方式可分为直接利用、间接利用和综合利用。雨水的直接利用是指雨水收集处理后直接进行使用的过程，收集到的雨水经过处理可用于厕所、道路喷洒和景观用水等。间接利用是指将雨水渗透回灌，补充地下水资源。雨水渗蓄对降低径流峰值、有效降低径流量和改善土壤都具有显著的效果。综合利用是指在一片建筑群中将直接利用与间接利用相结合，可以削减城市暴雨径流量，同时改善水环境和生态环境。

在校园雨水收集系统的设计中，通常将校园建筑物的屋顶排水管道与雨水收集系统连接，将雨水储存起来用于植物灌溉、洁厕冲洗、校园洒扫和其他非饮用水用途，通过部署雨水回收方案，学校能够显著减轻对自来水的需求并缓解雨水流失给排水系统带来的压力。在校园建设规划时，需要综合考虑气候和地质条件。首先，要在校园核心区域和建筑屋面进行雨水处理工作，设置合适的管道将雨水排放到附近的景观湖中，以确保室外场地地面的透水面积占比不低于40%。还可以在校园道路两旁设置蓄水池，或在室外设置透水铺装，提升校园非传统水源使用效率。同时，可以在景观湖中培养植物，投放鱼苗、虾苗等，实现净化水质，使水质满足相关生态建设标准。校园雨水收集利用示意图如图2-1所示。

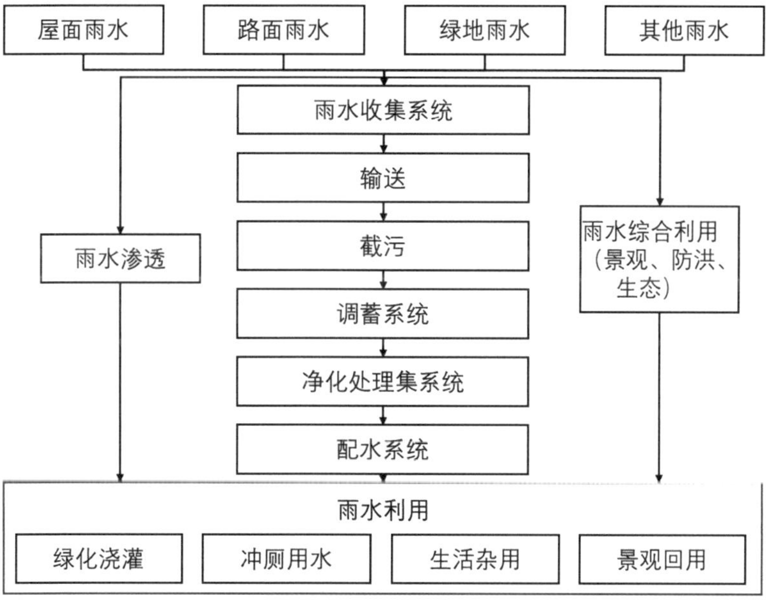

图 2-1 校园雨水收集利用示意图 改绘文献

从景观形式的角度考虑，可以采用多样化的雨水收集和利用策略，如屋顶集雨绿化（屋顶花园）、特有的雨水收集绿地（雨水花园）以及设置特色的蓄水景观和促进水渗透的铺装，不仅可以强化校园的文化及景观特色，也有利于实现水质的自然净化。

2.3.2.2 中水回用

生产活动和日常生活中使用过的水经过处理及净化后，被重新利用于空调冷却、地面清洗、洗车等非直接人体接触的用途中，这类水的水质介于生活饮用水和污水排放标准之间，被定义为中水。其回用途径包括：农业灌溉、工业循环用水、地下水回灌、城市景观、浇洒路面、冲洗车辆、建筑内冲厕、消防用水甚至补充饮用水水源等。

高校主要存在以下几种不同性质污水。公共浴池主要排放沐浴用水，属于优质杂排水，适合作为中水水源；各种建筑的卫生间的生活污水，属于污染程度较重的劣质杂排水；锅炉、水加热器等设备排水温度超过40°C，通过降温处理后可作为中水水源；实验室排放的废水中含有酸碱性成分、重金属、有毒物质等，污水性质相对复杂；食堂排水中含有大量油脂、泥沙等，排放时需设置隔油井。根据高校建筑排放的几种污（废）水的性质和污染程度、室外排水体制、综合利用情况，可将性质相似的排水合流排放，并将污染程度较轻的生活污废水、经过降温后的废水、雨水等经过中水处理系统净化消毒，重新回收利用到冲厕、洗车、绿化灌溉、道路冲扫和消防等场合。

中水回用是指将经过初步处理后的污水再次利用于非饮用用途的一种水资源管理方式。在校园的零碳化改造中，中水回用技术发挥着重要的作用。中水回用可以满足校园非饮用水需求，如冲洗马桶、浇灌景观、清洗地面等。通过对污水进行再处理，去除其

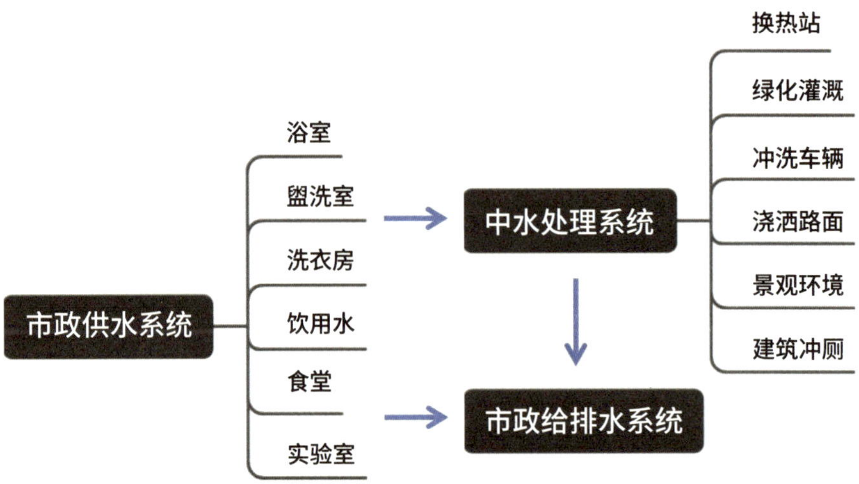

图 2-2 中水回用流程示意图 / 水平衡关系图

中的污染物和有害物质，可以得到符合标准的中水，具备一定的水质要求，能够满足这些非饮用用水的需求，减少对自来水的需求量。与校园内部污水处理厂相配合，中水回用技术的使用会显著降低校园日常活动中对于传统水资源的消耗。如图2-2所示。

1）中水处理技术

按其机理分为物理化处理、生化处理、膜处理、生态处理等技术。

（1）物化处理技术。物化处理主要包括混凝、气浮、沉淀、过滤和活性炭吸附技术等。主要利用药剂的絮凝或吸附作用，滤料的黏附和筛滤作用使原水得到净化，主要去除水中胶体和悬浮颗粒，仅可去除少部分有机物。

（2）生化处理技术。生物处理法包括好氧微生物、厌氧微生物和兼性微生物处理法。好氧微生物处理法是中水处理常用的技术，通过好氧微生物将污水中的有机物质转化，稳定出水质量，减少所需空间，特别适合大型项目。

（3）膜处理技术。膜处理法的实质是一种物理处埋方法。包括超滤(UF)或反渗透膜处理法(RO)和膜生物反应器。UF技术或RO技术是利用半透膜的选择透过性，当污水在一定压力下通过滤膜过滤时可实现胶体及细小悬浮物与水的物理分离。通过在曝气池中引入MBBR技术，活性污泥处理过程得以优化，利用超滤膜技术取代了传统的沉淀和过滤消毒步骤，这一改进不仅缩减了所需空间，也显著提升了最终处理水的质量。膜分离技术可以很好地分离细菌和病毒。

（4）生态处理技术。生态处理技术是一种结合了物理、化学和生物化学反应过程的处理手段。例如人工湿地处理法，其中包含了对可沉物体的沉淀（物理过程）、填料和植物根系对污染物的吸附和过滤（生物过程）；物质间的化学沉淀、化学吸附、离子交换、氧化还原反应以及微生物的代谢降解污染物等作用，污水在复杂的反应过程中得以无害化、稳定化，能够再生利用。

2）盥洗室储水箱

大多数学校中，教学楼或者宿舍楼中的盥洗室与厕所距离一般比较近，可以采用在盥洗室中设置储水箱的方式，通过简单过滤或者其他物理手段，将盥洗用水用作冲厕用水。沈宁娟等人在许昌学院对这种回用方式进行了实地研究，从结果来看，效果较为显著，不仅节约了该校20%以上的水资源，从经济效益上来看，该方法每月还可以为学校省下高达7万元的水费。

2.3.3 建筑给排水节水

给水系统和排水系统是建筑给排水系统中的两大组成部分。在零碳校园规划设计过程中，需要将节水节能技术积极应用到建筑给排水设计中，在完善给排水系统的同时，利用科学的处理方式提高整体水质。与此同时，利用节能节水技术，还可以对水资源进行科学的规划和调配，降低水资源消耗率，实现水资源的回收利用，推动城市现代化建设进程的有序进行。

目前建筑中的给排水工程存在一些问题。比如说因为管道质量与设计问题造成水资源的浪费，未在建设初期就考虑到建筑项目的长期使用效果，以致减少管道的使用年限。其次，随着人们对于生活质量要求的不断提高，对建筑整体舒适性也提出了更高的期待，部分年代较为久远的给排水设计可能会对热水系统的建设和使用产生制约，影响居住者的居住体验；最后，缺少对水循环利用的重视，缺少对雨水资源的合理利用，都会无形中造成水资源的浪费。在人们的日常生活中，雨水资源无处不在，可以应用到道路清洗、绿化浇灌等多个方面，如果忽视这项资源，则是对资源的极大浪费。

在校园零碳化改造的语境下，可以应用节能、节水技术与设备。

2.3.3.1 热水系统节能设计

对热水系统的设计工作进行优化和改善，主要可以从以下几方面入手。首先要提高热水循环系统的科学性和合理性，在系统内部进行热水回水管的设计，实现循环利用。其次，对整体效果展开分析，虽然热水循环设计可能会增加部分成本投入，但是，在使用的过程中可以有效减少能源损耗，具有较高的性能优势。最后，应当对建筑性能展开深入分析，对储热设备和加热设备进行合理应用，确保能够满足使用者的日常需求。

2.3.3.2 节能型加压设备

目前，在一部分高层建筑中，依然沿用老旧的加压设备，不仅能耗高，整体效率也无法达到使用需求。在开展二次加压的过程中，应当将市政供水收集到储水池中，在变频加压设备的作用下实现加压，确保高层建筑水源的持续供应。虽然同传统的加压方式相比，能够降低能源消耗，但还存在进步的空间。负压式供水设备是现阶段节能效果较好的供水设备，可以与市政供水管网直接相连，不仅便捷性较高，同时还能对市政供水进行加压处理，具有造价低、使用简便、节约能耗等优势。

2.3.3.3 科学配置节水器

如2.3.1.1中提到的，节水器具有的节能性和节水性，能够有效提升建筑给排水系统的应用效果，生活用水器具、水表、配水装置等都是重要的节水器具。节水器具作为建筑给排水系统设计过程中的重要组成部分，具有使用便捷、制作精良等优势，在对节水器具进行实际应用的过程中，能够对滴水、漏水、冒水问题进行有效控制。节水型阀门、节水型水龙头、节水型淋浴喷头、节水型坐便器等都是日常生活中较为常见的节水型器具类型，已经受到了人们的广泛青睐。

2.3.3.4 开发再生水

如2.3.2.1与2.3.2.2中提到的，从经济层面来看，循环水不仅成本较低，并且具有较大的推广价值。其次，从环境保护层面来看，进行废水资源的回收利用，能够有效改善生态环境。在建筑项目给排水设计过程中，需要对水资源进行合理利用，如可以利用雨水或者冷却水进行厕所和车辆的冲洗，利用雨水开展植物灌溉。

2.3.3.5 清洁能源利用

对清洁能源的有效运用，不仅可以提高建筑的给排水设计效果，更为提高整个建筑的可持续性提供了内部支持。目前，在建筑给排水设计的过程中，对太阳能资源的利用率最高，在太阳能资源的作用下，所设计出的太阳能热水器系统不仅可以进行水资源的加热，同时还能降低电力消耗，实现节约水资源和电力资源的目的。另外，太阳能热水器主要由集热箱、循环管、储水箱组成，不仅成本较低，同时效率较高，在众多建筑中都得到了广泛的应用。特别是对于一些单幢、多幢建筑物来讲，对太阳能热水器进行合理的运用，科学设置热水箱，能够为户内热水器提供充足的预热水源。

2.3.4 废水处理体系

2.3.4.1 废水类型及特征

校园生活中所涉及的废弃水的主要来源包括校园生活污水、生活废水以及雨水。其中生活污水主要包括宿舍洗漱用水、洗涤用水、厕所及食堂废水等有机质浓度较高的污水。雨水一般由单独设置的雨水管道直接排入市政雨水管网，而校园生活污水则需要进行处理后排入市政排水管网或回用。相比于市政污水，校园废弃水具有成分单一、我毒性较小的特点。

校园污水处理的设计规划要点包括合理确定处理工艺，确定处理规模和能力，考虑适用的处理技术和设备，以及确保出水水质符合排放标准。此外，还需考虑工程的可行性、稳定性和经济性，并充分考虑环保因素和节能减排要求。校园污水处理的设计规划还应考虑校园特有的需求，如适应学生和员工用水量的变化、灵活应对节假日和暑期的用水峰值等。

2.3.4.2 废水管理规划

对于不同规模的学校，采取的污水管理方法不尽相同，大体可以分为纳管处理和自建设施处理。对于规模较小的校园，纳管处理是较为经济的污水处理办法，该方法是指将校园的污水管网直接与市政污水管网相接，输送到城市污水处理厂统一处理。但对于占地面积大或者位于城市郊区的学校而言，纳管处理方式运输距离长、水质易恶化、管网复杂的问题突出，在这样的情况下，通常选择以纳管处理为主，建设与校园相配套的污水处理装置为辅的方式，以更好地实现水资源的循环利用。对校园污水进行细分，可以分为粪便污水、厕所污水、厨房污水和洗涤污水，其中，前三类污水一般有机质含量较高，营养元素含量高，可以采用物理方法进行预处理（比如沉淀絮凝以及过滤），再采用目前比较广泛采用的生化处理方法比如厌氧-好氧联合工艺法、膜生物反应器法（MBR）以及生物接触氧化法；而洗涤用水有机质含量较低，受到洗涤剂等化学助剂影响，P元素含量较高，通常在预处理后进行简单的生化处理即可。

校园废水管理的常用处理手段可以分为三类。

1）一级处理

如格栅、沉淀、沉沙等，使用物理化学方法去除校园污水中的毛发、布条、塑料袋等漂浮物，通过调节池调节污水水质、水量。由于污水的特征随季节和温度的变化而变化，因此为了有效去除污染物，春夏秋季采用一级处理，冬季采用强化一级处理。在初级处理阶段，为了强化处理效果并实现成本节约，主要通过添加化学剂量较低的试剂并利用沉降技术，达到预定的污水处理效果。

2）二级处理

常用的二级处理工艺有活性污泥、生物膜、膜生物反应器以及生态处理法。这一步操作去除一级处理出水中的难溶胶体、悬浮物，并将难溶有机物降解为可溶有机物。由于中水回用对有机物、洗涤剂去除要求较高，处理技术一般采用膜生物反应器、生物接触氧化等工艺手段。校园生活污水的 $BOD_5/COD_{Cr} > 0.66$，生物活性好，易于生化处理，可针对性进行处理和中水回用。现有研究表明，通过生物接触氧化法、MBR工艺、土地渗滤法(SAT或SWIS)等多种污水处理工艺相结合处理校园污水可取得良好的效果。

3）三级处理

三级处理是指采用物理或化学方法降低水体的浊度和色度及其他难降解物质含量。可通过沉淀、过滤及吸附去除废水中微小悬浮颗粒物和调节水质，然后去除营养物质。再通过加氯、紫外线辐射以及臭氧技术对二级出水进行灭菌、消毒，然后排放或进一步回用。由于校园人员相对集中，污水消毒系统离学生公寓近，一般选择风险较小的紫外消毒法，消毒时间一般为40 min。

2.3.4.3 中水回用过程中的原水处理原则

对于中水回用的原水，一般按照应该以下顺序取舍：①冷却水；②沐浴排水；③盥洗排水；④洗衣排水；⑤厨房排水；⑥厕所排水，越靠前，原水则含有越少的杂质，处理成本越低。处理达到一定标准的校园污水可以再次使用于景观环境、厕所冲洗、浇洒道路、洗车等，因用途不同，故其要求达到的水质标准不同，在回用时，建议采用以下顺序进行取用：冲厕—绿化—道路喷洒—景观用水—消防储水—洗车，顺序越靠前，其对回用水的水质要求越低，其中，冲厕、绿化浇灌用水须满足《城市污水再生利用城市杂用水水质》的水质标准，这种情况，可采用土壤毛细管渗滤、人工湿地、MBR及生物接触氧化等工艺，其中MBR和生物接触氧化使用更多；而景观用水要求较高，则一般采用A^2/O-MBR工艺进行处理，若中水中P元素含量较高，则容易引起水体的富营养化，不宜用作景观用水，则可以作为浇灌用水促进植物生长。

2.3.5 校园水资源管理设计实施案例

2.3.5.1 雨水利用系统规划——以美国亚利桑那州立大学生物设计研究所为例

1）校区概况

美国亚利桑那州立大学生物设计研究所，位于美国亚利桑那州坦佩（Tempe）市，生物设计研究所占地面积16 188 m^2，该项目在干旱的沙漠地带构建了一个新的研究机构，设计师以创造可以使生存得以改善并可持续的环境作为设计诉求，大多数的建设项目都成功地在各自的场地内设置雨水收集设施，收集雨水和雪水，乡土植物配置以及水资源的回收再利用为该项目带来更加诗情画意的独特景致，为学生们提供了一次体验充分绿色的机会，堪称一个体现可持续的完美案例。

2）雨洪利用措施

美国亚利桑那州立大学生物设计研究所在设计的过程中处处考虑到对雨水资源的收集与利用，主要采用的雨水利用方式为蓄水池和透水地面铺装，实现水资源的可持续发展。具体措施包括以下方面。a.雨水花园。沙漠滨河花园不仅能够收集雨水和积雪，同时也是学生们聚会和学习的城市栖息地，因而促进了公共空间的可持续发展。b.透水地面铺装。清除原有的沥青地面，代之以生机勃勃的具有遮阴功能的花园，采用透水地面铺装，并种植具有治疗作用的植物，减少地面径流。c.雨水滞留地。选择寸草不生、铺满沙砾的盆地为最典型的蓄水池代表，通过改建原有滞留池和新建滞留池，有效地应对暴雨径流和收集雨水。

3）雨水利用与景观营造

该研究所运用不同的材料、别具匠心

的造景形式以及种植乡土性的植物与之配合，使雨水利用与景观的营造完美地结合在一起。紧临露天广场的沙漠滨河公园，为学生们提供了聚会与学习的空间，同时也有效收集雨水和积雪；具有遮阴功能的花园，清除原有的沥青地面，采用透水地面铺装，并种植具有治疗作用的植物；周围建筑运行中产生的水，经处理用来灌溉乡土植物花园；铺满沙砾的盆地是最为典型的蓄水池，以及道路周边的新建滞留池等等，形成了风格统一的景致；此外，研究所还有一堵内阶梯状现浇混凝土挡土墙，墙壁四周栽种着有治疗作用的沙漠多浆植物，棱角分明的基座下是一个包围圆形露天小剧场的滞留池，这一连串的景观一个接一个，形成一个新的整体，体现了亚利桑那州立大学生物研究所的水资源回收再利用的设计理念。

2.3.5.2 中水回用系统规划——以苏州建筑技术职业学院为例

1）设计概况

该校中水回用系统，以校园现阶段建设规模为基础，兼顾远期用水水平，以中水系统提供整个西校区建筑冲厕、全校绿化、道路喷洒用水作为计量对象，具体包括利亚楼、建筑技术馆、学生公寓等，各建筑物2013年度用水总量为258 864 m^3。按总用水量40%计算得年中水需求量为103 545 m^3，校园内绿化年用水量约为14 000 m^3，则年中水回用总量约为117 545 m^3，即332 m^3/d，考虑到管网漏失及其他未计水量，因此，项目中水设计规划为330 m^3/d。

2）工艺流程

本项目工程设计中水水源主要以校园污水和雨水为主，出水水质参照《城市污水再生利用城市杂用水水质》的一级排放标准，处理后中水主要用于冲厕和绿化。考虑到学校总排污口设立在东大门，设计在排污口附近建立地下中水站，将学校污水统一处理，达到了中水回用水标准后再供给学校冲厕、绿化、喷洒等使用。

设计选取校园排污口污水作为中水水源，具体工艺流程为：校园污水→格栅→调节池→生化池→斜管沉淀池→清水池→道路喷洒绿化及东、西校区各建筑物冲厕水。

（1）格栅。当采用校园污水作为中水水源时，原水中含有大量漂浮物和悬浮物，须及时清除栅渣以免堵塞。栅渣消毒后送至指定位置进行集中处理。

（2）调节池。由于来水水质、水量各不相同，同时各种水源自身存在一定的波动性，为此，需设调节池对水量和水质进行调节，为后续处理设施提供恒定的水量和均匀的水质，减轻后续处理设施的负荷冲击。

（3）生化池。根据进水水质以及学校投资实际，设计采用生物接触氧化处理技术，即在生化池内充填填料，将充氧的污水浸没全部填料，以一定流速流经填料，此时，填料上布满生物膜，污水与生物膜广泛接触，在生物膜微生物的新陈代谢功能作用下，去除污水中的有机污染物，使污水得以净化。

（4）斜管沉淀池。经生物处理后，溶解性BOD和COD均转化为微生物膜，老化脱落的生物膜随水流进入沉淀池。该池设计采用沉淀分离效果较高的斜管沉淀池，其中污泥定期通过污泥泵提升至化粪池。

（5）清水池。储存产出水，用加压泵供给学校绿化、道路喷水、技术馆冲厕等用水；清水池水量不足时，可由外接自来水水源补给；利用滤池反洗泵给滤池提供恒定的反洗水量。

2.3.5.3 给排水节水设计规划——以唐山工业职业技术大学为例

1）合理布局给水方式

对于小型或层数较低的建筑，校园市政供水管网水量和水压能够满足其要求，应尽量选用直接给水方式，不需要二次加压，如有需要，则使用变频调速水泵进行调节，在节水节能方面效果比较显著。对大型的高层建筑物，则采用分区给水的方式，避免噪声与水资源浪费，并且合理选用减压阀，例如采用入户支管减压，限制出水龙头前的水压。对于用水点较集中且用水量较大的公共建筑，比如公共浴室、带卫生间的宿舍、公共食堂等，宜采用“蓄水池+变频水泵+高位水箱”或者“变频水泵+高位水箱”的组合给水方式，以有效避免用水高峰时对市政供水管网造成大的压力冲击。

2）开发可再生水源

该高校所在地区降雨量比较充沛，可充分利用雨水作为水源，雨水不仅水质相对较好，而且雨水回收系统投资成本较低。该高校建筑结合排水系统的设计，将雨水回收，经过净化处理后，用于冲厕、绿化灌溉、道路清扫等，其中绿化浇灌宜采用微灌、喷灌等高效的灌溉方式。

中水是经过处理回收利用的水资源，中水不仅水量大而且稳定，并且就地可取，用水成本相对较低，同时中水能够减少污水和废水的排放量。高校建筑中公共浴室、学生宿舍盥洗间及水房等排放出的废水量大，可以通过回收到中水处理系统，将其净化后再用于便溺用器具的冲水等对水质要求不高的用水点。

3）完善排水系统设计

由于管道中的排水属于重力流，排水管道的长度要尽量短，有助于排水的有效排放，从而减少水资源的消耗。排水管路尽量少有拐弯及三通等连接件，连接件存在密封性差的问题，污水泄漏会造成漏水甚至外部环境的污染。管路的设计和安装要充分考虑到管路不易受到损坏，从而有效避免因管路或者连接件的损坏及松动而产生的污水泄漏。

4）人工湿地污水处理系统

该校采用人工湿地污水处理系统模拟天然湿地，人工建造与沼泽地类似的地面结构并利用其与天然湿地相似的功能，利用物理沉积、生化反应、化学反应等特有的动植物生态系统，不仅可以净化污水，还可以促进绿色植物生长及增产，进而实现废水的资源化。人工湿地污水处理系统具有投资低、出水水质好的优势，还能改善生态环境，维护费用低，操作简单。

2.3.5.4 海绵校园规划——以河南科技大学开元校区为例

1）校区概况

洛阳位于暖温带，雨水丰沛，年均降水量630 mm左右。河南科技大学开元校区总占地面积3 416 亩（1亩约合666.7平方米），拥有丰富的开放空间和绿地面积，新校区校园景观水系工程建设面积较大，水系资源丰富。校园内道路网分布密集，但在道路排水方面未进行系统处理，改造前时常出现道路积水现象。

2）技术路线

河南科技大学开元校区海绵校园规划改造技术路线如图 2-3所示。通过规划绿地排蓄水系统，修建下凹式绿地、植草沟和雨水花园，实现雨水径流的调蓄和净化；对建筑屋顶进行绿化改造；对原有硬化路面进行透水铺装改造；对广场进行下沉式改造；对调蓄水体进行保护和改造。建筑屋顶、广场、道路雨水径流经有组织的汇流区就地下渗、

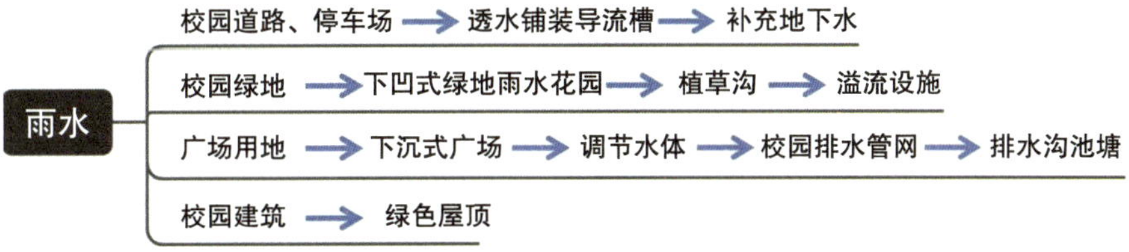

图2-3 海绵校园设计技术路线（图片来源：根据文献改绘）

滞蓄，部分经简单处理、净化后通过雨水管道排入调蓄水体，汇入水体的雨水资源可用于灌溉植物，浇洒道路、绿地等。二次使用之后的雨水仍可进行有组织的收集、净化处理再利用，以实现校园雨水的循环利用。

3）设计要点

a.透水路面。

道路、广场和公园作为高校校园的重要组成部分，占地面积大，因此，在进行路面铺装时应选择透水性较好的材料，如鹅卵石、透水型沥青以及透水型混凝土，以提高路面渗水能力。同时，在路旁或面层底部修建蓄水池以缓解暴雨天气路面积水问题。高温时通过水分蒸发降低路面温度，低温时通过水渗透进储水池避免路面结冰。

b.绿色屋顶。

绿色屋顶即建筑物顶端为绿色植被区，主要由3部分组成：绿植、基层和防渗铺装。绿植能够大量吸收涵养水分，从而减少屋顶径流量。在强降雨天气发挥蓄水作用，不仅可以有效减少积水，还可以发挥水比热容大的作用，形成建筑内部温度稳态，从而减少能源的消耗。

c.雨水花园。

雨水花园是提高雨水和雨洪管理质量的关键因素，雨水花园通过收集雨水、净化污水实现控制径流排污的功能。其具体实施为：通过下凹式绿地、植草沟等对雨水进行过滤净化，再通过雨水管网输送到初期雨水弃流系统进行分流，收集优质雨水导入校内雨水泵站，用作校内景观水系，排出弃流雨水输送到园区雨水泵站导入河道。中心区LID调蓄区溢流，并将其存储在缺水条件下的水道和土壤中。

2.3.5.5 绿色节能热水系统建设运营——以南开大学八里台校区为例

为实现八里台校区学生在宿舍内洗浴需求，南开大学基建保障处根据2022年第二十次校长办公会决议要求，积极推进了八里台校区学生宿舍洗浴热水建设和运营项目实施，为项目建成提供了极大的帮助和支持。

南开大学八里台校区学生宿舍洗浴热水建设和运营项目采用合同能源管理的BOT商业模式与能源服务公司进行合作。通过对南开大学八里台校区学生宿舍进行改造，建设高效热泵热水系统、太阳能热水系统以及智慧能源管理平台，提高了能源综合利用效率，降低了能耗水平，助推了节能降碳目标的实现。

1）基本情况

项目包含了八里台校区除西区公寓（已

实现洗浴热水进宿舍）之外的全部16个学生宿舍。项目需要建设相对独立的洗浴热水系统并配备相应的服务设施。其中，6宿、10宿、12宿、14宿、15宿、18宿和20宿7栋宿舍楼，学校在前期装修改造时已完成洗浴间的装修、管道铺设和花洒安装，还需加装水控系统；5宿、8宿、13宿、16宿、17宿、19宿、21宿、22宿和21斋还需要对浴室进行设计和建设。

南开大学与三峡电能（天津）有限公司（简称第三方）签订服务合同，项目服务期为8年。第三方在合同服务期内负责项目设计、投资、建设和运营，服务期结束后将项目所有权（固定资产）移交学校。采取第三方直接向用户收取洗浴费用的运营模式。

2）主要做法

a. 热源系统。

项目采用高效空气源热泵系统+太阳能集热系统的多能互补热水系统解决方案（图2-4），该项目采用太阳能集热、水箱储热，搭载智能控制系统，在阳光不足时启动空气源热泵，最大程度地利用太阳光资源，实现最大化的节能。根据宿舍位置、距离、房屋荷载等实际情况，项目新建8个热水泵站，8个宿舍楼顶布置太阳能集热器。

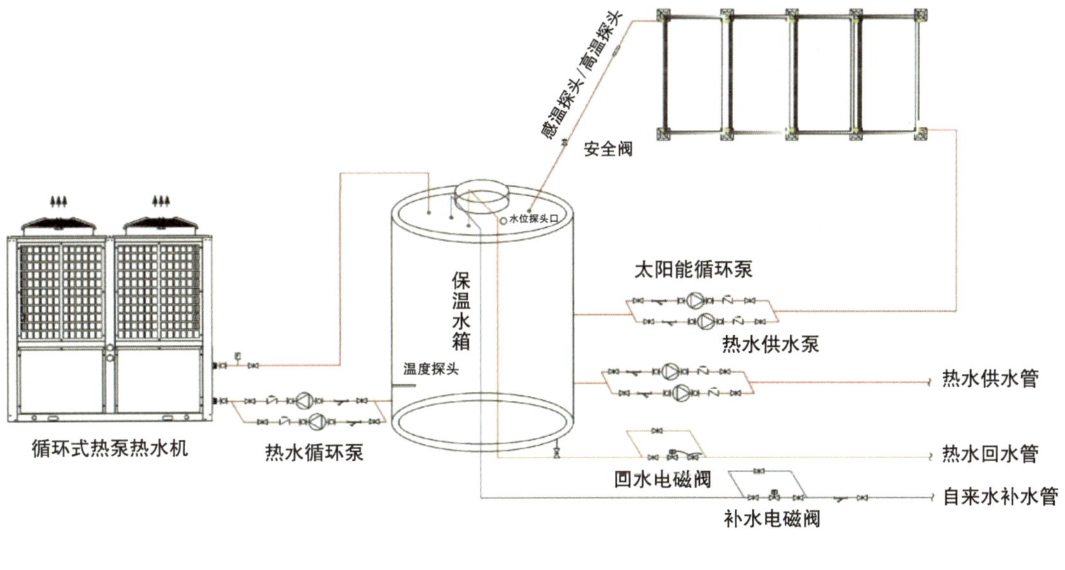

图2-4 热源系统

项目采用低温空气源热泵机组，设备运行稳定，驱动能源仅使用电，安全环保，零排放，已在津南区政府、海教园南开学校等项目广泛使用。

本项目使用全玻璃真空管集热器，技术成熟，比其他形式的太阳能光热产品热效率转化高，可最大化利用绿色能源。

b.智慧能源管理平台。

项目搭建生活热水智慧能源管理平台，将每个能源站的各种采集数据收集到该平台，并且可实时远程查看每个热水站用电、用水、设备运作状态等相关环境的实时数据，以及进行能耗的统计，实时输出相应报表等。每个宿舍淋浴间的控水器实时状态也可在该平台上查看。

生活热水智慧能源管理平台可实现以下功能。

（1）在利用太阳能加热后达不到预设温度时，自动启动空气能辅助加热补充能量至设定温度后自动停止，联动控制太阳能系统和空气源热泵系统，实现节能、绿色运行，提高能源使用效率。

（2）系统具备漏电保护、防干烧、防雷电、故障报警、设置数据断电记忆保护等安全措施，保证达到安全要求。

（3）水控系统。宿舍采用联网水控机，可以排队预约，采用用户名密码形式支付，不用卡不用手机。采取时间计费的形式。同一账户下，学生可通过扫码支付、用户名密码支付（无须使用手机、卡片）、预约支付（避免浴室高峰期集中扎堆排队现象）、刷卡支付等多种支付方式进行付费，方便用户在不同使用场景及不同使用习惯下的快捷使用需求，消费结束产生账单，用户可通过手机端查看，保证消费透明。

3）成果效益

项目建成后实现八里台校区学生在宿舍内洗浴需求，为校方节约了1 000多万元的项目建设投资，并减少了项目每年几十万元的系统维护费用和运维人员管理费用。项目建成后采用太阳能+空气能等清洁能源技术提供生活热水，每年可节省标准煤369吨；可减少排放$CO_2$966吨、$SO_2$3.1吨、NO_x2.7吨、CO8.5吨。提高了能源综合利用效率，助推了节能降碳目标的实现，也体现了学校各部门积极响应国家3060碳达峰碳中和目标，落实党中央、国务院和天津市委市政府关于碳达峰、碳中和的决策和部署，发挥能源费用托管模式在公共机构节约能源、资源工作中的示范作用。

4）建成效果

a.浴室（图2-5）。

图2-5　建成浴室照片

b.能源站（图2-6）。

图2-6　建成能源站照片

c.使用说明（图2-7）。

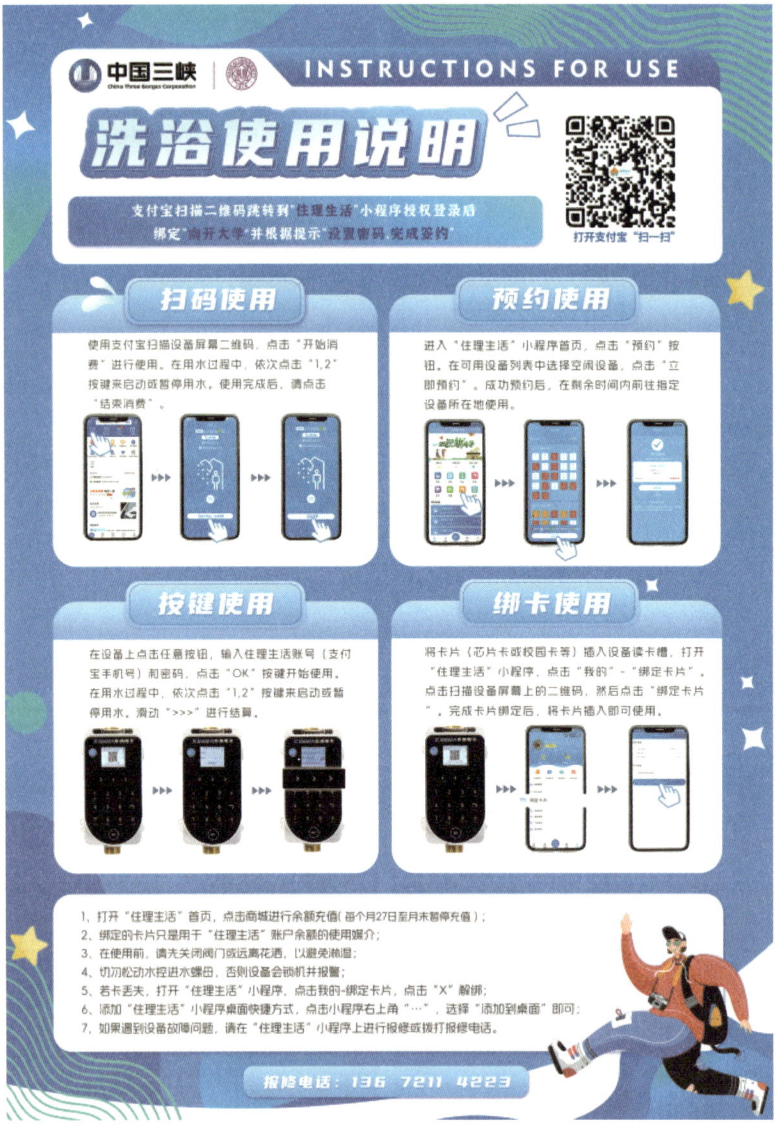

图2-7 生活热水智慧系统使用说明

2.3.6 校园水资源管理改造工作流程图

校园水资源管理改造工作流程如图2-8所示。

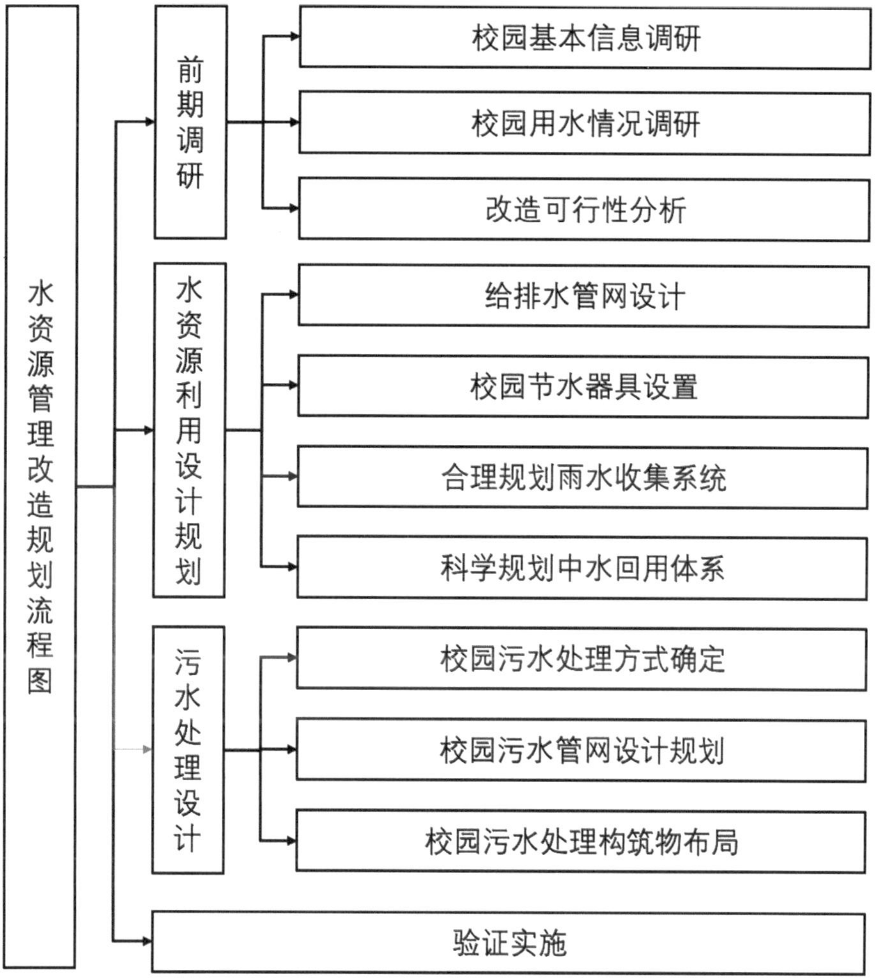

图2-8 校园水资源管理改造工作流程(图片来源:作者自绘)

2.4 固废管理

校园是师生生活、学习、活动的场所，在校园正常运转过程中，无时无刻不伴随着物品的更新迭代，这导致了固体废物的产生。校园生活中的固体废弃物具有成分多样、产量巨大、品质不一等特点，在对其进行固废管理规划时应格外注意减量化、资源化与无害化，以其为核心，对固体废物进行分类回收、处理处置、循环利用。

2.4.1 垃圾分类

大学校园是人口集中的大型社区场所，校园生活垃圾产量大，成分复杂，这就使垃圾分类问题成为校园管理部门和师生需要共同面对和解决的重要问题之一。为进一步加强校园管理，各高校结合自身实际，制定校园生活垃圾分类投放运行实施方案。高校实施垃圾分类管理，一方面有助于提高生活垃圾资源利用率，另一方面可以减少垃圾胡乱丢弃产生的二次污染。如何有效制定高校生活垃圾分类处理方案，提升师生垃圾分类参与意识，营造文明和谐的校园文化成为当前高校面临的共同问题。从城市通用的垃圾分类原则来看，垃圾可以分为可回收垃圾、不可回收垃圾、厨余垃圾、有害垃圾。而对于学校而言，高校生活垃圾主要可以分为两大类：一是日常生活和教学过程中产生的废弃物品，此类物品一般属于可回收垃圾，主要包括塑料制品、纸质包装、金属制品和印刷制品等，且多产生于教学楼、公寓楼、实验区和生活区等场所；二是不可回收的生活

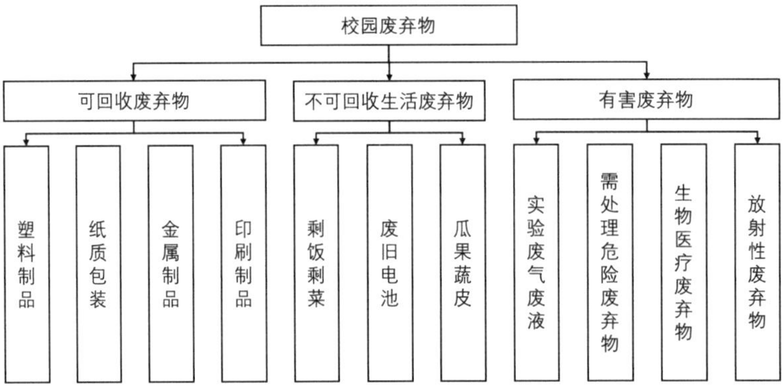

图2-9 校园废弃物分类概况（图片来源：根据文献改绘[38]）

垃圾和有害废弃物，主要包括剩饭菜、瓜果蔬皮、重金属（如废旧电池）和实验产生的废气废液等需要特殊处理的垃圾废弃物。此类垃圾不可随意丢弃，且分布区域比较集中，主要集中在食堂和实验区等场所（图2-9）。

对垃圾进行简单分类后，则可以对其分别进行后续的处理处置。我国自2000年开始推行垃圾分类试点工作，目前已经在以上海和杭州等沿海发达城市为代表的试点城市取得了明显的成效，为日后各级市县推进垃圾分类工作积累了大量可供借鉴的经验。但时至今日，垃圾分类工作依然存在着部分不足之处，比如师生执行不到位、设施设置不合理、过程监管不全面等问题。针对这些现象，大体上来说有以下策略。

2.4.1.1 宣传政策

校园应当适当开展垃圾分类工作宣传，加强学生教育，定期开展活动，例如每年新生入学季，通过学校新生群、官网进行宣传。打印宣传册，在学校门口进行发放。

2.4.1.2 设置设施

学校也应合理设置分类垃圾箱，养成学生垃圾定点投放的习惯；定期安排人员上门回收旧衣架等物品，避免校园生活中的物资浪费；安排工作人员定期将餐余垃圾桶运往食堂，纸张、塑料瓶、筷子饭盒三处储存地的数量积累到一定程度时，运往回收站售卖。对毕业学生进行宣传，对衣架等物品进行低价回收。使用垃圾运输压缩车。如果购买一台压缩式垃圾箱将会减少运输次数从而减少运输费和填埋费用。

2.4.1.3 垃圾减量

减少雨季时垃圾的重量，由于校内的垃圾箱不透水，且都是露天摆放，下雨的时候桶内会有大量的水，增加了垃圾的重量从而加大了运输费用，为了减少购买脱水机的费用投入，最简单的方法是将垃圾桶下部开些小口，这样就能减少积水。

2.4.1.4 日常监管

日常监管工作应落实到位，加强教育与管理。此外，也可采用智能化手段对垃圾分类进行监管，如建立智慧垃圾分类可视化运营监管平台，依托物联网、GPS、云计算、大数据等信息技术，结合各种智能化设备（智能垃圾分类箱、车载一体机等），对垃圾分类全过程中涉及的人、车、物、事进行全过程实时监管，实现垃圾投放、收集、运输、处理各环节的有源可溯。

2.4.2 固废处理与处置

2.4.2.1 日常监管

生活固体废弃物经过分类收集与转运之后，要对其进行进一步处理，达到减量化、无害化的目的。校园固废处理处置需要综合考虑废弃物的性质、数量、处理成本以及环境影响等因素，制订相应的处理方案和措施。在处理过程中，应严格遵守环境保护法规和相关标准，确保废物处理的安全性和环境友好性。比如对于厨余垃圾或者不可回收垃圾，一般采用垃圾场填埋、焚烧的方式，有机质含量高的垃圾可以采用堆肥方式进行处理。此外，对于部分理工科高校而言，实验室垃圾是不容忽视的危险固废之一，常见的无害化处理处置方法包括包覆、填埋、回收利用、物质转化等方式。

2.4.2.2 危废处置

随着我国经济实力和科学技术水平的提高，高校承担的研究项目和科研课题逐年增多，科研教学活动日趋频繁，导致实验室化学试剂用量和实验室危险废物产生量与日俱增。高校实验室危险废物是指高等学校的实验室在科研和教学等活动中产生的危险废物，主要包括《国家危险废物名录》（2016年版）中废物代码为900-047-49、900-999-49、900-

002-03的危险废物。高校实验室危险废物具有产生源分散、成分复杂、种类繁多等特点，存在收集难、贮存难、运输难、处置难等问题，是危险废物管理工作的重点和难点之一。教育部和原国家环境保护总局也制订了相关规定和措施，要求高校实验室产生和排放的废液应按要求进行申报登记、收集、运输和处置，严禁把废液等污染物直接向外界排放。通知发布后，各级环保部门和高校也相继制订了实验室危险废物管理制度，对规范实验室废弃物的排放和处理提出了要求。此外，北京市也率先颁布了《实验室危险废物污染防治技术规范》（DB11/T 1368—2016），但依然存在实验室危险废物管理混乱、随意排放，经费投入不够，处置能力不足等现象。

实验室固废的管理方式可以按照以下流程进行。

1）源头把控

在实验物品采购过程中，需要结合实验需求购置相应数量的化学药品，通过内部转让方式提高其利用率，从而降低危险废物的产生。另外，科研院所等单位在开展检验、科研等活动时，需要优先选择无毒无害的材料。除此之外，在实验室开展实验活动过程中，需要重视操作人员的行为规范管理工作，保证操作人员严格按照标准规范进行实验，从而减少由操作不当产生的危险废物。

2）合理投放

管理人员需要严格按照相关管理规范做好实验室危险废物贮存工作。另外，在建立危险废物贮存区之前，需要相关部门提供资料，并获取相应环保手续，方可进行施工。另外，贮存区需要制订管理台账，并且保证台账永久保留。

3）科学处理

在实验室危险废物处置过程中，实验单位需要与专业处置和利用危险废物的单位进行交流和沟通，并保证专业处置单位信誉良好，具备经营许可证。同时将危险废物处理处置工作委托给专业单位。除此之外，实验单位需要严格执行实验室废物申报登记工作，并按照转移联单和管理计划做好委托工作。保证实验室危险废物合理处置，从而减少因其处置不当对人体健康或生态环境造成的危害。

2.4.3 固废循环利用

校园垃圾中蕴藏着大量再生资源，如废纸、塑料制品等，这些材料多数可以作为潜在原料使用。这些废弃物经过适当的加工后，就变成可利用资源，且加工成本更低。校园固废资源化利用的方式包括废纸、废塑料、废金属等废物的回收再利用，有机废弃物（粪便或厨余垃圾）的堆肥和生物气化，废弃食品生物转化为肥料或能源等。此外，还可以通过废物分类和分拣技术，将废物分成不同的组分进行处理，提高资源回收利用的效率。校园固废资源化利用需要合理的管理和技术支持，包括建立有效的回收体系、推广环保意识和行为、加强科技创新等。通过这些措施，一方面可以最大程度地挖掘和利用废弃物的潜在价值，实现校园固废资源的可持续利用，另一方面也为建设环境友好型校园作出贡献。

2.4.4 固废管理实例

2.4.4.1 垃圾智能回收清运系统规划——以肇庆学院为例

1）项目背景

目前我国已有46个城市成为垃圾分类的试点城市，垃圾分类是垃圾处理的未来趋势，在这种大趋势下，校园垃圾由人工分区域处理将垃圾运送到校园垃圾集中点再由垃圾车统一运输的传统模式难以实行，且费时费力，无法预知垃圾桶的状态，可能存在垃圾溢出造成二次污染。由此，肇庆学院建立了一个校园垃圾箱与校园垃圾回收中心、校园垃圾回收车之间的物联网系统，监测校园内各垃圾箱填充状态，并根据需要调动校园垃圾处理车以最优路线对需要清理的垃圾箱进行清运。

2）功能要点

a. 垃圾桶自检。

校园智能垃圾箱具有监测自身容量是否充满的功能，垃圾箱设置两个阈值，当容量达到第一阈值时向校园垃圾回收中心发送信息，请求清运，当达到第二阈值时，自动关闭垃圾投放口直到垃圾清运车到来再次开启，防止由于垃圾溢出产生二次污染。

b. 定位功能。

垃圾箱与垃圾清运车利用北斗系统进行定位，将位置信息发给校园垃圾回收中心，由回收中心通过计算确定最优路径。垃圾清运车由北斗系统导航，根据数据处理中心计算得到的最优清理顺序开始对需要清运的垃圾箱逐一清理。

c. 通信功能。

通过垃圾箱与校园垃圾回收中心的通信，汇报自身状态。利用垃圾车与校园垃圾回收中心的通信，接收校园垃圾回收中心发来的清理信息以及清理路径，汇报自身的行驶路径及运行状态。垃圾箱与垃圾车之间的通信，当垃圾车到达垃圾箱处时，发出到达信号，垃圾箱切换到打开模式，便于垃圾倾倒。

d. 校园垃圾回收中心的数据处理以及控制功能。

校园垃圾回收中心在接收到垃圾箱发出

的清理信息后，根据垃圾箱所处地点计算出最优路径，将计算好的路径发送给需要前往清理的垃圾车。

3）设计规划

校园垃圾分类回收管理系统主要由垃圾清运车、垃圾箱和垃圾回收中心三部分组成。系统中不同类型的垃圾投放的垃圾箱对应的颜色不同，垃圾箱在检测到自身容量达到第一阈值时，启动通信模块向校园垃圾回收中心报告自己的位置、垃圾类型等信息。校园垃圾回收中心在接收到信息后通过数据已处理模块判断需要清理的同类型垃圾箱是否达到设定的统一清理最低值，如果低于这一值，系统处于等待状态，直到需要清理的同类型垃圾箱达到统一清理的最低值，垃圾回收中心数据处理模块计算出垃圾车最佳清运顺序，由通信模块将清理信息以及路径信息发送给相应的垃圾车。校园垃圾清运车在收到信息后其状态变为运行中，不再接受新的调度，而后利用导航模块以及避障模块按照回收中心设定的路线，到达需要清理的垃圾箱处，利用通信模块与垃圾箱通信，垃圾箱在接收到信息后打开垃圾投放口封闭装置，垃圾车进行清运。将所有待清理垃圾箱清理完毕之后，校园垃圾清运车回到垃圾回收中心，将垃圾倾倒入对应颜色的垃圾回收箱内，再回到初始位置，这时此垃圾清运车的状态变为可调度，进入待命状态。

2.4.5 校园固废管理改造流程

校园固废管理改造流程图如图2-10所示。

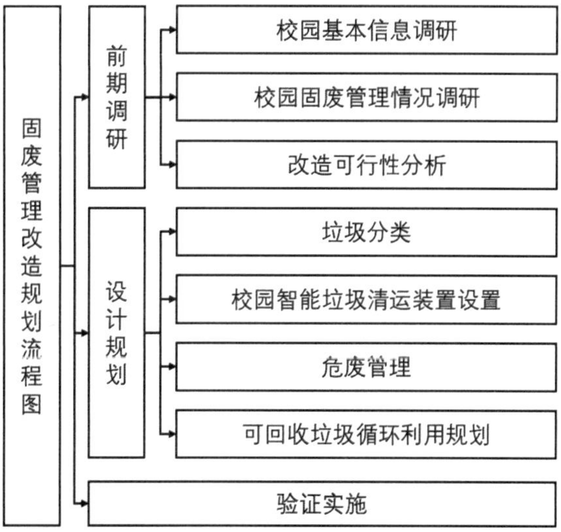

图2-10 校园固废管理改造流程图（图片来源：作者自绘）

2.5 本章小结

本章旨在探讨零碳校园资源环境设计的关键策略与方法，深入分析了校园交通低碳优化、绿地景观升级改造、水资源利用与处理以及固废管理等多方面内容，得出了以下结论。

在校园交通低碳优化方面，基于校园交通的特点，提出了合理的交通规划优化策略。校园交通是一个多元、复杂的系统，特别是在核心区域和上下课时，呈现出聚散性与阵发性特征。首先，交通规划与设计对于实现低碳交通和提升环境质量至关重要。多元化通勤方式、道路设置、人车分流、交通流线优化等策略有助于提高交通效率。不同的校园规模应采用不同的道路布局形式，如环形、树枝形、网格形等。其次，校园功能分区与道路规划应合理设置主次干道与支路，确保安全畅通。最后，校园交通管理应综合考虑停车系统优化、交通安全管理和绿色出行等，降低碳排放，提升环境质量与可持续性水平。

在绿地景观升级改造方面，校园绿地景观融合自然与人工要素，具有巨大碳汇潜力，是实现低碳校园的重要举措。首先，校园绿地规划应注重生态平衡，构建多层次绿化系统，提升生物多样性和碳汇能力。其次，植物绿化有助于调控温湿度、优化微气候、降噪。低碳植物应选择气候适应性强的植物，搭配速生和慢生树种，确保全年固碳释氧效果。再次，景观小品应注重可再生材料和可再生能源利用，促进场地可持续性和校园环境质量。最后，固碳计算方法为低碳绿地规划提供科学支持。

在水资源利用与处理方面，通过高效利用水资源和合理处理废水两方面来促进校园水资源管理工作的优化与发展。首先，对于校园的用水规划进行改造，如提倡节水意识的培养，安装节水装置等；其次，提高校园内部再生水利用的比例，例如雨水收集系统和中水回用体系的构建与改造；再者，建筑给排水进行节水改造，包括日常检修与跑冒滴漏的监测；最后是废水处理系统的规划与设计，选择合理的处理工艺与建筑物类型。通过这些措施，可以有效促进校园水资源管理的优化与发展，实现水资源的可持续利用与保护。

在校园固废管理方面，以分类回收、处理处置和循环再利用为核心，为校园固废管理提供改进建议。首先，需要持续推进校园垃圾的分类回收工作，提高分类回收率。其次，要进行生活垃圾的减量处理和实验室危废的无害化处置，确保固废不对环境造成污染。另外，可通过循环再利用来处理可循环利用的固废物，降低资源的消耗。通过这些措施，可以有效改善校园固废管理，为打造零碳校园作出贡献。

综上，校园交通、绿地景观、水资源管

理和固废管理等方面的优化措施为零碳校园的规划建设提供了有效的理论指导和改造路径。然而，零碳校园的建设是一个复杂而长期的系统工程，下面将进一步从更具体低碳方法和技术层面来探讨零碳校园的改造措施，以促进零碳校园的可持续发展。

[1] 甘婧. 面向控碳需求的道路网规划方法研究[D]. 南京：东南大学，2021.

[2] 李小玉. 绿色低碳校园景观规划设计初探[D]. 南京：南京农业大学，2014.

[3] 李菲，杨丝路，宋风暖，等. “双碳”背景下的校园规划实践——以天津某新建医学高校为例 [J]. 绿色建筑，2023，15(4)：25−28.

[4] 郭选琴. 大学校园交通优化设计研究 [D]. 兰州：兰州交通大学，2021.

[5] 朱发现. 西北干旱地区节水型绿地景观规划设计研究 [D]. 昆明：云南农业大学，2022.

[6] 万方. 大学校园景观小品低碳设计研究 [D]. 芜湖：安徽工程大学，2020.

[7] 唐琳. 城市园林绿化植物固碳效益研究 [D]. 呼和浩特：内蒙古农业大学，2019.

[8] 依兰. 城市公园植物群落的碳收支评估及其优化研究 [D]. 天津：天津大学，2019.

[9] AHMAD S, JIA H, CHEN Z, et al. Water-energy nexus and energy efficiency: a systematic analysis of urban water systems [J]. renewable and sustainable energy reviews, 2020, 134: 110381.

[10] 陈思伶. 基于雨洪管理的山地居住区景观营造策略研究 [D]. 成都：西南大学，2016.

[11] 李云. 郑州市雨水综合利用与海绵城市建设浅析 [J]. 河南水利与南水北调，2018，47(10)：88−89.

[12] 车伍，李俊奇. 城市雨水利用技术与管理 [M]. 北京：中国建筑工业出版社，2006.

[13] 李达豪，南进军，邱前英. 基于雨水可持续利用的校园景观设计研究 [J]. 绿色科技，2019(13)：58−59，61.

[14] 赵海东. 中水回用在大学校园的应用研究 [J]. 辽宁化工，2016，45(12)：1523−1525,1534.

[15] 王晓霭. 分子筛催化剂生产过程废水的处理净化工艺研究 [J]. 农业科技与信息，2017，(11)：38−40.

[16] 许莹. 生物膜法中水回用的基础性实验研究 [D]. 沈阳：东北大学，2011.

[17] 崔瑾. 浅析现代给水处理新技术的应用 [J]. 城市建设理论研究(电子版)，2022(32)：58−60.

[18] 谭远春. 山区农村饮水安全工程模式探讨 [J]. 水利科技与经济，2010，16(1)：63−65.

[19] 魏娜，蒋文举，廖文杰. 高校校园盥洗废水回用分析 [J]. 资源开发与市场，2005(5)：432−434.

[20] 沈宁娟，张丽，李一哲，等. 校园盥洗污水原位再利用研究 [J]. 许昌学院学报，2015，34(2)：125−127.

[21] 侯建国. 民用住宅给排水工程的施工质量控制 [J]. 山西建筑，2018，44(26)：115−116.

[22] 张晨曦. 民用绿色建筑MEP工程的风险分析及管理研究 [D]. 天津：天津大学，2018.

[23] 田佳，任碧芸. MBR工艺在高校校园污水处理与中水回用中的应用 [J]. 河南科技，2021，40(11)：141−143.

[24] 曲丽丽. 农村生活污水处理模式优化研究 [D]. 青岛：青岛大学，2013.

[25] 薛庆庆. 基于节水节能技术的校园给水系统优化 [D]. 西安：西安工程大学，2015.

[26] 蒋杜武. 厌氧膨胀床处理城镇污水工艺和机理研究 [D]. 上海：同济大学，2006.

[27] 姜磊，涂月，李向敏，等. 污水回收再利用现状及发展趋势 [J]. 净水技术，2018，37(9)：60−66，72.

[28] 梁军波，杨开，黄海峰，等. 从中水的系统构成及水源探讨其在我国的发展 [J]. 中国住宅设施，2004，(03)：33−35.

[29] 何强，徐海燕，王祥勇，等. 节约型校园建设节水技术措施 [J]. 给水排水，2011，37(5)：6.

[30] 袁涛，张宝军. 生态校园中水回用系统的设计实例分析 [J]. 江苏建筑职业技术学院学报，2017，17(2)：58-60.

[31] 毕南妮，裴丽丽. 高校建筑给排水系统的节水设计——以唐山市曹妃甸区某高校建筑为例 [J]. 工业技术与职业教育，2021，19(1)：99-101.

[32] 任崴，欧阳俊明，赵锦，等. 海绵校园规划探索——以河南科技大学开元校区为例 [J]. 四川建筑科学研究，2023，49(2)：90-94，104.

[33] 衡婷. 基于模糊理论和GIS的城市生活垃圾分类转运站选址研究 [D]. 南京：南京财经大学，2021.

[34] 袁翔，雷柠檬. 地方本科高校垃圾分类现状及对策研究 [J]. 内江科技，2023，44(2)：51，65.

[35] 张曼曼，张饮江，张乐婷，等. 实验室废液分类及处理方法研究进展 [J]. 实验室研究与探索，2013，32(7)：234-240.

[36] 马俊，张继琨. 基于智能校园垃圾分类回收系统的路径优化研究——以肇庆学院为例 [J]. 绿色科技，2021，23(18)：147-149，152.

第三章　校园建筑被动式节能改造

当今社会，能源短缺和环境问题已经成为全球关注的焦点。在这一背景下，建筑行业作为能源消耗的主要领域之一，日益重视被动式节能改造。校园作为知识传承和创新的重要场所，其建筑不仅需要满足功能需求，还应在节能环保方面发挥积极作用。然而，众所周知，校园建筑在提供优质教育环境的同时，也消耗着大量的能源资源。不同类型的校园建筑，具有各自的用能特征和能源消耗模式。本章将聚焦于校园建筑的被动式节能改造，以教学建筑、宿舍建筑、体育场馆建筑、图书馆建筑、科研办公建筑、附属建筑等不同类型的建筑为研究对象，探讨如何通过设计和技术手段，最大程度地减少能源消耗，降低运营成本，同时提升建筑的舒适性和可持续性。

考虑到我国广泛的气候差异，不同地区面临着独特的气候挑战。因此，本章还将分析严寒地区、寒冷地区、夏热冬冷地区、夏热冬暖地区、温和地区等不同气候区域的建筑用能特征。针对每个气候区域，提出相应的节能改造建议，旨在优化建筑的热工性能，改善室内环境，实现节能减排目标。

通过深入研究和系统分析，本章旨在为校园建筑被动式节能改造提供全面的指导和建议，为切实推动可持续发展和环保目标的实现贡献一己之力。在不断发展的背景下，本章所提出的理念和方法也将具有重要的实践价值，为校园建筑的未来发展描绘出更加绿色、智能的美好蓝图。

3.1 教学建筑

校园教学建筑是高等教育机构、职业院校以及中学等教育机构为学生、教职员工和研究人员提供的重要学习场所。这些建筑在外观设计上多样化，既有现代风格，也有的保留了传统风格。在其内部，不同功能的空间配备齐全，其中教室是教学和学习的核心场所，配有先进的教学设施，以促进师生的教学互动和学术交流。此外，还包括实验室、图书阅览室、办公室等功能区，为学生和研究人员提供了便利的学术资源和工作空间。

根据类型不同，校园教学建筑分为普通高等学校、职业院校以及中学的教学建筑。每种类型的建筑在形式和规模上有所区别，主要由各校的实际需求和财务状况决定。普通高等学校的教学楼通常规模较大，多采用教学楼群的形式，主要服务于大学本科生、研究生及教职工等。学生在这里参加讲座、实验课、小组讨论等各类学术活动，并在教室或自习室中进行学习和研究。职业院校的教学楼规模相对较小，可能是单层或多层建筑，主要针对接受职业技能培训的学生和教师，教学设施通常包括工作坊、实验室、技能培训场所等。中学的教学楼规模一般较小，服务对象包括初中和高中学生，主要用于常规的课堂教学、课间休息、自习以及文化课学习等活动。

3.1.1 校园教学建筑用能特征

校园教学建筑的能耗与使用者、使用时间以及行为活动密切相关。学生是教学建筑的主要使用者，其日常活动对能耗有显著影响。通常，学生的学习和上课时间集中在白天，尤其是上午和下午，这段时间内教学楼的能耗相对较高。而到了晚上和节假日，由于学生活动的减少，能耗也随之降低。教师和其他教职员工在教学楼的工作时间亦影响能耗，他们主要在白天进行教学、会议和办公等活动，从而使得白天的能耗较高。一旦教职员工下班，能耗随之下降。在学期中，由于学生和教职员工活动频繁，如上课、上自习和举行会议等，校园教学建筑的能耗通常较高。相对地，在寒暑假等长假期间，教学楼的能耗会显著降低，因为大多数学生不在校，教职员工的工作活动也相对减少。工作日的能耗通常高于周末，原因是工作日内学生和教职员工的活动更为集中。

教学建筑的能耗特征主要包括以下几个方面。

（1）**照明用电。**为了保证学生和教职员工在教室、走廊等区域有良好的视觉环境，校园教学楼需要提供充足的照明，这在课堂教学和晚间自习时尤其重要，因而消耗大量电能。

（2）**空调用电。**教学楼的室内环境舒适度对学习和工作效率至关重要，因此通常安装空调系统。学生课余时间的集中使用使空调系统负荷加大，需要大量电能维持适宜的室内温度和空气质量。

（3）**电梯用电。**在一些大型教学楼中，电梯方便了学生和教职员工在不同楼层间的移动，其运行同样消耗电能。

（4）**计算机用电。**随着数字化教学的发展，教学楼普遍配备计算机室、电脑工作站和Wi-Fi服务，以便学生和教师进行学术交流和信息获取，这些设备的运行也需要消耗大量电能。

（5）**其他电器用电。**教学楼内还可能使用投影仪、多媒体设备、热水器等电器，这些设备的使用亦会增加能源消耗。

（6）由于教学楼的使用具有一定的灵活性，根据不同学校的作息安排，能耗情况也会有所变化。

3.1.2 严寒地区教学建筑

严寒地区是我国的一个特定气候区，其特征在于最冷月的平均温度不超过−10 ℃，或一年中至少有145天的日平均温度等于或低于5 ℃。这样的地区冬季寒冷且漫长，夏季则相对短暂且凉爽。在地理分布上，西部更为干燥，而东部则偏向湿润。由于严寒地区的气温年较差显著，冰冻期长，冻土深厚，积雪厚重，这些都构成了该地区的显著气候特点。同时，严寒地区的太阳辐射强烈，日照时间长，冬季还常伴随大风天气。因此，在建筑设计上，必须特别注重冬季的防寒、保温和防冻措施，而夏季的防热问题则相对次要。

3.1.2.1 严寒地区教学建筑能耗问题总结

（1）**围护结构保温性能欠佳。**由于处于低温环境，严寒地区的教学建筑需要具备优秀的保温隔热性能，以减少能量损失并提供舒适的室内环境。然而，部分教学建筑的围护结构保温性能较差，墙体采用单层墙或保温材料不足，导致能量容易散失，增加了供暖负荷和能耗。

（2）**防冰措施不足。**严寒地区的教学建筑常常遭受寒冷的气候和降雪天气，大面积的玻璃窗和屋顶容易积聚冰雪，增加了清理和维护的困难。缺乏适当的防冰措施可能导致冰雪对建筑的结构和设备造成损害，同时也加重了能耗负担。

（3）**冷风渗透。**由于建筑朝向垂直于冬季主导风向，严寒地区的教学建筑也容易受到大量冷风的侵入。门洞、窗户以及墙面裂缝处的密封措施不到位，使得室外低温空气从这些部位渗透进入室内，导致室内温度降低，增加了室内供暖负荷。

（4）**供暖系统效率不高。**严寒地区的教学建筑通常需要长时间供暖。若供暖系统效率不高，使用老旧的供暖设备，能耗会显著增加，造成能源浪费。

（5）**缺乏能源监测与管理。**部分严寒地区的教学建筑缺乏能源监测系统，难以对能耗进行实时监测和分析。缺乏数据支持，难以找出能源浪费的问题，无法制订科学的能源管理策略。

3.1.2.2 严寒地区教学建筑节能改造技术措施

（1）**改进建筑设计。**加强建筑保温隔热性能，采用高效隔热材料和窗户设计，减少热量散失。

（2）**优化供暖系统。**采用高效的供暖设备和控制系统，以降低供暖能耗。

（3）**合理通风系统。**采用智能通风系统，根据室内外温差调整通风量，在保证室内空气质量的同时减少能源浪费。

（4）**融雪管理。**采用高效的融雪技术和设备，减少冰雪融化带来的能耗。

（5）**节能照明。**使用高效节能照明设备，合理规划照明方案，充分利用自然采光，减少能耗。

（6）**能源管理系统。**引入智能能源管理系统，实时监测和调控能源使用，优化能源利用效率。

3.1.3 寒冷地区教学建筑

寒冷地区是我国气候区划中的一个重要类别，其特点主要体现在最冷月平均温度介于-10 ℃至0 ℃之间，且日平均温度不超过5 ℃的天数在90至145天之间。这一地区的冬季较长，寒冷且干燥，而夏季则呈现出不同的特点。在平原地区，夏季炎热湿润；而在高原地区，夏季则相对凉爽。此外，寒冷地区的降水量相对集中，气温年较差较大，日照较为丰富。在季节变化方面，寒冷地区的春、秋两季相对短促，气温变化剧烈。春季雨雪稀少，且常伴随大风和沙尘天气；而夏秋两季则可能出现冰雹和雷暴等极端天气现象。因此，在寒冷地区的建筑设计中，必须充分考虑冬季的防寒、保温和防冻要求，以确保建筑在极端气候条件下的舒适性和安全性。同时，在夏季较为炎热的平原地区，还需兼顾建筑的防热性能。

3.1.3.1 寒冷地区教学建筑能耗问题总结

寒冷地区与严寒地区的教学建筑在能耗方面面临类似的问题，二者的区别则主要是面对不同程度的低温环境，根据经济性选择不同的技术措施。

（1）**冷风渗透**。由于建筑朝向垂直于冬季主导风向，冷风容易从窗户、门洞和墙面裂缝处渗透进入室内，导致室内温度降低。此外，窗户和门洞的密封措施不到位，使得室外低温空气从这些部位渗透进入室内，增加了室内能量损失。

（2）**建筑围护结构保温性能欠佳**。一些寒冷地区的校园教学建筑建设年代较为久远，墙体采用单层墙，而非更具保温性能的复合墙体。同时，一些建筑的窗户未及时更换保温性能良好的中空玻璃或双层玻璃，导致传热系数较大，使大量室内热量传递到室外，造成室内温度偏低，增加供暖负荷。

（3）**不合理的室内供暖系统**。部分寒冷地区的教学建筑的室内供暖系统设计不合理，可能存在供暖设备老化、布局不当、调控不灵活等问题，导致供暖效率低下，能耗较高。

（4）**能源管理不善**。部分学校在寒冷地区可能缺乏完善的能源管理措施，缺乏能耗监测和分析，导致能源浪费和能效低下。

3.1.3.2 寒冷地区教学建筑节能改造技术措施

（1）**改善建筑保温隔热性能**。采用高效隔热材料和窗户设计，提高建筑保温性能，减少热量散失，降低供暖能耗。

（2）**优化供暖和空调系统**。选择高效的供暖和空调设备，采用智能控制技术，合理调节供暖和空调负荷，降低能源消耗。

（3）**融雪管理**。采用高效的融雪技术和设备，减少冰雪融化带来的能耗。

（4）**节能照明**。使用高效节能的照明设备，合理规划照明方案，充分利用自然采光，减少能耗。

（5）**能源管理系统**。引入智能能源管理系统，实时监测和调控能源使用，优化能源利用效率。

（6）**采用可再生能源**。考虑使用太阳能、地热能等可再生能源，减少对传统能源的依赖。

3.1.4 夏热冬冷地区教学建筑

夏热冬冷地区的气候特点鲜明，其最冷月平均温度介于0 ℃至10 ℃之间，而最热月平均温度则在25 ℃至30 ℃范围内。此外，该地区日平均温度低于5 ℃的天数在0至90天之间，而日平均温度高于或等于25 ℃的天数则为49至110天。这种气候特点使得夏热冬冷地区在夏季往往闷热，冬季则湿冷，气温日较差相对较小。

在降水方面，夏热冬冷地区年降水量较大，这在一定程度上影响了该地区的居住环境。在日照方面，由于多云和阴雨天气的影响，日照相对偏少。特别是在春末夏初，长江中下游地区进入梅雨期，阴雨连绵，大雨和暴雨时有发生。

因此，在夏热冬冷地区的建筑设计中，必须充分考虑夏季的防热和通风降温需求，确保建筑在炎热潮湿的夏季能够提供良好的居住环境。同时，在冬季也应适当兼顾防寒措施，以应对湿冷的冬季气候。通过科学的建筑设计和合理的材料选择，可以有效提升建筑在该地区的适应性，为居民创造更加舒适的生活环境。

3.1.4.1 夏热冬冷地区教学建筑能耗问题总结

在夏热冬冷地区，教学楼建筑的能耗问题相对复杂，因为在一年的不同季节，需要满足不同的能源需求。在夏季，教学楼需要提供空调制冷以保持室内温度舒适；而在冬季，需要供暖来应对寒冷气候。以下是夏热冬冷地区教学楼建筑能耗问题的主要方面。

（1）**阳光辐射过热**。夏季，校园教学建筑大面积使用外窗，导致大量阳光进入室内，使室内温度升高。过高的室内温度需要进行制冷，增加了夏季空调系统的负荷和能耗。

（2）**隔热性能较差**。校园教学建筑的玻璃窗热传导性较高，导致隔热性能较差。冬季，建筑需要加热以保持室内舒适温度，然而热量容易从窗户传递到室外，导致室内能量损失，增加了供暖负荷和能耗。

（3）**建筑围护结构保温性能欠佳**。一些校园教学建筑建设年代较为久远，墙体采用单层墙，而非更具保温性能的复合墙体。此外，一些建筑的窗户未及时更换保温性能良好的中空玻璃或双层玻璃，导致传热系数较大，使大量室内热量传递到室外，造成室内温度不稳定和能耗增加。

（4）**供暖能耗**。在寒冷的冬季，教学楼需要持续供暖以保持室内温度舒适。冬季气温低，建筑的保温性能对于减少能耗非常重要。不足的保温隔热性能导致室内热量快速散失，增加供暖负荷。

3.1.4.2 夏热冬冷地区教学建筑节能改造技术措施

（1）**高效空调系统。**选择高效的空调系统和智能控制技术，合理调节空调负荷，降低空调用电。

（2）**改善建筑保温隔热性能。**采用高效隔热材料和窗户设计，提高建筑保温性能，减少供暖负荷。

（3）**智能照明和能源管理。**引入智能照明系统和能源管理系统，优化照明和能源使用，降低能耗。

（4）**太阳能利用。**充分利用太阳能，如太阳能板发电或供热，减少对传统能源的依赖。

（5）**定期维护。**定期检查和维护空调、供暖系统、绝缘材料等设施，确保其高效运行。

（6）**教育宣传。**提倡节能意识，教育师生认识到节约能源的重要性，并鼓励大家共同参与节能行动。

3.1.5 夏热冬暖地区教学建筑

夏热冬暖地区的气候特点鲜明，主要表现为最冷月平均温度高于10 ℃，最热月平均温度在25 ℃至29 ℃之间，且日平均温度高于或等于25 ℃的天数在100至200天之间。这样的气候特点使得该地区长夏无冬，温度较高且湿度较重，气温的年较差和日较差都相对较小。

在降水方面，夏热冬暖地区雨量丰沛，且经常受到热带风暴和台风的袭击，因此大风暴雨天气较为常见。这样的气候条件对建筑设计和材料选择提出了特殊的要求。

在夏季，建筑物需要采取措施减少太阳辐射对建筑物的影响，并确保良好的通风，防止潮湿和闷热。同时，在防雨方面，建筑物的屋顶和排水系统需设计得当，以抵御频繁的降雨。相反，在冬季，由于气温相对较高，建筑物在防寒和保温方面的要求较低。因此，建筑师和设计师应充分考虑当地气候特点，选择合适的建筑技术和材料，确保建筑物适应并适时应对各种气候情况。

3.1.5.1 夏热冬暖地区教学建筑能耗问题总结

（1）**阳光辐射过热。**夏季，校园教学建筑大面积使用玻璃窗，导致大量阳光进入室内，使室内温度升高。过高的室内温度需要进行制冷，增加了夏季空调系统的负荷和能耗。

（2）**隔热性能较差。**校园教学建筑的玻璃窗热传导性较高，导致隔热性能较差。夏季，建筑需要加强制冷以保持室内舒适温度，然而热量容易从窗户传递到室外，导致室内能量损失，增加了制冷负荷和能耗。

（3）**自然通风不畅。**由于校园教学建筑的内部核心筒及布局情况不一，存在局部自然通风不畅的问题。缺乏有效的自然通风会增加夏季室内空气湿度，增加空调制冷负荷，进一步增加能耗。

3.1.5.2 夏热冬暖地区教学建筑节能改造技术措施

（1）**高效空调系统。**选择高效的空调系统和智能控制技术，合理调节空调负荷，降低空调用电。

（2）**通风和自然冷却。**优化建筑设计，增加通风口和自然通风设施，以减少对空调的依赖，利用自然冷却策略。

（3）**改善建筑保温性能。**采用高效隔热材料和窗户设计，提高建筑保温性能，减少热量散失和供暖能耗。

（4）**节能照明。**使用高效节能的照明设备，合理规划照明方案，充分利用自然采光，减少能耗。

（5）**能源管理系统。**引入智能能源管理系统，实时监测和调控能源使用，优化能源利用效率。

（6）**太阳能利用。**充分利用太阳能，如采用太阳能光伏发电和太阳能热水供应，减少对传统能源的依赖。

3.1.6 温和地区教学建筑

温和地区的独特气候和地理环境对建筑设计提出了特殊要求。这些地区冬暖夏凉，昼夜温差较大，气温年较差较小，且常年多雾，雷暴频繁，日照充足。因此，在建筑设计中必须全面考虑这些气候特征，以确保建筑与周围环境和谐共生。

在温和地区的建筑设计中，湿季防雨和通风是基本要求。由于这些地区空气稀薄洁净，太阳辐射较强，建筑设计中应合理利用自然光，同时采取适当的遮阳措施，以避免夏季强烈的阳光直射。对于昆明等太阳辐射特别强烈的地区，设计遮阳和屋面保护等尤为重要，这不仅可以降低建筑能耗，还能提高室内环境的舒适度。

温和地区北部如VA地区，气候湿润，阴雨连绵，湿度较大。建筑设计需重视防潮和通风，以保持室内干燥舒适。由于太阳辐射较低，建筑设计需合理利用有限日照资源，提高室内采光和通风效果。贵阳和昆明夏无酷暑，冬无严寒，不用过分关注保暖。贵阳应注重夏季防晒除湿和雨水利用，昆明则需考虑太阳辐射影响，通过建筑布局和遮阳设计降低室内温度，提高舒适度。综上所述，温和地区建筑设计应结合当地气候和地理特点，重视防雨、通风、防潮和遮阳，实现节能、环保和舒适。建筑设计需灵活，满足不同地区需求。

3.1.6.1 温和地区教学建筑能耗问题总结

（1）**自然通风不畅。**温和地区通常具有较高的湿度和较小的温度变化，这可能导致空气流动不强，尤其在夏季和冬季。校园教学建筑的内部核心筒及布局情况不一，存在局部自然通风不畅的问题，这会增加空调系统的负荷和能耗。

（2）**阳光辐射过热。**由于校园教学建筑大面积使用玻璃窗，夏季大量的阳光进入室内，导致室内温度升高。过高的室内温度需要进行制冷，增加了夏季空调系统的负荷和能耗。同时，室内温度过高还可能影响员工的工作效率和舒适感。

3.1.6.2 温和地区教学建筑节能改造技术措施

（1）**高效空调和供暖系统。**选择高效的空调和供暖系统，合理调节温度和空调负荷，降低空调和供暖用电。

（2）**通风和自然冷却。**优化建筑设计，增加通风口和自然通风设施，以减少对空调的依赖，利用自然冷却策略。

（3）**节能照明。**使用高效节能的照明设备，合理规划照明方案，充分利用自然采光，减少能耗。

（4）**能源管理系统。**引入智能能源管理系统，实时监测和调控能源使用，优化能源利用效率。

（5）**太阳能利用。**充分利用太阳能，如采用太阳能光伏发电和太阳能热水供应，减少对传统能源的依赖。

（6）**节约用电。**鼓励师生合理使用电力设备，避免浪费，提高节能意识。

3.2 宿舍建筑

校园宿舍的设计和建造应旨在提供安全、舒适、便利的住宿环境，以满足学生的需求和生活习惯。在设施方面，宿舍应提供基本设施和公共设施，以便学生能够在校园内方便地进行学习和生活。根据学校和学生的需求，宿舍可分为普通高等学校、职业院校和中学宿舍，其有各自特定的设计和规模。普通高等学校和职业院校的宿舍可能会提供更多选择和更多公共设施和服务，以满足不同群体学生的需求。因此，校园宿舍建筑类型和规模应灵活设计，以确保学生能够在舒适便利的环境中学习和生活。

3.2.1 高校宿舍建筑用能特征

校园宿舍是居住建筑的一种重要形式，在整个校园建筑中发挥着重要的作用。学生在校园里的大部分课余时间都是在宿舍度过的，而宿舍在整个校园建筑中占据相当大的比重。据数据显示，高校建筑总能耗中有28%来自校园宿舍的能耗。因此，宿舍类建筑的节能优化工作是迫切且必要的。

校园宿舍建筑耗能特点主要有以下几个方面。

（1）**集中供暖和集中供冷。**在严寒地区，校园宿舍通常采用集中供暖的方式，通过锅炉房或热力站供应热水或蒸汽，然后通过管道输送到各个宿舍楼。相反，在炎热的地区，校园宿舍则通常采用集中供冷的方式，通过冷水机组或制冷站供应制冷水或制冷蒸汽，然后通过管道输送到各个宿舍楼。

（2）**大量照明用电。**校园宿舍的照明设备需要提供充足的光线，以满足学生的学习和生活需求。因此，大部分用电用于宿舍楼的照明。

（3）**大量热水用电。**校园宿舍的设施需保障学生日常生活所需，其中充足的热水是一个关键需求。因此，宿舍楼的热水设备消耗了大量的电力来满足学生洗澡、洗衣等生活需求。

3.2.2 严寒地区宿舍建筑

严寒地区是我国的一个特定气候区，其特征在于最冷月的平均温度不超过−10 ℃，或一年中至少有145天的日平均温度等于或低于5 ℃。这样的地区冬季寒冷且漫长，夏季则相对短暂且凉爽。在地理分布上，西部更为干燥，而东部则偏向湿润。严寒地区的气温年较差显著，冰冻期长，冻土深厚，积雪厚重，这些都构成了该地区的显著气候特点。同时，严寒地区的太阳辐射强烈，日照时间长，冬季还常伴随大风天气。因此，在建筑设计上，必须特别注重冬季的防寒、保温和防冻措施，而夏季的防热问题则相对次要。

3.2.2.1 严寒地区宿舍建筑问题总结

（1）**冷风渗透。**建筑朝向垂直于冬季主导风向，导致大量冷风从窗户、门洞与墙面裂缝处渗透进入室内，使室内温度降低。窗户以及门洞的密封措施不到位，使得室外低温空气从这些部位渗透进入室内。

（2）**建筑围护结构保温性能欠佳。**多数校园宿舍建筑建设年代较为久远，墙体采用单层墙，而非更具保温性能的复合墙体。部分宿舍建筑的窗户由于没有及时更换保温性能良好的中空玻璃或是双层玻璃，传热系数很大，使大量的室内热量传递到室外，造成室内温度偏低。

3.2.2.2 严寒地区宿舍建筑改造技术措施

（1）**增强建筑气密性。**严寒地区相较于寒冷地区应该更加注重建筑气密性，建筑的门窗不应该大面积朝向冬李主导风向开设，并设置门斗，避免门经常开启导致冷风渗透进入室内。

a. 密封建筑缝隙。对建筑的墙壁、天花板、地板、窗户、门等部位进行仔细检查，使用密封胶、密封带等材料填补缝隙。特别要注意窗框、门框、管道穿墙口等易漏风的地方。

b. 安装气密窗户和门。选择具有良好气密性能的窗户和门，确保它们能够紧密闭合。采用双层玻璃窗户和带有气密胶条的门可以有效减少冷风和湿气的渗透。

c.安装气密层和防风毡。在建筑的外墙和屋顶等部位安装气密层和防风毡，阻止冷风的渗透。这些材料在提升建筑气密性能方面表现卓越，能显著减少能量损失，从而提升建筑的能效表现。通过使用这些高效材料，建筑能够更好地隔绝外界空气，降低热量的流失和传递，实现节能减排的目标。

（2）**增强围护结构保温性能。**严寒地区相较于寒冷地区应有更高的保温性能，即建筑的围护结构应该具有更大的传热阻与热惰性指标以抵抗严寒地区更低的室外温度，所以严寒地区的围护结构应选择保温性能更好的材料。在窗户等更易散失热量的热桥部位应该专门设置保温构造，防止这些部位流失热量。

a.窗。增加玻璃的厚度或层数都可以提高玻璃的保温效果。更厚的玻璃或者多层玻璃结构有助于减少热量的传导和散失，从而增强窗户的整体保温性能。中空玻璃是一种非常有效的选择，因为它可以利用两层玻璃之间形成的空气层来减少热量的传递，提高隔热性能。

b.外墙。为了改善严寒地区建筑的外墙保温效果，专家建议应用复合结构的外保温设计，即将保温层置于承重结构的外侧。这样可以增强墙体的保温效果，并且可以通过设置蓄热墙面等方法来增强建筑的保温性能。

c.屋顶。在既有建筑结构的楼板基础上，为提升保温性能，应精心选择并应用高效保温构造。通过此举，可以有效增强屋顶的热阻与热惰性，从而显著减少热量通过屋顶传递到室外的量。

利用墙面或屋顶设置各种不同形式的集热构造，比如利用南立面做直接受益式或集热蓄热墙式等墙体。

3.2.3 寒冷地区宿舍建筑

寒冷地区是我国气候区划中的一个重要类别，其特点主要体现在最冷月平均温度介于−10 ℃至0 ℃之间，且日平均温度不超过5 ℃的天数在90至145天之间。这一地区的冬季较长，寒冷且干燥，而夏季则呈现出不同的特点。在平原地区，夏季炎热湿润；而在高原地区，夏季则相对凉爽。此外，寒冷地区的降水量相对集中，气温年较差较大，日照较为丰富。在季节变化方面，寒冷地区的春、秋两季相对短促，气温变化剧烈。春季雨雪稀少，且常伴随大风和沙尘天气；而夏秋两季则可能出现冰雹和雷暴等极端天气现象。因此，在寒冷地区的建筑设计中，必须充分考虑冬季的防寒、保温和防冻要求，以确保建筑在极端气候条件下的舒适性和安全性。同时，在夏季较为炎热的平原地区，还需兼顾建筑的防热性能。

3.2.3.1 寒冷地区宿舍建筑问题总结

（1）**冷风渗透。**建筑朝向垂直于冬季主导风向，导致大量冷风从窗户、门洞与墙面裂缝处渗透进入室内，使室内温度降低。窗户以及门洞的密封措施不到位，使得室外低温空气从这些部位渗透进入室内。

（2）**建筑围护结构保温性能欠佳。**

多数校园宿舍建筑建设年代较为久远，墙体采用单层墙，而非更具保温性能的复合墙体。部分宿舍建筑的窗户由于没有及时更换保温性能良好的中空玻璃或是双层玻璃，传热系数很大，使大量的室内热量传递到室外，造成室内温度偏低。

3.2.3.2 寒冷地区宿舍建筑改造技术措施

（1）**户外绿化再营造。**户外绿化再营造是指在建筑主体周围种植植物，不仅能创造出自然舒适的景观，还具有重要的生态效应。树木应种植在建筑的冬季主导风向上，这样可以有效避免冷风渗透带来的不利影响。

（2）**增强建筑气密性。**

a.密封建筑缝隙。对建筑的墙壁、天花板、地板、窗户、门等部位进行仔细检查，使用密封胶、密封带等材料填补缝隙。特别要注意窗框、门框、管道穿墙口等易漏风的地方。

b.安装气密好的窗户和门。选择具有良好气密性能的窗户和门，确保它们能够紧密闭合。采用双层玻璃窗户和带有气密胶条的门可以有效减少冷风和湿气的渗透。

c.安装气密层和防风毡。在建筑的外墙和屋顶等部位安装气密层和防风毡，阻止冷风的渗透。这些材料在提升建筑气密性能方面表现卓越，能显著减少能量损失，从而提升建筑的能效表现。通过使用这些高效材料，建筑能够更好地隔绝外界空气，降低热量的流失和传递，实现节能减排的目标。

（3）**增强围护结构保温性能。**

a.窗。增加玻璃的厚度或层数都可以提高玻璃的保温效果。更厚的玻璃或者多层玻璃结构有助于减少热量的传导和散失，从而增强窗户的整体保温性能。中空玻璃是一种非常有效的选择，因为它可以利用两层玻璃之间形成的空气层来减少热量的传递，提高隔热性能。

b.外墙。为了改善严寒地区建筑的外墙保温效果，专家建议应用复合结构的外保温设计，即将保温层置于承重结构的外侧。这样可以增强墙体的保温效果，并且可以通过设置蓄热墙面等方法来增强建筑的保温性能。

c.屋顶。在既有建筑结构的楼板基础上，为提升保温性能，应精心选择并应用高效保温构造。通过此举，可以有效增强屋顶的热阻与热惰性，从而显著减少通过屋顶传递到室外的热量。

3.2.4 夏热冬冷地区宿舍建筑

夏热冬冷地区的气候特点鲜明，其最冷月平均温度介于0 ℃至10 ℃之间，而最热月平均温度则在25 ℃至30 ℃范围内。此外，该地区日平均温度低于5 ℃的天数在0至90天之间，而日平均温度高于或等于25 ℃的天数则为49至110天。这种气候特点使得夏热冬冷地区夏季闷热，冬季则湿冷，气温日较差相对较小。

在降水方面，夏热冬冷地区年降水量较大，这在一定程度上影响了该地区的居住环境。在日照方面，由于多云和阴雨天气的影响，日照相对偏少。特别是在春末夏初，长江中下游地区进入梅雨期，阴雨连绵，大雨和暴雨时有发生。

因此，在夏热冬冷地区的建筑设计中，必须充分考虑夏季的防热和通风降温需求，确保建筑在炎热潮湿的夏季能够提供良好的居住环境。同时，在冬季也应适当兼顾防寒措施，以应对湿冷的冬季气候。通过科学的建筑设计和合理的材料选择，可以有效提升建筑在该地区的适应性，为居民创造更加舒适的生活环境。

3.2.4.1 夏热冬冷地区宿舍建筑问题总结

（1）自然通风不畅与建筑气密性较差。

夏热冬冷地区既有校园建筑既要保证夏季建筑内部自然通风良好，又要保证冬季建筑具有良好的气密性，通风不畅与建筑气密性较差具体表现为以下方面。

建筑朝向并不适应夏季主导风向，导致室内温度升高，通风不畅，影响人们的舒适度。

房间进深过大，缺乏有效的通风路径组织，鲜有利用热压通风原理组织垂直通风。

通风路径堵塞，如外窗选型错误阻碍出入风口的正常气流通过，排气窗被封堵失去透气效用，室内设施布置杂乱对气流形成阻挡。

建筑围护结构年久失修有裂缝，窗户与窗框之间以及窗框与窗洞之间的缝隙没有妥善处理，门洞缝隙并且直接朝向冬季主导风向开敞，导致大量冷风渗透进入室内。

（2）自然采光问题。

夏热冬冷地区校园宿舍建筑既要解决夏季遮阳防晒问题，又要保证冬季有足够的采光，具体表现为：没有设置遮阳设施或不适宜遮阳设施导致夏季大量的太阳辐射被墙体吸收，从而引起室内温度过高，同时由于房间进深过大，房间内部采光不良。

（3）围护结构保温隔热性能较差。

3.2.4.2 夏热冬冷地区宿舍建筑改造技术措施

（1）户外绿化与水体再营造。

户外空间是建筑的重要组成部分，环境的营造对观赏体验和建筑的节能都起着重要作用。通过合理搭配植物、水体和铺装等元素，可以创造出美观且生态的观景环境。

a.遮阳作用。户外空间的遮阳效果非常显著，种植大型落叶乔木可以有效阻挡阳光。这些树木的栽种位置应精心选择在建筑的主要阳光照射面，如南面和东西面。因此，在夏季，密集的树叶可以有效地遮挡炎热的阳光和热辐射，减少室内的热量。而在冬季，稀疏的树枝则有利于让温暖的阳光透入室内，帮助保持室内温暖，实现冬暖夏凉的舒适效果。

b.降温作用。大型乔木的树冠不仅可以提供大面积的阴影来降低地表温度，还可以通过光合作用将太阳能转化为生物能，不会产生过多的热量积蓄。此外，植物蒸腾作用也能促进周围环境蒸发散热，进一步降低环境温度。如果在户外环境中增设人工景观水池，水体通过蒸发作用可以带走建筑与地面的热量，为户外空间带来凉爽舒适的感觉。尤其是当结合中庭天井的设置时，水体还能促进热压通风的效果，提高建筑的通风性能。

c.防风作用。合理的绿化布局有助于阻挡冬季主导风向直接袭击建筑主体，减少冷风进入室内的可能性。因此，这种布局不仅可以提升室内舒适度，还有助于降低建筑的能耗，减少因冷风渗透而产生的影响。

（2）改善自然通风。

a.平面组织。为了增强通风效果，建筑设计应该考虑利用建筑内部的廊道或中庭来促进空气流动。这种设计方法可以有效引导空气流通，提高建筑内通风效率。此外，房间的布局也应该沿着风向展开，以最大程度地利用自然风。在通风路径上，应该尽量减少隔断的使用，以确保空气畅通无阻。

b.导风措施。在建筑的入口处增加导风板和翼墙是一种有效的导风措施，可以改变风向，更好地满足建筑内部的通风需求。此外，使用旋转窗户和阶梯式体量布局也可以帮助增加通风效果，根据风向和风速的变化来调整，确保建筑内部始终保持良好的通风状态。

c.置入腔体空间。这些腔体空间包括中庭、天井、冷巷、风井等，它们可以作为空气流动的通道，有效地改善建筑内部的通风状况。此外，还可以通过楼梯间等垂直的腔体空间来利用太阳辐射热，对上部的出风口或室外环境进行加热，形成上升的气流，以进一步增强建筑的通风效果。

（3）增强建筑气密性。

a.密封建筑缝隙：仔细检查建筑的墙壁、天花板、地板、窗户、门等部位，并使用密封胶、密封带等材料来填补缝隙。重点关注窗框、门框、管道穿墙口等容易被风吹进的地方。

b.安装气密窗户和门。确保选择的窗户和门具有良好的气密性能，能够紧密闭合，以避免冷风和湿气的渗透，选用双层玻璃窗户和带有气密胶条的门是减少这种情况发生的有效方法。

c.安装气密层和防风毡。在建筑的外墙和屋顶等关键部位设置气密层和防风材料，可以有效地阻止寒冷风的渗透，提高建筑的保温性能，减少能量的浪费。

（4）增强围护结构保温隔热性能。

a.窗。增加玻璃的厚度或层数，可以有效提升窗户的保温效果。较厚的玻璃或多层玻璃结构能够有效减少热量的传导和散失，从而提升窗户的整体保温性能。另外，采用中空玻璃形式也是一个有效选择，通过在两层玻璃之间形成一定的空气层来利用空气的隔热性能减少热量传递。此外，在窗户内侧设置保温窗帘也可以减少室内传递到室外的热量。

b.外墙。为了改善严寒地区建筑的外墙保温效果，建议采用外保温设计，即在建筑的承重结构外部加设保温层。这样可以有效提高墙体的保温性能，并可以通过添加蓄热墙面等方法来进一步增强建筑的保温效果。

c.屋顶。在现有建筑结构的楼板上，为了提高保温性能，需要精心选择和应用高效的保温构造。这样可以有效增强屋顶的热阻和热惰性，从而显著减少热量通过屋顶传导到室外的数量。

3.2.5 夏热冬暖地区宿舍建筑

夏热冬暖地区的气候特点鲜明，主要表现为最冷月平均温度高于10 ℃，最热月平均温度在25 ℃至29 ℃之间，且日平均温度高于或等于25 ℃的天数在100至200天之间。这样的气候特点使得该地区长夏无冬，温度较高且湿度较重，气温的年较差和日较差都相对较小。

在降水方面，夏热冬暖地区雨量丰沛，且经常受到热带风暴和台风的袭击，因此大风暴雨天气较为常见。这样的气候条件对建筑设计和材料选择提出了特殊的要求。

在夏季，建筑物需要采取措施降低太阳辐射对建筑物的影响，并确保良好的通风，防止潮湿和闷热。同时，在防雨方面，建筑物的屋顶和排水系统需设计得当以抵御频繁的降雨。相反，在冬季，由于气温相对较高，建筑物在防寒和保温方面的要求较低。因此，建筑师和设计师应充分考虑当地气候特点，选择合适的建筑技术和材料，确保建筑物适应并适时应对各种气候情况。

3.2.5.1 夏热冬暖地区宿舍建筑问题总结

（1）自然通风不良。夏热冬暖地区既有校园宿舍建筑内部自然通风不足，表现为以下方面。

建筑朝向并不适应夏季主导风向，导致室内温度升高，通风不畅，影响人们的舒适度。

房间进深过大，缺乏有效的通风路径组织，鲜有利用热压通风原理组织垂直通风。

通风路径堵塞，如外窗选型错误阻碍出入风口的正常气流通过，排气窗被封堵失去透气效用，室内设施布置杂乱对气流形成阻挡。

（2）自然采光不良。夏热冬暖地区校园宿舍建筑内部自然采光不足，具体表现为以下方面。

自设计之初，建筑朝向即存在问题，房间直接东西向采光，缺乏南北向采光面。采用大面积玻璃幕墙，缺乏遮阳措施，房间内部采光过度，并容易摄入大量太阳热辐射。房间进深过大，房间内部采光不良，大量存在黑房间。

（3）室内温度过高。

没有设置遮阳设施或不适宜遮阳设施导致夏季大量的太阳辐射被墙体吸收，最终传入室内，从而引起室内温度过高。

围护结构隔热性能较差，传热使得夏季室内空间过热，影响了室内舒适度。

3.2.5.2 夏热冬暖地区宿舍建筑改造技术措施

（1）户外绿化与水体再营造。

户外绿化的范围涵盖建筑周围以及建筑内部的中庭、天井等户外空间，包括植物、水体和铺装等元素的统一布局。在建筑与环境之间的互动中，户外绿化扮演着关键角色。它不仅丰富了视觉景观，提升了空间品质，更为建筑带来了诸多生态效应，有助于实现建筑的被动式节能。

a.遮阳作用。户外绿化的重要功能之一是提供遮阳。选择并种植大型落叶乔木，如水松、南洋楹、银合欢等，能够在夏季为建筑提供天然的遮阳屏障。这些乔木的浓密枝叶可抵挡强烈的阳光和热辐射，降低建筑外表面温度，减少室内空调的使用，节能效果明显。在冬季，当树叶逐渐脱落时，阳光得以轻易穿透稀疏的树枝，照射进建筑内部，为其带来温暖的自然光。此外，高大乔木的树冠形成的遮阴区域可以有效遮挡阳光，降低地面温度，改善建筑的微气候环境。这种天然的温度调节机制能有效减少城市热岛效应，并提高建筑周围环境的舒适度。

b.降温作用。户外绿化不仅仅是美化建筑环境的方式，它还可以利用植物的蒸腾作用有效地降低建筑的温度。通过植物蒸腾作用，空气湿度增加，周围环境的水分也会蒸发，带走热量，从而降低环境温度。这种自然的降温机制有助于降低建筑的能耗，提高室内环境的舒适度。通过在建筑中庭、天井等户外空间增加人工景观水池，可以利用水体的蒸发作用来带走建筑与地面的热量，从而为人们带来清凉舒适的户外体验。这种设计不仅可以美化建筑环境，同时也有助于提高建筑的节能性能。

c.保水作用。户外绿化的保水作用是非常重要的。通过合理安排植物和设计地面铺装，可以有效地收集和利用雨水，增加环境中的水分蒸发量，从而进一步降低温度。这种保水机制不仅有助于改善建筑物周围的微气候环境，还可以促进生态循环并提高环境的自净功能。

d.生态作用。户外绿化的重要性不仅在于改善生物多样性，而且可以促进建筑与自然生态系统之间的联系。采用不同形式的绿化手段，如公共空间绿化、水景绿化、停车场绿化、屋顶绿化和垂直绿化等，能够改善建筑的生态环境，实现建筑与自然的和谐共生。

（2）改善自然通风。

大部分时间我们都在室内度过，所以室内环境的舒适度对于保证我们的生活质量非常重要。在设计建筑时，合理规划室内通风至关重要，这不仅可以提高居住者的舒适感受，还有助于节能减排，实现绿色建筑的目标。

a.平面组织。通过合理利用内部廊道或中庭，可以有效地改善房间的通风情况。此外，尽量让房间沿着垂直的风向展开，可以减少通风路径上的障碍，保证空气流通畅顺。这样的设计方法不仅可以提高通风效果，还能够优化建筑的空间布局，提升居住舒适度。

b.导风措施。通过在建筑入风口处设置导风板、翼墙和旋转窗户等装置，可以引导风向，有助于新鲜空气顺利流入室内。此外，采用阶梯式体量布局还能够改变风向，使空气更有效地流入建筑内部，特别是在建筑侧面效果更显著。因此，这些导风措施能够显著提升建筑内部的通风效果。

c.置入腔体空间。解决建筑平面通风差、透气不足问题时，一种有效的方法是引入腔体空间。中庭、天井、冷巷、风井等空间的设置，以及楼梯间等垂直腔体空间的利用，可以促进自然气流循环，进而改善通风状况。此外，这些腔体空间还可以利用太阳辐射热形成上升气流，从而进一步增强通风效果。

d.改善开窗通风。在室内独立通风的情况下，可以通过在外墙上下设置开窗，促进有效的气流对流。这种简单实用的设计可以大大改善室内空气质量，让低温室外气流进入底部窗户，同时让高温室内气流通过顶部窗户排出。

（3）改善自然采光。

a.天窗。天窗作为建筑中不可或缺的采光元素，拥有多种形式，包括平天窗、梯形大窗、锯齿形大窗和矩形天窗。不同形式的天窗根据采光效率有各自特点。在安排天窗位置时，需要特别注意避免阳光直射，以防止室内温度上升或产生眩光。利用精心设计的反射面，可以让阳光以漫反射的方式进入室内，确保光线柔和且均匀分布。此外，屋顶采光构造不仅提供采光功能，还可以满足通风需求，通过设置出风口，实现了采光与通风的双重效果。

b.导光措施。建筑立面的遮阳措施不仅可以有效地遮挡阳光，防止室内过热，还可以起到导光板的作用。搭配室内浅色、平缓且高反射的天花设计，阳光通过导光板散射到深进房间的天花板上，可明显提高室内的照度。这种设计不仅有助于改善深进房间的光线分布，还可创造出舒适、均匀的光环境。光导管作为一种高效的导光工具，特别适用于改善大进深房间和地下空间的采光问题。通过合理布置光导管，自然光得以引入这些空间，从而提升室内环境的质量。

（4）被动式太阳房。被动式太阳房是一种利用太阳能的建筑形式，布局于建筑的主要采光面，采用大面积玻璃界面，引入自然光，同时加强室内外的联系。在改造现有建筑时，可以考虑将外廊与阳光房结合设计。设置玻璃界面并配置可开启的窗户，在冬季封闭窗户保温，夏季敞开窗户通风降温。这种设计既符合绿色建筑理念，也满足实际使用需求。

（5）改善围护结构隔热性能。

a.窗。为了提高玻璃的保温性能，可以增加玻璃厚度或层数，或者采用中空玻璃形式。中空玻璃内部填充惰性气体可有效减少热量传递，从而减少能源消耗。此外，在玻璃表面镀上金属、合金或金属化合物薄膜可以提高反射率，降低太阳热辐射的影响，减少遮阳系数。选择高强度轻质、保温性能出众、隔音绝缘的窗框材料也是非常重要的。例如，断桥铝合金、塑钢窗框材料不仅具有出色的保温性能，还可以有效隔绝噪声。

b.外墙。优化外墙隔热性能的方法有多种。一种是采用轻质保温隔热外墙体，如使用加气混凝土砌块、膨胀珍珠岩板等轻质材料作为外墙的主要构造材料，这些材料具有低导热系数和良好的保温性能。另一种方法是采用轻质复合外墙，即外侧采用砖或混凝土，内侧采用轻质材料墙体，如岩棉、矿棉、石膏板等，这样的结构可保证外墙强度并带来优秀的保温效果。此外，还可以选择浅色调和高反光的外墙饰面，以减少太阳辐射热的吸收；设置通风隔热墙体，通过空气对流带走墙体内部的热量；采用外墙遮阳体系，例如形体自遮阳、直接遮阳设施和绿化墙面等，进一步减少外墙能耗。

c.屋顶。在现有建筑结构的楼板基础上，可以选择适当有效的隔热构造来提高屋顶的热阻和热惰性，从而减少热量向室内传递。如果现有建筑的屋面维护良好且表层承载能力允许，还可以考虑在现有屋面上增加隔热优化措施，如通风隔热屋面、被动式隔热蒸发屋面、植被屋面和蓄水屋面等。这些措施能够利用自然通风、蒸发冷却和植物蒸腾等原理，进一步降低屋顶的温度，提高建筑的能效。此外，还可以在顶层增设阁楼，形成空气间层，起到隔热保温的作用；添置屋顶遮阳设施，如遮阳棚、遮阳网等，以减少太阳辐射热对屋顶的影响；采用浅色屋面材料，以降低屋顶对太阳辐射热的吸收率。

3.2.6 温和地区宿舍建筑

温和地区的独特气候和地理环境对建筑设计提出了特殊要求。这些地区冬暖夏凉，昼夜温差较大，气温年较差较小，且常年多雾，雷暴频繁，日照充足。因此，在建筑设计中必须全面考虑这些气候特征，以确保建筑与周围环境和谐共生。

在温和地区的建筑设计中，湿季防雨和通风是基本要求。由于这些地区空气稀薄洁净，太阳辐射较强，建筑设计中应合理利用自然光，同时采取适当的遮阳措施，以避免夏季强烈的阳光直射。对于昆明等太阳辐射特别强烈的地区，设计遮阳和屋面保护等尤为重要，这不仅可以降低建筑能耗，还能提高室内环境的舒适度。

温和地区北部如VA地区，气候湿润，阴雨连绵，湿度较大。建筑设计需重视防潮和通风，以保持室内干燥舒适。由于太阳辐射较低，建筑设计需合理利用有限日照资源，提高室内采光和通风效果。贵阳和昆明夏无酷暑，冬无严寒，不用过分关注保暖。贵阳应注重夏季防晒除湿和雨水利用，昆明则需考虑太阳辐射影响，通过建筑布局和遮阳设计降低室内温度，提高舒适度。综上所述，温和地区建筑设计应结合当地气候和地理特点，重视防雨、通风、防潮和遮阳，实现节能、环保和舒适。建筑设计需灵活，满足不同地区和需求。

3.2.6.1 温和地区宿舍建筑问题总结

（1）自然通风不畅。

温和地区一般具有高湿度和小温度变化，这可能导致空气流通不足。相比之下，在炎热或寒冷的地区，气候条件更有利于自然通风。此外，一些地区，如贵阳，因为建筑通风不良和降雨量大，导致宿舍环境潮湿。

建筑物的朝向如果不利于捕捉到自然风，或者内部存在过多的隔断和阻挡，都有可能对空气流动造成影响。

适当的密封性能是建筑物设计中需要考虑的重要因素之一，但过度的密封性能可能会阻碍建筑物内外气体交换，影响自然通风效果。建议在设计过程中平衡密封性能和通风需求，以确保室内空气质量和舒适度。

建筑物的高度和周围环境的阻挡物，比如高楼和树木，对自然通风的效果有着重要影响。高楼和密集的建筑群可能会阻碍风的流动，从而减弱了自然通风的效果。

（2）没有或是不适合的建筑遮阳。

某些校园宿舍建筑没有设置或是安置不适宜的建筑遮阳，导致强烈的阳光直射室内，导致室内温度升高，产生过热问题，因而需要空调系统降低温度，增加了能耗和运行费用。

3.2.6.2 温和地区宿舍建筑改造技术措施

（1）户外绿化与水体再营造。

户外绿化包括建筑外以及内部中庭、天井等户外空间的植物、水体、铺装等整体环境创设。这些元素不仅美化了建筑环境，还带来显著的生态影响，有助于提升建筑的被动节能标准。

a. 遮阳作用。通过精心设计的植物配置，可以实现多种功能。首先，大型落叶乔木如水松、南洋楹、银合欢等，在建筑的主要迎光面种植，能够发挥出色的遮阳作用。在夏季，这些乔木的茂密树叶能够抵挡强烈的阳光和热辐射，为建筑内部带来凉爽；而在冬季，随着树叶的脱落，阳光能够穿透稀疏的枝叶，为室内提供温暖。但需要注意的是，植物的种植密度应适中，避免过密导致建筑通风不畅。

b.降温作用。大型乔木的遮阴能够有效地减低地表温度，而植物的光合作用和蒸腾作用则有助于降低周围环境的温度。此外，在户外环境设置人工景观水池也可以通过蒸发带走建筑和地面的热量，给人们带来清凉舒适的体验。结合水池和中庭天井可以加强热压通风效果，提升建筑通风性能。

（2）改善自然通风。

a.导风措施。通过运用导风措施，可以有效调节风向，促使室外新鲜空气更顺畅地流入建筑内部。增设导风板、翼墙等装置可以改变风向的角度和速度，达到扭转风向的效果，满足建筑内部不同区域的通风需求。设计师还可以借助旋转窗户和阶梯式体量布局等手法来提高建筑的通风性能，使气流更加均匀和流畅。这些措施在建筑的侧面效果尤为显著，能够有效地提升建筑的侧向通风效率。

b.置入腔体空间。放置腔体空间是一种有效的方法，用于解决大深度建筑平面通风问题。在中庭、天井、冷巷和风井等位置设置腔体空间，可以促进局部气流循环，改善室内通风情况。这些腔体空间不仅可以利用热压效应形成上升气流，而且可以通过楼梯间等垂直通道实现楼层之间的空气对流。结合建筑的高度优势，还可以有效地排出室内污浊空气，实现换气的效果。

（3）建筑遮阳。

a.遮阳结构。安装遮阳结构，如百叶窗、遮阳板或遮阳帘，可以有效减少直射阳光进入建筑物内部的情况。

b.植被遮阳。在建筑物周围种植树木或爬山虎等植物，利用植物的阴影效应来减少室内的阳光直射。

c.窗帘和百叶窗。在室内使用合适的窗帘或百叶窗，能够有效地控制室内光线和温度，并在需要时遮挡阳光。

d.可调节遮阳设备。采用可以调节的遮阳设备，如可旋转的百叶窗或遮阳板，能够根据具体需要来调整遮阳效果，以适应各种天气条件。

3.3 体育场馆建筑

校园体育场馆建筑是普通高等学校、职业院校及中学等教育机构中不可或缺的设施，旨在为学生、教职员工以及社区提供体育运动、竞技和娱乐活动的场所。这些建筑在外观和功能上因学校的规模和需求而有所不同，可能包括室内体育馆、露天运动场及其他体育设施。室内体育馆通常配备宽敞的观众席，可以容纳大量观众，确保他们能够清楚地观看比赛和表演。此外，体育馆内还设有篮球场、排球场、羽毛球场和乒乓球场等，以满足不同运动项目的需求。一些体育馆还包括健身房、游泳池、壁球场和攀岩墙等设施，提供更多运动和健身选项。有时，体育馆还可灵活用于举办学术活动、文化表演和庆典等，极大地提高了场馆的利用效率。

按照类型划分，校园体育场馆建筑可以分为普通高等学校、职业院校和中学的体育场馆。不同类型的体育场馆在形式和规模上有所区别，这主要取决于各校的具体需求和财务状况。普通高等学校通常设有室内体育馆和室外露天体育场，其中室内体育馆具有较大空间，适合多种体育项目和大型学校活动。室外体育场则常用于足球、田径等运动。这些体育场馆不仅服务于学生和教职员工，也向校外公众开放，尤其在学年期间频繁进行体育课程教学和举办校内体育赛事。暑假或其他学校假期间，体育场馆可能对校外开放，举办社会活动或体育赛事。

职业院校的体育场馆可能更注重适应特定的职业技能培训，例如健身教练、体育保健和体育舞蹈等，主要服务于学生的职业技能和健康意识培养。部分院校的体育场馆在非学年期间也对公众开放，提供健身和康体服务。

中学的体育场馆通常包括室内体育馆和室外露天体育场，前者主要用于学生体育课程和中学体育赛事，后者则适用于足球、田径等项目。中学体育场馆规模通常较小，旨在满足学生校内体育活动的需求。此外，部分中学的体育场馆也会在学校假期向社区开放，用于举办特殊活动或提供健身和娱乐服务。

综上所述，校园体育场馆建筑在满足教育机构体育教育需求的同时，也扮演着为社区提供文化与娱乐活动的重要角色。

3.3.1 校园体育场馆建筑用能特征

校园体育场馆建筑的能耗与学校类型、功能类别、行为活动及使用时间等因素密切相关。在普通高等学校中，体育场馆主要用于学生体育锻炼、校内体育赛事、学术会议和大型活动等。室内体育馆设有篮球场、排球场、羽毛球场等，以满足多样化的体育需求，并服务于学生、教职员工及校外公众。这些设施在学年期间的使用时间较为集中，白天主要承担学生体育课程和教职员工健身活动，而晚上和周末则举办校内体育赛事和社团活动。

职业院校的体育场馆根据专业设置和学生培训需求提供特定体育项目的场地，主要服务于学生的体育课程和专业培训。使用时间通常与学期安排同步，白天为学生体育课程所用，晚上和周末则可能向学生和教职员工开放，提供自由锻炼和健身时间。

中学的体育场馆则主要用于学生的体育课程、校内体育赛事、学校活动和社团活动。室内体育馆可能配备篮球场和羽毛球场，而室外露天场地则适用于足球和田径等项目。这些场馆通常按照学年和学期的安排使用，白天主要用于学生体育课程和校内赛事，晚上和周末用于学校社团活动或向社区开放。此外，部分中学的体育场馆可能在周末或假期对外开放，为社区提供健身和娱乐服务。

综上所述，校园体育场馆在支持教育目标的同时，也极大地丰富了学生和社区的体育生活，其能耗与活动安排紧密相关，强调了其多功能性和社区服务的重要性。

3.3.1.1 羽毛球馆用能特征

①室内空调系统。羽毛球馆通常需要提供适宜的温度和通风，特别是在炎热或寒冷的季节。高效的空调系统能够确保运动员和观众的舒适度，并优化能源利用。②照明设备。室内羽毛球馆需要充足的照明，以确保比赛和训练的可见性。使用高效节能的照明设备，如LED灯，可以降低用电量。③控制系统。智能化控制系统可根据实际需要自动调节温度、照明和通风，以实现能源的合理分配和节约。

3.3.1.2 游泳馆用能特征

①温度控制。游泳馆通常需要保持恒定的温度，以提供舒适的游泳环境。采用高效的加热和冷却系统，如地热系统和热泵技术，可以减少能源消耗。②空气质量。由于游泳馆空间湿润，要确保空气质量良好，避免过度能耗。使用高效的通风和除湿系统可以提高空气质量并节约能源。③水处理。游泳馆的水处理和过滤系统对能源消耗也有影响。使用节水设备和高效的水处理技术，可降低用水和用电量。

3.3.1.3 篮球馆用能特征

①照明。篮球馆通常需要高强度的照明，以确保比赛和训练的视觉效果。使用LED灯和智能照明控制系统可提高照明效率。②空调系统。室内篮球馆需要适宜的温度和通风，特别是在大量观众观看比赛时。高效的空调系统有助于减少能耗。③设备使用。节约使用音响设备、电子屏幕等电力消耗较大的设备，以降低能源消耗。

3.3.1.4 室外体育场地用能特征

①太阳能利用。一些室外体育场地可以考虑使用太阳能发电设施，如太阳能灯杆、太阳能充电设备等，以降低用电量。②照明控制。对于需要在夜间或阴雨天使用的室外体育场地，使用智能照明控制系统可根据需要调节照明强度，减少不必要的能耗。

3.3.2 严寒地区校园体育场馆建筑

严寒地区是我国的一个特定气候区，其特征在于最冷月的平均温度不超过−10 ℃，或一年中至少有145天的日平均温度等于或低于5 ℃。这样的地区冬季寒冷且漫长，夏季则相对短暂且凉爽。在地理分布上，西部更为干燥，而东部则偏湿润。由于严寒地区的气温年较差显著，冰冻期长，冻土深厚，积雪厚重，这些都构成了该地区的显著气候特点。同时，严寒地区的太阳辐射强烈，日照时间长，冬季还常伴随大风天气。因此，在建筑设计上，必须特别注重冬季的防寒、保温和防冻措施，而夏季的防热问题则相对次要。

3.3.2.1 严寒地区校园体育场馆建筑能耗问题总结

（1）**保温隔热**。在严寒地区，体育场馆建筑应该具备较好的保温隔热性能。如果在设计和施工阶段未充分考虑保温隔热措施，建筑内部的热量容易流失，导致室内温度难以维持，进而增加供暖能耗。

（2）**建筑朝向**。体育场馆建筑的朝向应充分利用太阳能资源，最大程度地提高室内自然采光和日照。如果建筑朝向选择不当，会导致室内光线不足，增加了人工照明的使用，同时也可能影响室内温度调节。

（3）**通风设计**。通风设计的不合理也可能导致能耗问题。在严寒地区，应该合理设置通风口和排风设备，以保持室内空气质量，避免因通风不良而需要额外使用空调设备。

（4）**暖通系统**。暖通系统是体育场馆建筑中的重要组成部分，包括供暖、通风和空调。如果暖通系统设计不完善，可能导致能源的浪费和能耗的增加。

（5）**采光不足**。在严寒地区的冬季，白天的照明时间较短，如果室内采光不足，就需要增加人工照明的使用，从而增加能源消耗。

3.3.2.2 严寒地区校园体育场馆建筑节能改造技术措施

（1）**外围护结构保温**。加强外墙和屋顶部分的保温，使用高效保温材料，增加保温层的厚度，减少室内热量向外界的散失，降低供暖能耗。对于游泳馆等湿润环境，要选择耐水性好的保温材料。

（2）**窗户改造**。采用高性能的窗户材料，如中空玻璃窗，增加窗户的隔热性能，减少冷空气的进入和热量的损失。可考虑安装可调节的窗帘，以在冬季保持窗户密闭。

（3）**改善玻璃幕墙防冰措施**。

①防冰涂层。在玻璃表面涂覆防冰涂层，这些涂层可以防止冰的附着并促使冰的融化。防冰涂层可以是特殊的涂料或薄膜。

②防风措施。在玻璃幕墙周围设置防风

措施，如挡风墙、遮挡物等，可以减少冷风对玻璃的直接吹袭，减少冰的形成。

（4）**增强建筑气密性。**严寒地区相较于寒冷地区应该更加注重建筑气密性，建筑的门窗不应该大面积朝向冬季主导风向开设，并设置门斗，避免门经常开启而使冷风渗透进入室内。并且体育场馆建筑还应针对玻璃幕墙部位进行改造设计。

（5）**优化建筑朝向。**合理选择建筑朝向，充分利用太阳能资源，最大程度地提高室内自然采光和日照，减少人工照明的使用和室内加热负荷。对于游泳馆等需要光线控制的场馆，可以考虑采用天窗或玻璃幕墙设计。

（6）**热桥和冷桥处理。**解决建筑热桥和冷桥问题，采取隔热措施，减少热量传输和能量损失。对于游泳馆等湿润场馆，要特别注意防止结露和热桥现象。

（7）**采光设计。**合理设计采光系统，确保室内充足的自然采光，减少人工照明的使用。

（8）**通风优化。**优化通风系统设计，确保室内空气流通，减少使用空调设备的频率。

（9）**太阳能利用。**增加太阳能热水器、太阳能光伏发电设备等，利用太阳能资源，减少对传统能源的依赖。

3.3.3 寒冷地区校园体育场馆建筑

寒冷地区是我国气候区划中的一个重要类别，其特点主要体现在最冷月平均温度介于−10 ℃至0 ℃之间，且日平均温度不超过5 ℃的天数在90至145天之间。这一地区的冬季较长，寒冷且干燥，而夏季则呈现出不同的特点。在平原地区，夏季炎热湿润；而在高原地区，夏季则相对凉爽。此外，寒冷地区的降水量相对集中，气温年较差较大，日照较为丰富。在季节变化方面，寒冷地区的春、秋两季相对短促，气温变化剧烈。春季雨雪稀少，且常伴随大风和沙尘天气；而夏秋两季则可能出现冰雹和雷暴等极端天气现象。因此，在寒冷地区的建筑设计中，必须充分考虑冬季的防寒、保温和防冻要求，以确保建筑在极端气候条件下的舒适性和安全性。同时，在夏季较为炎热的平原地区，还需兼顾建筑的防热性能。

3.3.3.1 寒冷地区校园体育场馆建筑能耗问题总结

寒冷地区与严寒地区的教学建筑在能耗方面面临类似的问题，二者之间的区别则主要是面对不同程度的低温环境根据经济性选择不同的技术措施。

（1）**冷风渗透**。由于建筑朝向垂直于冬季主导风向，冷风容易从窗户、门洞和墙面裂缝处渗透进入室内，导致室内温度降低。同时，窗户和门洞的密封措施不到位，使得室外低温空气从这些部位渗透进入室内，增加了室内能量损失。

（2）**建筑围护结构保温性能欠佳**。一些建筑建设年代较为久远，墙体采用单层墙，而非更具保温性能的复合墙体。此外，一些建筑的窗户未及时更换保温性能良好的中空玻璃或双层玻璃，导致传热系数较大，使大量室内热量传递到室外，造成室内温度偏低，增加了供暖负荷。

3.3.3.2 寒冷地区校园体育场馆建筑节能改造技术措施

（1）**提升建筑围护结构保温性能**。对于老旧的校园体育场馆建筑，可进行墙体、屋顶和地板的保温改造，使用高效保温材料，增加保温层厚度，减少室内能量损失，降低供暖负荷。

（2）**完善建筑密封性**。加强窗户、门洞和墙面裂缝的密封措施，防止冷风渗透，减少室内能量损失，提高室内温度稳定性。

（3）**优化室内照明系统**。采用LED等节能照明设备，减少室内照明能耗。同时，设置感应开关和定时开关，合理控制照明使用时间，避免不必要的能源浪费。

（4）**合理规划建筑朝向**。在新建校园体育场馆建筑时，合理规划建筑朝向，最大程度地利用太阳能，减少冬季供暖负荷，降低能耗。

（5）**推广可再生能源利用**。在寒冷地区，可以考虑利用太阳能、风能等可再生能源，为校园体育场馆建筑供电供暖，减少对传统能源的依赖，降低能耗和碳排放。

（6）**能源管理与监测**。建立能源管理系统，对校园体育场馆建筑的能耗进行监测和分析，挖掘节能潜力，制订合理的能源管理策略，实现能耗的优化和节约。

3.3.4 夏热冬冷地区校园体育场馆建筑

夏热冬冷地区的气候特点鲜明，其最冷月平均温度介于0 ℃至10 ℃之间，而最热月平均温度则在25 ℃至30 ℃范围内。此外，该地区日平均温度低于5 ℃的天数在0至90天之间，而日平均温度高于或等于25 ℃的天数则为49至110天。这种气候特点使得夏热冬冷地区夏季闷热，冬季则湿冷，气温日较差相对较小。

在降水方面，夏热冬冷地区年降水量较大，这在一定程度上影响了该地区的居住环境。在日照方面，由于多云和阴雨天气的影响，日照相对偏少。特别是在春末夏初，长江中下游地区进入梅雨期，阴雨连绵，大雨和暴雨时有发生。

因此，在夏热冬冷地区的建筑设计中，必须充分考虑夏季的防热和通风降温需求，确保建筑在炎热潮湿的夏季能够提供良好的居住环境。同时，在冬季也应适当兼顾防寒措施，以应对湿冷的冬季气候。通过科学的建筑设计和合理的材料选择，可以有效提升建筑在该地区的适应性，为居民创造更加舒适的生活环境。

3.3.4.1 夏热冬冷地区校园体育场馆建筑能耗问题总结

（1）**阳光辐射过热**。夏季，校园体育场馆建筑大面积使用外窗，导致大量阳光进入室内，使室内温度升高。过高的室内温度需要通过制冷降低，增加了夏季空调系统的负荷和能耗。

（2）**隔热性能较差**。校园体育场馆建筑的玻璃窗热传导性较高，导致隔热性能较差。冬季，建筑需要加热以保持室内舒适温度，然而热量容易从窗户传递到室外，导致室内能量损失，增加了供暖负荷和能耗。

（3）**建筑围护结构保温性能欠佳**。

3.3.4.2 夏热冬冷地区校园体育场馆建筑节能改造技术措施

（1）**使用高效隔热材料**。 对建筑的墙体、屋顶和地板进行隔热改造，使用高效隔热材料，增加保温层厚度，减少室内能量损失。

（2）**完善建筑密封性**。加强窗户和门洞的密封措施，防止阳光辐射过热和冷风渗透，提高室内温度稳定性。

（3）**优化窗户设计**。采用保温性能良好的中空玻璃或双层玻璃，减少冬季供暖负荷和夏季制冷负荷。

（4）**太阳能利用**。在建筑外立面设置遮阳装置或使用光伏发电系统，利用太阳能进行部分供电，降低用电能耗。

（5）**智能控制系统**。安装智能化的建筑控制系统，根据室内温度和人员活动情况进行智能调节，优化能源利用。

（6）**能源监测与管理。**建立能源监测系统，对校园体育场馆建筑的能耗进行监测和分析，挖掘节能潜力，制订合理的能源管理策略，实现能耗的优化和节约。

3.3.5 夏热冬暖地区校园体育场馆建筑

夏热冬暖地区的气候特点鲜明，主要表现为最冷月平均温度高于10 ℃，最热月平均温度在25 ℃至29 ℃之间，且日平均温度高于或等于25 ℃的天数在100至200天之间。这样的气候特点使得该地区长夏无冬，温度较高且湿度较重，气温的年较差和日较差都相对较小。

在降水方面，夏热冬暖地区雨量丰沛，且经常受到热带风暴和台风的袭击，因此大风暴雨天气较为常见。这样的气候条件对建筑设计和材料选择提出了特殊的要求。

在夏季，建筑物需要采取措施减少太阳辐射对建筑物的影响，并确保良好的通风，防止潮湿和闷热。同时，在防雨方面，建筑物的屋顶和排水系统需设计得当以抵御频繁的降雨。相反，在冬季，由于气温相对较高，建筑物在防寒和保温方面的要求较低。因此，建筑师和设计师应充分考虑当地气候特点，选择合适的建筑技术和材料，确保建筑物适应并适时应对各种气候情况。

3.3.5.1 夏热冬暖地区校园体育场馆建筑能耗问题总结

（1）**阳光辐射过热。**由于校园体育场馆建筑大面积使用玻璃窗，夏季大量的阳光进入室内，导致室内温度升高。过高的室内温度需要通过制冷降低，增加了夏季空调系统的负荷和能耗。

（2）**隔热性能较差。**校园体育场馆建筑的玻璃窗热传导性较高，导致隔热性能较差。夏季，建筑需要加强制冷以保持室内舒适温度，然而热量容易从窗户传递到室外，导致室内能量损失，增加了制冷负荷和能耗。

（3）**自然通风不畅。**

3.3.5.2 夏热冬暖地区校园体育场馆建筑节能改造技术措施

（1）**遮阳和隔热。**在校园体育场馆建筑外立面设置遮阳装置，如百叶窗、遮阳篷等，以减少夏季阳光辐射进入室内，降低室内温度。

（2）**窗户改造。**更换高效隔热玻璃窗，减少热传导，提高隔热性能，降低夏季制冷负荷。

（3）**自然通风优化。**设计合理的通风系统，利用自然通风和对流来降低室内温度，减少制冷负荷。

（4）**高效空调系统。**采用高效节能的空调系统，优化空调运行模式，提高空调系统的效率，减少能耗。

（5）**能源监测与管理。**建立能源监测系统，对校园体育场馆建筑的能耗进行监测和分析，挖掘节能潜力，制订合理的能源管理策略，实现能耗的优化节约。

3.3.6 温和地区校园体育场馆建筑

温和地区的独特气候和地理环境对建筑设计提出了特殊要求。这些地区冬暖夏凉，昼夜温差较大，气温年较差较小，且常年多雾，雷暴频繁，日照充足。因此，在建筑设计中必须全面考虑这些气候特征，以确保建筑与周围环境和谐共生。

在温和地区的建筑设计中，湿季防雨和通风是基本要求。由于这些地区空气稀薄洁净，太阳辐射较强，建筑设计中应合理利用自然光，同时采取适当的遮阳措施，以避免夏季强烈的阳光直射。对于昆明等太阳辐射特别强烈的地区，设计遮阳和屋面保护等尤为重要，这不仅可以降低建筑能耗，还能提高室内环境的舒适度。

温和地区北部如VA地区，气候湿润，阴雨连绵，湿度较大。建筑设计需重视防潮和通风，以保持室内干燥舒适。由于太阳辐射较弱，建筑设计需合理利用有限日照资源，提高室内采光和通风效果。贵阳和昆明夏无酷暑，冬无严寒，不用过分关注保暖。贵阳应注重夏季防晒除湿和雨水利用，昆明则需考虑太阳辐射影响，通过建筑布局和遮阳设计降低室内温度，提高舒适度。综上所述，温和地区建筑设计应结合当地气候和地理特点，重视防雨、通风、防潮和遮阳，实现节能、环保和舒适。建筑设计需灵活，满足不同地区和需求。

3.3.6.1 温和地区校园体育场馆建筑能耗问题总结

（1）**自然通风不畅。**温和地区通常具有较高的湿度和较小的温度变化，这可能导致空气流动不够强劲。相比之下，炎热地区或寒冷地区的气候条件更有利于自然通风。在温和地区的校园体育场馆建筑中，可能会面临局部自然通风不畅的问题，导致室内空气流通不畅，影响室内舒适度。

（2）**阳光辐射过热。**由于校园体育场馆建筑大面积使用外窗，夏季大量的阳光进入室内，导致室内温度升高。过高的室内温度需要进行制冷，增加了夏季空调系统的负荷和能耗。

3.3.6.2 温和地区校园体育场馆建筑节能改造技术措施

（1）**自然通风优化。**改进建筑的设计，增加可开启窗户或通风口，合理布置室内空间，利用气流的对流效应实现自然通风。这样可以降低使用空调的频率，减少能耗。

（2）**遮阳和隔热措施。**在校园体育场馆建筑外立面安装遮阳装置，如百叶窗、遮阳篷等，以减少夏季阳光辐射进入室内，降低室内温度。同时，在冬季采用隔热材料加强建筑围护结构的保温性能，减少室内热量损失，降低供暖能耗。

（3）**高效空调系统。**更新现有空调系统，采用高效节能的空调设备，如变频空调、能量回收系统等，提高空调系统的效率，降低夏季制冷和冬季供暖的能耗。

（4）**能源监测与管理。**建立能源监测系统，对校园体育场馆建筑的能耗进行实时监测和分析，找出能源浪费的问题和节能潜力，制订合理的能源管理策略，实现能耗的优化和节约。

（5）**智能化控制系统。**引入智能化控制系统，自动调整室内温度、照明和设备运行，根据实际需求进行智能化节能管理，提高能源利用效率。

（6）**节能意识培养。**加强对师生和管理人员的节能意识培养和宣传教育，提高大家对节能重要性的认识，鼓励大家共同参与节能行动。

3.4 图书馆建筑

校园图书馆是普通高等学校、职业院校以及中学等教育机构提供给学生、教职员工和研究人员使用的图书馆。它是一个重要的学习和研究资源中心，为用户提供各种文献、学术资料和信息资源，以支持他们的学术和研究需求。高校图书馆收藏大量的书籍、期刊、报纸、学位论文和其他学术文献资源。这些资源涵盖各个学科领域，并且提供安静、舒适的学习和阅读空间，供学生和研究人员使用。高校图书馆精心设计学习空间，包括阅览室、自习室、小组讨论室和电脑工作站，满足不同学习需求。同时，图书馆也提供丰富的数字化和在线资源，如电子书籍、期刊、数据库和在线学习平台，方便用户随时访问。这些措施有效提升了图书馆的服务水平，满足了师生多样化的学习和研究需求。

图书馆建筑按照类型可以划分为普通高等学校、职业院校以及中学图书馆。不同类型的校园图书馆形式和规模可能会有所不同，主要取决于学校的实际需求和财务状况。就藏书内容来说，普通高等学校图书馆的藏书内容更加广泛和深入，涵盖各个学科领域的专业书籍、期刊、学术论文等。职业院校图书馆的藏书内容更加聚焦于相关职业领域的教材、参考书和行业资料。中学图书馆则主要收藏与中学教育课程相关的教材、参考书和文学作品等。就用户群体而言，普通高等学校图书馆主要面向大学本科生、研究生、教职员工和研究人员。职业院校图书馆主要服务职业教育学生和教师，为他们提供与所学专业相关的资源。中学图书馆则主要为中学生和教师提供学习和阅读资源。对于学习空间和设施，普通高等学校图书馆通常提供更多的学习空间和设施，包括独立的阅览室、自习室、小组讨论室、电脑工作站等，以满足学生和研究人员的学习和研究需求。职业院校图书馆和中学图书馆的学习空间和设施相对较少，主要以提供阅读和借阅服务为主。

3.4.1 高校图书馆建筑用能特征

高校图书馆的读者主要是学生，图书馆主要使用时间为学生的课余时间，因为大学统筹安排，不同专业授课时间不同，所以图书馆的人员流动具有很大的灵活性。空调系统运行带来的高能耗，不仅是因为其对舒适性环境的高要求，还与建筑围护结构有关，大多数高校重视图书馆的外观及采光需求，多采用通透的玻璃幕墙，保温隔热性能不好，导致建筑冷负荷颇高，增加空调系统的运行负担。

图书馆建筑的耗能特点主要包括以下几个方面。

（1）照明用电。图书馆内需要提供充足的照明，以保证读者的阅读体验。因此，图书馆需要消耗大量的电能来满足照明需求。

（2）空调用电。因为图书馆的存放环境以及学生借阅和学习环境的舒适性要求很高，所以房间冷湿负荷很大，为了保证图书馆内的空气质量和温度适宜，通常需要安装空调系统。空调系统需要大量的电能来运行，因此会对能源消耗造成一定的影响。

（3）电梯用电。一些大型的图书馆可能会安装电梯，以方便读者在不同楼层之间移动。电梯的运行需要消耗大量的电能。

（4）计算机用电。随着信息技术的不断发展，图书馆内通常会提供计算机和网络设备，以方便读者进行学习和研究。这些设备的运行需要消耗大量的电能。

3.4.2 严寒地区图书馆建筑

严寒地区是我国的一个特定气候区，其特征在于最冷月的平均温度不超过−10 ℃，或一年中至少有145天的日平均温度等于或低于5 ℃。这样的地区冬季寒冷且漫长，夏季则相对短暂且凉爽。在地理分布上，西部更为干燥，而东部则偏湿润。严寒地区的气温年较差显著，冰冻期长，冻土深厚，积雪厚重，这些都构成了该地区的显著气候特点。同时，严寒地区的太阳辐射强烈，日照时间长，冬季还常伴随大风天气。因此，在建筑设计上，必须特别注重冬季的防寒、保温和防冻措施，而夏季的防热问题则相对次要。

3.4.2.1 严寒地区图书馆建筑问题总结

现有的部分图书馆建筑由于更加注重建筑的形式美，大面积地使用玻璃幕墙，这种设计可以提供开放、明亮的室内环境，增加自然光的进入，并为读者提供良好的视野和视觉体验。此外，玻璃幕墙还可以与周围环境融为一体，创造出独特的建筑形象。然而，在严寒地区使用大面积的玻璃幕墙也存在一些问题。

（1）围护结构保温性能欠佳。由于严寒地区环境温度低，图书馆建筑需要具备良好的保温隔热性能，以减少能量损失并提供舒适的室内环境。但玻璃幕墙的保温隔热性能通常较差，容易导致能量损失和室内温度不稳定，使供暖系统的负荷增加。

（2）**防冰措施不足。**大面积的玻璃幕墙容易积聚冰雪，增加了清理和维护的困难。如果没有适当的防冰措施，冰雪可能会对幕墙结构和周围环境造成损害。

（3）**冷风渗透。**图书馆建筑大量使用玻璃幕墙，可能导致冷风渗透问题更加显著。玻璃幕墙通常具有较高的导热性，而且玻璃本身的隔热性能相对较差，容易导致冷风通过幕墙渗透到室内，影响室内的温度和舒适性。

3.4.2.2 严寒地区图书馆建筑改造技术措施

（1）**增强围护结构保温性能。**严寒地区相较于寒冷地区应有更高的保温性能，即建筑的围护结构应该具有更大的传热阻与热惰性指标以抵抗严寒地区更低的室外温度，所以严寒地区的围护结构应选择保温性能更好的材料。而在图书馆建筑中，玻璃幕墙通常是热量流失的主要部位，因此应该着重对玻璃幕墙进行建筑改造技术措施，使得其满足节能要求。

①高性能玻璃。选择具有较好隔热性能的高性能玻璃，例如低辐射玻璃或双层/三层隔热玻璃。这些玻璃具有较低的热传导系数，可以减少热量的流失。

②热桥断热设计。在玻璃幕墙的连接部位采用热桥断热设计，减少热量在连接处的传导。可以使用断热材料或断热隔离条来隔断热桥，减少热量的流失。

③隔热和空气层。在玻璃幕墙内部设计隔热层或空气层，形成一道额外的隔热层，减少热量的传导。这可以通过在幕墙内部增加隔热材料或在玻璃之间形成空气层来实现。

（2）**玻璃幕墙防冰措施。**

①防冰涂层。在玻璃表面涂覆防冰涂层，这些涂层可以防止冰的附着并促使冰的融化。防冰涂层可以是特殊的涂料或薄膜。

②防风措施。在玻璃幕墙周围设置防风措施，如挡风墙、遮挡物等，可以减少冷风对玻璃的直接吹袭，降低冰的形成。

（3）**增强建筑气密性。**严寒地区相较于寒冷地区应该更加注重建筑气密性，建筑的门窗不应该大面积朝向冬季主导风向开设，并设置门斗，避免门经常开启而使冷风渗透进入室内。并且图书馆建筑还应针对玻璃幕墙部位进行改造设计。

①密封和绝缘。确保玻璃幕墙的密封性能良好，采用高效的绝缘材料和密封技术，减少冷风渗透的可能性。这可以包括密封胶条、隔热玻璃等。

②风帘和隔热帘。在玻璃幕墙内部或外部安装风帘或隔热帘，可以形成一道屏

障，减少冷风的直接渗透。这可以是自动控制的系统，根据室内外温度和风速进行调节。

③通风和换气系统。在图书馆内部设计良好的通风和换气系统，可以控制室内空气流动，减少冷风渗透的影响。

3.4.3　寒冷地区图书馆建筑

寒冷地区是我国气候区划中的一个重要类别，其特点主要体现在最冷月平均温度介于−10 ℃至0 ℃之间，且日平均温度不超过5 ℃的天数在90至145天之间。这一地区的冬季较长，寒冷且干燥，而夏季则呈现出不同的特点。在平原地区，夏季炎热湿润；而在高原地区，夏季则相对凉爽。此外，寒冷地区的降水相对集中，气温年较差较大，日照较为丰富。在季节变化方面，寒冷地区的春、秋两季相对短促，气温变化剧烈。春季雨雪稀少，且常伴随大风和沙尘天气；而夏秋两季则可能出现冰雹和雷暴等极端天气现象。因此，在寒冷地区的建筑设计中，必须充分考虑冬季的防寒、保温和防冻要求，以确保建筑在极端气候条件下的舒适性和安全性。同时，在夏季较为炎热的平原地区，还需兼顾建筑的防热性能。

3.4.3.1　寒冷地区图书馆建筑问题总结

寒冷地区的图书馆建筑与严寒地区图书馆建筑在保温性能以及建筑防冰方面面临类似的问题，例如冰的积聚、冷风渗透和玻璃幕墙的保温性能等。并且由于寒冷地区的图书馆建筑也与严寒地区相同，由于图书馆更加注重建筑的形式美，大面积地使用玻璃幕墙，所以寒冷地区的图书馆建筑也应注重解决玻璃幕墙的节能问题，二者之间的区别则主要是面对不同程度的低温环境根据经济性选择不同的保温材料。

（1）**围护结构保温性能欠佳。**图书馆建筑需要具备良好的保温隔热性能，以减少能量损失并提供舒适的室内环境。但玻璃幕墙的保温隔热性能通常较差，容易导致能量损失和室内温度不稳定。在寒冷地区，由于环境温度低，玻璃幕墙可能会导致室内能量消耗增加，使供暖系统的负荷增加。

（2）**防冰措施不足。**大面积的玻璃幕墙容易积聚冰雪，增加了清理和维护的困难。如果没有适当的防冰措施，冰雪可能会对幕墙结构和周围环境造成损害。

（3）**冷风渗透。**图书馆建筑大量使用玻璃幕墙可能导致冷风渗透问题更加显著。玻璃幕墙通常具有较高的导热性，而且玻璃本身的隔热性能相对较差，容易导致冷风通过幕墙渗透到室内，影响室内的温度和舒适性。

3.4.3.2 寒冷地区图书馆建筑改造技术措施

（1）**增强围护结构保温性能。**在图书馆建筑中，玻璃幕墙通常是热量流失的主要部位，因此应该着重对玻璃幕墙采取建筑改造技术措施，使得其满足节能要求。

①高性能玻璃。选择具有较好隔热性能的高性能玻璃，例如低辐射玻璃或双层/三层隔热玻璃。这些玻璃具有较低的热传导系数，可以减少热量的流失。

②热桥断热设计。在玻璃幕墙的连接部位采用热桥断热设计，减少热量在连接处的传导。可以使用断热材料或断热隔离条来隔断热桥，减少热量的流失。

③隔热和空气层。在玻璃幕墙内部设计隔热层或空气层，形成一道额外的隔热层，减少热量的传导。这可以通过在幕墙内部增加隔热材料或在玻璃之间形成空气层来实现。

（2）**玻璃幕墙防冰措施。**

①防冰涂层。在玻璃表面涂覆防冰涂层，这些涂层可以防止冰的附着并促使冰的融化。防冰涂层可以是特殊的涂料或薄膜。

②防风措施。在玻璃幕墙周围设置防风措施，如挡风墙、遮挡物等，可以减少冷风对玻璃的直接吹袭，降低冰的形成。

（3）**增强建筑气密性。**

①密封和绝缘。确保玻璃幕墙的密封性能良好，采用高效的绝缘材料和密封技术，减少冷风渗透的可能性。这可以包括密封胶条、隔热玻璃等。

②风帘和隔热帘。在玻璃幕墙内部或外部安装风帘或隔热帘，可以形成一道屏障，减少冷风的直接渗透。这可以是自动控制的系统，根据室内外温度和风速进行调节。

③通风和换气系统。在图书馆内部设计良好的通风和换气系统，可以控制室内空气流动，减少冷风渗透的影响。

3.4.4 夏热冬冷地区图书馆建筑

夏热冬冷地区的气候特点鲜明，其最冷月平均温度介于0 ℃至10 ℃之间，而最热月平均温度则在25 ℃至30 ℃范围内。此外，该地区日平均温度低于5 ℃的天数在0至90天之间，而日平均温度高于或等于25 ℃的天数则为49至110天。这种气候特点使得夏热冬冷地区在夏季往往感到闷热，冬季则湿冷，气温日较差相对较小。

在降水方面，夏热冬冷地区年降水量较大，这在一定程度上影响了该地区的居住环境。在日照方面，由于多云和阴雨天气的影响，日照相对偏少。特别是在春末夏初，长江中下游地区进入梅雨期，阴雨连绵，大雨和暴雨时有发生。

因此，在夏热冬冷地区的建筑设计中，必须充分考虑夏季的防热和通风降温需求，确保建筑在炎热潮湿的夏季能够提供良好的居住环境。同时，在冬季也应适当兼顾防寒措施，以应对湿冷的冬季气候。通过科学的建筑设计和合理的材料选择，可以有效提升建筑在该地区的适应性，为居民创造更加舒适的生活环境。

3.4.4.1 夏热冬冷地区图书馆建筑问题总结

（1）**阳光辐射过热。**由于图书馆建筑大面积地使用玻璃幕墙，会导致夏季大量的阳光进入室内，进而导致室内温度升高。

（2）**隔热性能较差。**玻璃幕墙的热传导性较高，因而导致隔热性能较差，导致冬季取暖和夏季制冷的能耗增加。

（3）**自然通风不畅。**由于图书馆建筑通常具有较大的体量和复杂的内部空间布局，往往还存在自然通风不畅的问题。

3.4.4.2 夏热冬冷地区图书馆建筑改造技术措施

（1）改善阳光辐射问题。

a.植被覆盖。在图书馆建筑的屋顶或立面上增加绿化植物，如绿色屋顶或垂直花园。这些植被可以起到隔热和降温的作用，吸收一部分阳光热量，并通过蒸腾作用释放水分，降低周围环境的温度。

b.遮阳措施。使用遮阳板、遮阳帘、百叶窗等遮阳设施来减少阳光对建筑物表面的直接照射。这些措施可以阻挡部分阳光热量的进入，降低室内温度。

c.使用高反射材料。选择具有高反射率的外墙涂料、屋顶材料和窗户玻璃，可以减少阳光的吸收和热量的积聚。高反射材料可以将大部分的太阳辐射反射回大气中，减少热量的吸收。

（2）增强玻璃幕墙隔热性能。

a.高性能玻璃。选择具有较好隔热性能的高性能玻璃，例如低辐射玻璃或双层/三层隔热玻璃。这些玻璃具有较低的热传导系数，可以减少热量的流失。

b.热桥断热设计。在玻璃幕墙的连接部位采用热桥断热设计，减少热量在连接处的传导。可以使用断热材料或断热隔离条来隔断热桥，减少热量的流失。

c.隔热和空气层。在玻璃幕墙内部设计隔热层或空气层，形成一道额外的隔热层，减少热量的传导。这可以通过在幕墙内部增加隔热材料或在玻璃之间形成空气层来实现。

（3）改善自然通风。

a.风道和空气塔。在图书馆建筑中，可以设计风道和空气塔来引导和增强自然通风。风道可以连接建筑内外的空气流动路径，而空气塔可以通过自然对流效应促进空气流动。这些设计可以提供额外的通风途径，改善空气质量。

b.导风措施。通过在建筑入风口处设置导风板、翼墙和旋转窗户等装置，可以引导风向，有助于新鲜空气顺利流入室内。此外，采用阶梯式体量布局还能够改变风向，使空气更有效地流入建筑内部，特别是在建筑侧面效果更显著。因此，这些导风措施能够显著提升建筑内部的通风效果。

（4）增强建筑气密性。

a.密封建筑缝隙。对建筑的墙壁、天花板、地板、窗户、门等部位进行仔细检查，使用密封胶、密封带等材料填补缝隙。特别要注意窗框、门框、管道穿墙口等易漏风的地方。

b.安装气密窗户和门。选择具有良好气密性能的窗户和门，确保它们能够紧密闭合。采用双层玻璃窗户和带有气密胶条的门可以有效减少冷风和湿气的渗透。

c.安装气密层和防风毡。在建筑的外墙和屋顶等部位安装气密层和防风毡，阻止冷风的渗透。这些材料可以有效提高建筑的气密性能，减少能量损失。

3.4.5 夏热冬暖地区图书馆建筑

夏热冬暖地区的气候特点鲜明，主要表现为最冷月平均温度高于10 ℃，最热月平均温度在25 ℃至29 ℃之间，且日平均温度高于或等于25 ℃的天数在100至200天之间。

这样的气候特点使得该地区长夏无冬，温度较高且湿度较重，气温的年较差和日较差都相对较小。

在降水方面，夏热冬暖地区雨量丰沛，且经常受到热带风暴和台风的袭击，因此大风暴雨天气较为常见。这样的气候条件对建筑设计和材料选择提出了特殊的要求。

在夏季，建筑物需要采取措施减少太阳辐射对建筑物的影响，并确保良好的通风，防止潮湿和闷热。同时，在防雨方面，建筑物的屋顶和排水系统需设计得当以抵御频繁的降雨。相反，在冬季，由于气温相对较高，建筑物在防寒和保温方面的要求较低。因此，建筑师和设计师应充分考虑当地气候特点，选择合适的建筑技术和材料，确保建筑物适应并适时应对各种气候情况。

3.4.5.1 夏热冬暖地区图书馆建筑问题总结

（1）**阳光辐射过热。**由于图书馆建筑大面积地使用玻璃幕墙，会导致夏季大量的阳光进入室内，进而导致室内温度升高。

（2）**隔热性能较差。**玻璃幕墙的热传导性较高，因而导致隔热性能较差，导致冬季取暖和夏季制冷的能耗增加。

（3）**自然通风不畅。**由于图书馆建筑通常具有较大的体量和复杂的内部空间布局，往往还存在自然通风不畅的问题。

3.4.5.2 夏热冬暖地区图书馆建筑改造技术措施

（1）**改善阳光辐射问题。**

a. 植被覆盖。在图书馆建筑的屋顶或立面上增加绿化植物，如绿色屋顶或垂直花园。这些植被可以起到隔热和降温的作用，吸收一部分阳光热量，并通过蒸腾作用释放水分，降低周围环境的温度。

b. 遮阳措施。使用遮阳板、遮阳帘、百叶窗等遮阳设施来减少阳光对建筑物表面的直接照射。这些措施可以阻挡部分阳光热量的进入，降低室内温度。

c. 使用高反射材料。选择具有高反射率的外墙涂料、屋顶材料和窗户玻璃，可以减少阳光的吸收和热量的积聚。高反射材料可以将大部分的太阳辐射反射回大气中，减少热量的吸收。

（2）**增强玻璃幕墙隔热性能。**

a. 高性能玻璃。选择具有较好隔热性能的高性能玻璃，例如低辐射玻璃或双层/三层隔热玻璃。这些玻璃具有较低的热传导系数，可以减少热量的流失。

b.热桥断热设计。在玻璃幕墙的连接部位采用热桥断热设计，减少热量在连接处的传导。可以使用断热材料或断热隔离条来隔断热桥，减少热量的流失。

c.隔热和空气层。在玻璃幕墙内部设计隔热层或空气层，形成一道额外的隔热层，减少热量的传导。这可以通过在幕墙内部增加隔热材料或在玻璃之间形成空气层来实现。

（3）改善自然通风。

a.风道和空气塔。在图书馆建筑中，可以设计风道和空气塔来引导和增强自然通风。风道可以连接建筑内外的空气流动路径，而空气塔可以通过自然对流效应促进空气流动。这些设计可以提供额外的通风途径，改善空气质量。

b.导风措施。通过在建筑入风口处设置导风板、翼墙和旋转窗户等装置，可以引导风向，有助于新鲜空气顺利流入室内。此外，采用阶梯式体量布局还能够改变风向，使空气更有效地流入建筑内部，特别是在建筑侧面效果更显著。因此，这些导风措施能够显著提升建筑内部的通风效果。

3.4.6 温和地区图书馆建筑

温和地区的独特气候和地理环境对建筑设计提出了特殊要求。这些地区冬暖夏凉，昼夜温差较大，气温年较差较小，且常年多雾，雷暴频繁，日照充足。因此，在建筑设计中必须全面考虑这些气候特征，以确保建筑与周围环境和谐共生。

在温和地区的建筑设计中，湿季防雨和通风是基本要求。由于这些地区空气稀薄洁净，太阳辐射较强，建筑设计中应合理利用自然光，同时采取适当的遮阳措施，以避免夏季强烈的阳光直射。对于昆明等太阳辐射特别强烈的地区，设计遮阳和屋面保护等尤为重要，这不仅可以降低建筑能耗，还能提高室内环境的舒适度。

温和地区北部如VA地区，气候湿润，阴雨连绵，湿度较大。建筑设计需重视防潮和通风，以保持室内干燥舒适。由于太阳辐射较低，建筑设计需合理利用有限日照资源，提高室内采光和通风效果。贵阳和昆明夏无酷暑，冬无严寒，不用过分关注保暖。贵阳应注重夏季防晒除湿和雨水利用，昆明则需考虑太阳辐射影响，通过建筑布局和遮阳设计降低室内温度，提高舒适度。综上所述，温和地区建筑设计应结合当地气候和地理特点，重视防雨、通风、防潮和遮阳，实现节能、环保和舒适。建筑设计需灵活，满足不同地区和需求。

3.4.6.1 温和地区图书馆建筑问题总结

（1）**阳光辐射过热**。由于图书馆建筑大面积的使用玻璃幕墙，会导致夏季大量的阳光进入室内，进而导致室内温度升高。

（2）**自然通风不畅**。

温和地区通常具有较高的湿度和较小的温度变化，这可能导致空气流动不够强劲。相比之下，炎热地区或寒冷地区的气候条件更有利于自然通风。并且，由于建筑通风不畅而且诸如贵阳等地区降雨量较大，导致宿舍建筑环境潮湿。

过度的密封性能也可能导致建筑物内外气体交换不足，限制自然通风。

3.4.6.2 温和地区图书馆建筑改造技术措施

（1）**改善阳光辐射问题**。

a. 植被覆盖。在图书馆建筑的屋顶或立面上增加绿化植物，如绿色屋顶或垂直花园。这些植被可以起到隔热和降温的作用，吸收一部分阳光热量，并通过蒸腾作用释放水分，降低周围环境的温度。

b. 使用高反射材料。选择具有高反射率的外墙涂料、屋顶材料和窗户玻璃，可以减少阳光的吸收和热量的积聚。高反射材料可以将大部分的太阳辐射反射回大气中，减少热量的吸收。

（2）**建筑遮阳**。

a. 遮阳结构。在建筑物外立面或屋顶上安装遮阳结构，如百叶窗、遮阳板、遮阳帘等，以阻挡直射阳光进入室内。

b. 植被遮阳。在建筑物周围种植树木或藤蔓植物，利用植物的阴影效应来降低太阳辐射进入室内的程度。

c. 窗帘和百叶窗。在室内使用适当的窗帘或百叶窗，可以在需要时遮挡阳光，控制室内光线和温度。

d. 可调节遮阳设备。采用可调节的遮阳设备，如可旋转的百叶窗或遮阳板。可以根据需要调整遮阳效果，以适应不同的天气条件。

（3）**改善自然通风**。

a. 导风措施。导风措施的运用可以有效地引导风向，使室外新鲜空气能够更顺畅地流入室内。通过增设导风板、翼墙等装置，可以改变风的角度和速度，实现风向的扭转，从而满足建筑内部不同区域的通风需求。旋转窗户和阶梯式体量布局等设计手法，也能够增强建筑的通风性能，使室内气流更为均匀和流畅。这些措施在建筑侧面效果尤为明显，可以有效地提升建筑的侧向通风效率。

b. 置入腔体空间。置入腔体空间是解决

大进深建筑平面通风问题的有效方法。通过在中庭、天井、冷巷、风井等位置设置腔体空间，可以形成局部的气流循环，改善室内的通风状况。这些腔体空间不仅可以利用热压效应形成上升气流，还可以通过楼梯间等垂直向的通道，实现上下楼层之间的空气对流。此外，结合建筑的高度优势，可以有效地将室内的污浊空气排出，实现换气的目的。

3.5 校园科研办公建筑

校园科研办公建筑是普通高等学校、职业院校以及中学等教育机构为教职员工、研究人员和学生提供科研工作和行政办公功能的重要场所。其设计和建设应充分考虑到科研人员的实际需求，提供良好的学术研究和办公环境。

校园科研办公建筑通常由以下几种类型组成。

（1）**实验室建筑。**用于进行各类科学研究和实验工作的场所。实验室建筑通常配备先进的仪器设备，提供安全、稳定的环境，以保证科研工作的顺利进行。

（2）**教师办公楼。**供教职员工进行教学和行政办公的场所。教师办公楼通常会设有办公室、会议室等功能区域，为教师提供便利的教学和管理工作条件。

（3）**研究所建筑。**专门供学校的研究机构和研究团队办公和进行研究工作的场所。研究所建筑通常会设有独立的研究室、会议室、图书馆等，以满足研究人员的学术需求。

（4）**学院行政楼。**为学校各个学院的行政和管理工作提供场所。学院行政楼通常会设有办公室、会议室、院系图书馆等，为学院的行政和教学管理提供支持。

3.5.1 校园科研办公建筑用能特征

不同类型的校园科研办公建筑在能耗特征上存在一些差异，以下为不同类型科研办公建筑的能耗特征。

3.5.1.1 实验室建筑

（1）**能源消耗。**实验室建筑通常需要提供持续的电力供应，以满足科研设备和实验仪器的用电需求。大型科研设备、恒温箱、通风系统和冷冻设备等都会对能源消耗产生较大影响。

（2）**采暖与制冷。**实验室建筑需要保持稳定的室内温度和湿度，以确保实验的准确性和可重复性。这可能需要较高的采暖和制冷能耗。

（3）**通风系统。**实验室需要保持良好的通风，以确保实验过程的安全性。通风系统的运行可能对能耗产生较大影响。

（4）**实验设备**。实验室建筑通常配备各种科研设备和实验仪器，这些设备在运行过程中可能需要大量的电能。

3.5.1.2 教师办公楼

（1）**能源消耗**。教师办公楼是供教师进行学术研究、行政管理和教学准备的场所。主要能源消耗来自办公设备、照明和空调等方面。

（2）**采暖与制冷**。教师办公楼需要维持舒适的室内温度，因此在冬季需要进行采暖，而在夏季需要进行制冷。

（3）**照明系统**。教师办公楼需要提供良好的照明，保持明亮和舒适的工作环境。传统的照明设备如白炽灯和荧光灯可能消耗较多电能，应考虑使用LED照明节能方案。

3.5.1.3 研究所建筑

（1）**能源消耗**。研究所建筑类似于实验室建筑，通常涉及科学研究和实验工作，因此能源消耗较高。科研设备、实验仪器、制冷设备和通风系统等都对能耗产生较大影响。

（2）**采暖与制冷**。研究所建筑需要保持稳定的室内环境，因此在严寒地区或炎热夏季，需要进行采暖和制冷。

（3）**通风系统**。研究所需要保持良好的通风，确保实验过程的安全性和实验结果的准确性。

3.5.1.4 学院行政楼

（1）**能源消耗**。学院行政楼主要用于学校的行政管理和学术交流活动，主要能源消耗来自办公设备、照明、空调和通风系统等。

（2）**采暖与制冷**。学院行政楼需要提供舒适的室内环境，因此在冬季需要进行采暖，而在夏季需要进行制冷。

（3）**照明系统**：为提供良好的办公环境，学院行政楼需要合理设置照明系统，考虑使用高效节能的LED照明方案。

3.5.2 严寒地区校园科研办公建筑

严寒地区是我国的一个特定气候区，其特征在于最冷月的平均温度不超过−10 ℃，或一年中至少有145天的日平均温度等于或低于5 ℃。这样的地区冬季寒冷且漫长，夏季则相对短暂且凉爽。在地理分布上，西部更为干燥，而东部则偏向湿润。严寒地区的气温年较差显著，冰冻期长，冻土深厚，积雪厚重，这些都构成了该地区的显著气候特点。同时，严寒地区的太阳辐射强烈，日照时间长，冬季还常伴随大风天气。因此，在建筑设计上，必须特别注重冬季的防寒、保温和防冻措施，而夏季的防热问题则相对次要。

3.5.2.1 严寒地区校园科研办公建筑能耗问题总结

（1）**围护结构保温性能欠佳**。由于处于低温环境，校园科研办公建筑需要具备良好的保温隔热性能，以减少能量损失并提供舒适的室内环境。然而，办公楼大面积的玻璃窗通常保温隔热性能较差，导致能量损失和室内温度不稳定。在严寒地区，这些玻璃窗会增加室内能量消耗，使供暖系统负荷增加。

（2）**防冰措施不足**。大面积的玻璃窗容易积聚冰雪，增加了清理和维护的困难。缺乏适当的防冰措施可能导致冰雪对窗户和周围环境造成损害。

（3）**冷风渗透**。校园科研办公建筑朝向垂直于冬季主导风向，导致大量冷风从窗户、门洞和墙面裂缝处渗透进入室内，使室内温度降低。窗户和门洞的密封措施不到位，使得室外低温空气从这些部位渗透进入室内。

3.5.2.2 严寒地区校园科研办公建筑节能改造技术措施

（1）**加强围护结构保温设计**。对于办公楼中的大面积玻璃窗，可以采用双层或三层隔热玻璃，提高窗框材料的绝缘性能，以提高保温隔热性能。

（2）**防冰措施。**在玻璃窗及其周围设置电加热膜或雪融剂系统，防止冰雪积聚，减少对建筑结构的损害。

（3）**加强建筑密封。**对窗户、门洞和墙面裂缝等部位进行严密密封，防止冷风渗透，减少能量损失。

（4）**优化供暖系统。**选用高效节能的供暖设备，如地源热泵、空气能热泵等，提高供暖效率并降低能耗。

（5）**推广节能意识。**提高教职员工和学生对能源节约的认识，鼓励节约用能和资源。

3.6 附属建筑

校园中的附属建筑种类繁多，包括艺术中心、音乐厅、剧院、医务室、商店、餐厅等，本书中主要涉及一些具有代表性的碳排放量较大的附属建筑，如学校食堂以及北方特有的锅炉房等。

3.6.1 食堂建筑

学校食堂是为学生和教职员工提供餐饮服务的场所。它通常设有餐厅、自助餐区、食堂厨房等，提供各种饭菜和饮品选择。

食堂建筑按照类型可以分为普通高等学校、职业院校以及中学食堂。不同类型的校园食堂形式和规模可能会有所不同，主要取决于学校的类型、规模、学生人数和预算等因素。①普通高等学校食堂。普通高等学校食堂通常规模较大，因为它们需要为大量的学生、教职员工和访客提供餐饮服务。这些食堂通常设有多个餐厅区域，提供各种类型的餐饮选择，包括自助餐、快餐、咖啡厅等。它们可能提供多样化的菜单，涵盖不同口味和饮食需求，如素食、无麸质或特殊饮食要求。此外，高等学校食堂还可能设有休闲区域或社交空间，供学生和教职员工休息和交流。②职业院校食堂。职业院校食堂通常根据学生的职业培训需求来设计。这些食堂可能提供实践性更强的餐饮服务，与相关职业、行业的标准和要求相匹配。例如，职业院校食堂可能设置实训厨房，让学生有机会学习和实践烹饪技能。食堂的菜单可能与相关职业、行业的餐饮需求密切相关，以帮助学生准备就业。③中学食堂。中学食堂主要为中学生提供餐饮服务。这些食堂的规模通常较小，因为学生群体相对较小。中学食堂可能提供简单而健康的餐饮选择，以满足学生的营养需求。餐厅环境可能更加轻松和家庭化，以适应中学生的需求和喜好。

3.6.1.1 高校食堂建筑用能特征

食堂建筑的用能特征确实较为显著，尤其在1月、3月、9月和12月出现能耗高峰。

这一现象的背后有多重原因。

首先，食堂作为集体用餐场所，就餐人数众多。为了满足大量人员的饮食需求，食堂通常配备有大量的烹饪、加热和保温设备。这些设备在运行过程中会消耗大量的电能和热能，从而推高了食堂的能耗。

其次，食堂普遍采用集中空调设备以维持室内环境的舒适度。在1月和12月这样的低温月份，空调采暖系统需要运行以提供足够的热量，导致能耗显著增加。而在3月和9月，由于学生开学，就餐人数集中，食堂的用电负荷也会相应增加，包括空调设备和其他用电设备的运行。

此外，食堂中还有各种冷柜用于储存食材，这些设备也需要消耗一定的电能。而且，由于食堂的运行时间通常较长，这些设备的持续运行也会导致能耗的累积。

食堂建筑的耗能特点主要包括以下几个方面。

（1）**供暖和制冷**。食堂建筑需要提供舒适的室内温度，因此需要考虑供暖和制冷系统。这可能涉及使用锅炉、热泵、空调系统等设备来调节室内温度。

（2）**照明**。食堂需要充足的照明来确保食品安全和舒适的用餐环境。使用高效节能的照明设备，如LED灯，可以降低能耗并延长使用寿命。

（3）**厨房设备**。食堂的厨房设备通常包括炉灶、烤箱、蒸煮设备等。这些设备在使用过程中会产生热量，需要考虑合适的通风和排烟系统，以提供良好的工作环境和空气质量

（4）**水和排水系统**。食堂需要用水进行食品准备、清洁和冲洗等工作。高效的供水和排水系统可以减少水资源的浪费，并确保供排水系统的正常运行。

（5）**食品储存和制冷设备**。食堂通常需要冷藏和冷冻设备来储存食材和食品。这些设备需要高效的制冷系统，以保持食品的新鲜度和质量。

（6）**自动化和控制系统**。使用自动化和控制系统可以优化能源使用，根据实际需求调整供暖、制冷、照明等设备的运行，提高能源利用效率。

3.6.1.2 严寒地区食堂建筑

严寒地区是我国的一个特定气候区，其特征在于最冷月的平均温度不超过−10 ℃，或一年中至少有145天的日平均温度等于或低于5 ℃。这样的地区冬季寒冷且漫长，夏季则相对短暂且凉爽。在地理分布上，西部更为干燥，而东部则偏向湿润。严寒地区的气温年较差显著，冰冻期长，冻土深厚，积雪厚重，这些都构成了该地区的显著气候特点。同时，严寒地区的太阳辐射强烈，日照时间长，冬季还常伴随大风天气。因此，在

建筑设计上，必须特别注重冬季的防寒、保温和防冻措施，而夏季的防热问题则相对次要。

（1）严寒地区食堂建筑问题总结。

现有的食堂建筑由于要满足良好的采光和视野的需求，往往需要开窗面积较大以增加室内的自然采光，减少对人工照明的依赖，提供明亮的用餐环境。此外，开窗还可以提供更好的视野，使用餐者可以欣赏到室外的自然景观。并且开窗面积较大可以促进室内外空气的流通，提供自然通风的机会。但是在严寒地区较大的开窗面积也会存在一些问题。

a.热损失。由于严寒地区处于低温环境，食堂建筑需要具备良好的保温隔热性能，以减少能量损失并提供舒适的室内环境。但窗户的保温隔热性能通常较差，容易导致能量损失和室内温度不稳定。在严寒地区，由于处于低温环境，大面积开窗可能会导致室内能量消耗增加，使供暖系统的负荷增加。

b.冷风渗透。开窗面积较大可能导致冷风渗透问题更加显著。窗户通常具有较高的导热性，而且玻璃本身的隔热性能相对较差，容易导致冷风通过幕墙渗透到室内，影响室内的温度和舒适性。

c.防冻措施不足。在严寒地区，开窗面积较大可能会导致窗户结冰或积雪，如果没有适当的防冰措施，冰雪可能会对幕墙结构和周围环境造成损害。

（2）严寒地区食堂建筑改造技术措施。

a.增强围护结构保温性能。严寒地区相较于寒冷地区应有更高的保温性能，即建筑的围护结构应该具有更大的传热阻与热惰性指标以抵抗严寒地区更低的室外温度，所以严寒地区的围护结构应选择保温性能更好的材料。在窗户等更易散失热量的热桥部位应当专门设置保温构造，防止这些部位流失热量。

外墙。优化外墙保温性能可以采用复合结构中的外保温结构，将保温层设置在承重结构的外侧，增强墙体的保温性能，并且可以通过设置蓄热墙面等措施增强建筑保温性能。

窗墙比。应该合理设计食堂建筑的窗墙面积比，选择具有最佳经济性能的比例，既满足食堂建筑对于采光与自然通风的需求，而又不会导致由于窗户具有较大的传热系数而丧失大量的热量。

窗。一方面，可以通过增加玻璃厚度或层数，或采用中空玻璃形式提高玻璃吸收率，以获得理想传热系数值，另一方面可以在窗户内侧设置保温窗帘，减少室内热量向室外的传递。

b.增强建筑气密性。严寒地区相较于寒冷地区应该更加注重建筑气密性，建筑的门窗不应该大面积朝向冬季主导风向开设，并应设置门斗，避免门经常开启而使冷风渗透进入室内。并且食堂建筑还应针对玻璃幕墙部位进行改造设计。

密封建筑缝隙。对建筑的墙壁、天花板、地板、窗户、门等部位进行仔细检查，使用密封胶、密封带等材料填补缝隙。特别要注意窗框、门框、管道穿墙口等易漏风的地方。

密封和绝缘。确保窗户的密封性能良好，采用高效的绝缘材料和密封技术，减少冷风渗透的可能性。这可以包括密封胶条、隔热玻璃等。

风帘和隔热帘。在窗户内部或外部安装风帘或隔热帘，可以形成一道屏障，减少冷风的直接渗透。这可以是自动控制的系统，根据室内外温度和风速进行调节。

c.改善窗户防冰措施。

防冰涂层。在玻璃表面涂覆防冰涂层，这些涂层可以防止冰的附着并促使冰的融化。防冰涂层可以是特殊的涂料或薄膜。

风措施。在窗户周围设置防风措施，如挡风墙、遮挡物等，可以减少冷风对玻璃的直接吹袭，降低冰的形成。

3.6.1.3 寒冷地区食堂建筑

寒冷地区是我国气候区划中的一个重要类别，其特点主要体现在最冷月平均温度介于−10 ℃至0 ℃之间，且日平均温度不超过5 ℃的天数在90至145天之间。这一地区的冬季较长，寒冷且干燥，而夏季则呈现出不同的特点。在平原地区，夏季炎热湿润；而在高原地区，夏季则相对凉爽。此外，寒冷地区的降水量相对集中，气温年较差较大，日照较为丰富。在季节变化方面，寒冷地区的春、秋两季相对短促，气温变化剧烈。春季雨雪稀少，且常伴随大风和沙尘天气；而夏秋两季则可能出现冰雹和雷暴等极端天气现象。因此，在寒冷地区的建筑设计中，必须充分考虑冬季的防寒、保温和防冻要求，以确保建筑在极端气候条件下的舒适性和安全性。同时，在夏季较为炎热的平原地区，还需兼顾建筑的防热性能。

（1）寒冷地区食堂建筑问题总结。

寒冷地区的食堂建筑与严寒地区食堂建筑在保温性能以及建筑防冰方面面临类似的问题，例如冰的积聚、冷风渗透和围护结构的保温性能等。并且由于寒冷地区的食堂建筑也与严寒地区相同，食堂需要满足一定的采光以及自然通风的需求，所以寒冷地区的食堂建筑也应该注重窗墙面积比，二者的区别则是应对不同程度的低温环境，选择合适的材料与窗墙面积比例。

a.热损失。由于严寒地区处于低温环境，食堂建筑需要具备良好的保温隔热性能，以减少能量损失并提供舒适的室内环境。但窗户的保温隔热性能通常较差，容易导致能量损失和室内温度不稳定。在严寒地区，由于处于低温环境，大面积开窗可能会导致室内能量消耗增加，使供暖系统的负荷增加。

b.冷风渗透。开窗面积较大可能导致冷风渗透问题更加显著。窗户通常具有较高的导热性，而且玻璃本身的隔热性能相对较差，容易导致冷风通过幕墙渗透到室内，影响室内的温度和舒适性。

c. 防冻措施不足。在严寒地区，开窗面积较大可能会导致窗户结冰或积雪，如果没有适当的防冰措施，冰雪可能会对幕墙结构和周围环境造成损害。

（2）寒冷地区食堂建筑改造技术措施。

a. 增强围护结构保温性能。严寒地区相较于寒冷地区应有更高的保温性能，即建筑的围护结构应该具有更大的传热阻与热惰性指标以抵抗严寒地区更低的室外温度，所以严寒地区的围护结构应选择保温性能更好的材料。在窗户等更易散失热量的热桥部位应该专门设置保温构造，防止这些部位流失热量。

外墙。优化外墙保温性能可以采用复合结构中的外保温结构，将保温层设置在承重结构的外侧，增强墙体的保温性能，并且可以通过设置蓄热墙面等措施增强建筑保温性能。

窗墙比。应该合理设计食堂建筑的窗墙面积比，选择具有最佳经济性能的比例，既满足食堂建筑对于采光与自然通风的需求，而又不会导致由于窗户具有较大的传热系数而丧失大量的热量。

窗。一方面，可以通过增加玻璃厚度或层数，或采用中空玻璃形式提高玻璃吸收率，以获得理想传热系数值，另一方面可以在窗户内侧设置保温窗帘，减少室内热量传递到室外。

b. 增强建筑气密性。严寒地区相较于寒冷地区应该更加注重建筑气密性，建筑的门窗不应该大面积朝向冬季主导风向开设，并应设置门斗，以避免门经常开启而使冷风渗透进入室内。并且食堂建筑还应针对玻璃幕墙部位进行改造设计。

密封建筑缝隙。对建筑的墙壁、天花板、地板、窗户、门等部位进行仔细检查，使用密封胶、密封带等材料填补缝隙。特别要注意窗框、门框、管道穿墙口等易漏风的地方。

密封和绝缘。确保窗户的密封性能良好，采用高效的绝缘材料和密封技术，减少冷风渗透的可能性。这可以包括密封胶条、隔热玻璃等。

风帘和隔热帘。在窗户内部或外部安装风帘或隔热帘，可以形成一道屏障，减少冷风的直接渗透。这可以是自动控制的系统，根据室内外温度和风速进行调节。

c. 改善窗户防冰措施。

防冰涂层。在玻璃表面涂覆防冰涂层，这些涂层可以防止冰的附着并促使冰的融化。防冰涂层可以是特殊的涂料或薄膜。

防风措施。在窗户周围设置防风措施，如挡风墙、遮挡物等，可以减少冷风对玻璃的直接吹袭，降低冰的形成。

3.6.1.4 夏热冬冷地区食堂建筑

夏热冬冷地区的气候特点鲜明，其最冷月平均温度介于0 ℃至10 ℃之间，而最热月平均温度则在25 ℃至30 ℃范围内。此外，该地区日平均温度低于5 ℃的大数在0至90天之间，而日平均温度高于或等于25 ℃的天数则为49至110天。这种气候特点使得夏热冬冷地区夏季闷热，冬季则湿冷，气温日较差相对较小。

在降水方面，夏热冬冷地区年降水量较大，这在一定程度上影响了该地区的居住环境。在日照方面，由于多云和阴雨天气的影响，日照相对偏少。特别是在春末夏初，长江中下游地区进入梅雨期，阴雨连绵，大雨和暴雨时有发生。

因此，在夏热冬冷地区的建筑设计中，必须充分考虑夏季的防热和通风降温需求，确保建筑在炎热潮湿的夏季能够提供良好的居住环境。同时，在冬季也应适当兼顾防寒措施，以应对湿冷的冬季气候。通过科学的建筑设计和合理的材料选择，可以有效提升建筑在该地区的适应性，为居民创造更加舒适的生活环境。

（1）夏热冬冷地区食堂建筑问题总结。

由于食堂建筑其特有的功能是为教师与学生解决饮食问题，因此势必会在室内产生大量烹饪时的热量，若这些热量无法及时排出，势必会使得食堂建筑内部温度升高，因此与严寒与寒冷地区的食堂建筑大面积的窗户导致的保温性能不佳与建筑气密性不良等问题不同，夏热冬冷、夏然冬暖以及温和地区的食堂建筑的主要问题是防止室外热量进入，以及引导室内热量排出。

a.阳光辐射过热。由于食堂建筑大面积开窗，会导致夏季大量的阳光进入室内，进而导致室内温度升高。

b.隔热性能较差。窗户的热传导性较高，因而导致隔热性能较差，导致冬季取暖和夏季制冷的能耗增加。

c.自然通风不畅。由于食堂建筑在进行烹饪时，会产生大量的热量，这样会导致室内温度升高，因此应保证食堂有充足的自然风带走这些热量。

（2）夏热冬冷地区食堂建筑改造技术措施。

a.改善阳光辐射问题。

植被覆盖。在图书馆建筑的屋顶或立面上增加绿化植物，如绿色屋顶或垂直花园。这些植被可以起到隔热和降温的作用，吸收一部分阳光热量，并通过蒸腾作用释放水分，降低周围环境的温度。

遮阳措施。使用遮阳板、遮阳帘、百叶窗等遮阳设施来减少阳光对建筑物表面的直接照射。这些措施可以阻挡部分阳光热量的进入，降低室内温度。

使用高反射材料。选择具有高反射率的外墙涂料、屋顶材料和窗户玻璃，可以减少阳光的吸收和热量的积聚。高反射材料可以将大部分的太阳辐射反射回大气中，减少热量的吸收。

b.增强围护结构保温性能。

外墙。优化外墙保温性能可以采用复合结构中的外保温结构，将保温层设置在承重结构的外侧，增强墙体的保温性能，并且可以通过设置蓄热墙面等措施增强建筑保温性能。

窗墙比。应该合理设计食堂建筑的窗墙面积比，选择具有最佳经济性能的比例，既满足食堂建筑对于采光与自然通风的需求，而又不会导致由于窗户具有较大的传热系数而丧失大量的热量。

窗。一方面，可以通过增加玻璃厚度或层数，或采用中空玻璃形式提高玻璃吸收率，以获得理想传热系数值，另一方面可以在窗户内侧设置保温窗帘，减少室内热量传递到室外。

c.改善自然通风。

设置通风窗和天窗。在食堂建筑的墙壁和屋顶上设置通风窗和天窗，以便自然风能够进入室内并带走热空气。通风窗和天窗的位置和大小应根据食堂的尺寸和布局进行合理设置，以实现良好的通风效果。

利用自然通风通道。在食堂建筑中设置自然通风通道，如竖向通风通道或水平通风通道。这些通道可以通过合理设置的开口和通风设备，引导自然风进入食堂并带走热空气，实现自然通风。

使用可开启的窗户和门。在食堂建筑的窗户和门上使用可开启的设计，以便在需要通风时可以打开窗户和门，促进室内外空气的流通。可以考虑采用推拉窗、落地窗或可开启的玻璃幕墙等设计。

利用建筑形态和遮挡物。在食堂建筑的外立面或周围设置遮挡物，如凉亭、挡风墙或绿化带等。这些遮挡物可以通过改变风的流向和速度，优化自然通风效果。

考虑交叉通风。在食堂建筑的设计中，可以考虑设置多个通风口和通风通道，以促进交叉通风。交叉通风可以通过不同方向的自然风相互作用，提高通风效果。

3.6.1.5 夏热冬暖地区食堂建筑

夏热冬暖地区的气候特点鲜明，主要表现为最冷月平均温度高于10 ℃，最热月平均温度在25 ℃至29 ℃之间，且日平均温度高于或等于25 ℃的天数在100至200天之间。这样的气候特点使得该地区长夏无冬，温度较高且湿度较重，气温的年较差和日较差都相对较小。

在降水方面，夏热冬暖地区雨量丰沛，且经常受到热带风暴和台风的袭击，因此大风暴雨天气较为常见。这样的气候条件对建筑设计和材料选择提出了特殊的要求。

在夏季，建筑物需要采取措施减少太阳辐射对建筑物的影响，并确保良好的通风，防止潮湿和闷热。同时，在防雨方面，建筑物的屋顶和排水系统需设计得当以抵御频繁的降雨。相反，在冬季，由于气温相对较高，建筑物在防寒和保温方面的要求较低。因此，建筑师和设计师应充分考虑当地气候特点，选择合适的建筑技术和材料，确保建筑物适应并适时应对各种气候情况。

（1）夏热冬暖地区食堂建筑问题总结。

a. 阳光辐射过热。由于食堂建筑大面积开窗，会导致夏季大量的阳光进入室内，进而导致室内温度升高。

b. 隔热性能较差。窗户的热传导性较高，因而导致隔热性能较差，导致冬季取暖和夏季制冷的能耗增加。

c. 自然通风不畅。由于食堂建筑在进行烹饪时，会产生大量的热量，这样会导致室内温度升高，因此应保证食堂有充足的自然风带走这些热量。

（2）夏热冬暖地区食堂建筑改造技术措施。

a. 改善阳光辐射问题。

植被覆盖。在图书馆建筑的屋顶或立面上增加绿化植物，如绿色屋顶或垂直花园。这些植被可以起到隔热和降温的作用，吸收一部分阳光热量，并通过蒸腾作用释放水分，降低周围环境的温度。

遮阳措施。使用遮阳板、遮阳帘、百叶窗等遮阳设施来减少阳光对建筑物表面的直接照射。这些措施可以阻挡部分阳光热量的进入，降低室内温度。

使用高反射材料。选择具有高反射率的外墙涂料、屋顶材料和窗户玻璃，可以减少阳光的吸收和热量的积聚。高反射材料可以将大部分的太阳辐射反射回大气中，减少热量的吸收。

b. 增强围护结构保温性能。

外墙。优化外墙保温性能可以采用复合结构中的外保温结构，将保温层设置在承重结构的外侧，增强墙体的保温性能，并且可以通过设置蓄热墙面等措施增强建筑保温性能。

窗墙比。应该合理设计食堂建筑的窗墙面积比，选择具有最佳经济性能的比例，既满足食堂建筑对于采光与自然通风的需求，而又不会导致由于窗户具有较大的传热系数而丧失大量的热量。

窗。一方面，可以通过增加玻璃厚度或层数，或采用中空玻璃形式提高玻璃吸收率，以获得理想传热系数值，另一方面可以在窗户内侧设置保温窗帘，减少室内热量传递到室外。

c. 改善自然通风。

设置通风窗和天窗。在食堂建筑的墙壁和屋顶上设置通风窗和天窗，以便自然风能够进入室内并带走热空气。通风窗和天窗的位置和大小应根据食堂的尺寸和布局进行合理设置，以实现良好的通风效果。

利用自然通风通道。在食堂建筑中设置自然通风通道，如竖向通风通道或水平通风通道。这些通道可以通过合理设置的开口和通风设备，引导自然风进入食堂并带走热空气，实现自然通风。

使用可开启的窗户和门。在食堂建筑的

窗户和门上使用可开启的设计，以便在需要通风时可以打开窗户和门，促进室内外空气的流通。可以考虑采用推拉窗、落地窗或可开启的玻璃幕墙等设计。

利用建筑形态和遮挡物。在食堂建筑的外立面或周围设置遮挡物，如凉亭、挡风墙或绿化带等。这些遮挡物可以通过改变风的流向和速度，优化自然通风效果。

考虑交叉通风。在食堂建筑的设计中，可以考虑设置多个通风口和通风通道，以促进交叉通风。交叉通风可以通过不同方向的自然风相互作用，以提高建筑通风效果。

3.6.1.6 温和地区食堂建筑

温和地区的独特气候和地理环境对建筑设计提出了特殊要求。这些地区冬暖夏凉，昼夜温差较大，气温年较差较小，且常年多雾，雷暴频繁，日照充足。因此，在建筑设计中必须全面考虑这些气候特征，以确保建筑与周围环境和谐共生。

在温和地区的建筑设计中，湿季防雨和通风是基本要求。由于这些地区空气稀薄洁净，太阳辐射较强，建筑设计中应合理利用自然光，同时采取适当的遮阳措施，以避免夏季强烈的阳光直射。对于昆明等太阳辐射特别强烈的地区，设计遮阳和屋面保护等尤为重要，这不仅可以降低建筑能耗，还能提高室内环境的舒适度。

温和地区北部如VA地区，气候湿润，阴雨连绵，湿度较大。建筑设计需重视防潮和通风，以保持室内干燥舒适。由于太阳辐射较低，建筑设计需合理利用有限日照资源，提高室内采光和通风效果。贵阳和昆明夏无酷暑，冬无严寒，不用过分关注保暖。贵阳应注重夏季防晒除湿和雨水利用，昆明则需考虑太阳辐射影响，通过建筑布局和遮阳设计降低室内温度，提高舒适度。综上所述，温和地区建筑设计应结合当地气候和地理特点，重视防雨、通风、防潮和遮阳，实现节能、环保和舒适。建筑设计需具有灵活针对性，以满足不同地区需求。

（1）温和地区食堂建筑问题总结。

a. 阳光辐射过热。由于食堂建筑大面积开窗，会导致夏季大量的阳光进入室内，进而导致室内温度升高。

b. 自然通风不畅。由于食堂建筑在进行烹饪时，会产生大量的热量，这样会导致室内温度升高，因此应保证食堂有充足的自然风带走这些热量。

（2）温和地区食堂建筑改造技术措施。

a. 改善阳光辐射问题。

植被覆盖。在图书馆建筑的屋顶或立面上增加绿化植物，如绿色屋顶或垂直花园。这些植被可以起到隔热和降温的作用，吸收一部分阳光热量，并通过蒸腾作用释放水分，降低周围环境的温度。

使用高反射材料。选择具有高反射率的外墙涂料、屋顶材料和窗户玻璃，可以减少阳光的吸收和热量的积聚。高反射材料可以将大部分的太阳辐射反射回大气中，减少热量的吸收。

b.建筑遮阳。

遮阳结构。在建筑物外立面或屋顶上安装遮阳结构，如百叶窗、遮阳板、遮阳帘等，以阻挡直射阳光进入室内。

植被遮阳。在建筑物周围种植树木或藤蔓植物，利用植物的阴影效应来降低太阳辐射进入室内的程度。

窗帘和百叶窗。在室内使用适当的窗帘或百叶窗，可以在需要时遮挡阳光，控制室内光线和温度。

可调节遮阳设备。采用可调节的遮阳设备，如可旋转的百叶窗或遮阳板，可以根据需要调整遮阳效果，以适应不同的天气条件。

c.改善自然通风。

导风措施。导风措施的运用可以有效地引导风向，使室外新鲜空气能够更顺畅地流入室内。通过增设导风板、翼墙等装置，可以改变风向的角度和速度，实现风向的扭转，从而满足建筑内部不同区域的通风需求。旋转窗户和阶梯式体量布局等设计手法，也能够增强建筑的通风性能，使室内气流更为均匀和流畅。这些措施在建筑侧面效果尤为明显，可以有效地提升建筑的侧向通风效率。

置入腔体空间。置入腔体空间是解决大进深建筑平面通风问题的有效方法。通过在中庭、天井、冷巷、风井等位置设置腔体空间，可以形成局部的气流循环，改善室内的通风状况。这些腔体空间不仅可以利用热压效应形成上升气流，还可以通过楼梯间等垂直向的通道，实现上下楼层之间的空气对流。此外，结合建筑的高度优势，可以有效地将室内的污浊空气排出，实现换气的目的。

3.6.2 锅炉房建筑

在严寒和寒冷地区，校园建筑通常需要供暖来应对低温环境，因此锅炉房在这些地区非常常见。锅炉房的主要功能是提供热水或蒸汽供暖系统，确保校园内的教学楼、宿舍楼等建筑物在寒冷季节内保持温暖舒适。

3.6.2.1 校园锅炉房建筑用能特征

校园锅炉房是为了供应校园内的热水、供暖或其他热能需求而设立的设施。锅炉房通常包括锅炉、燃料储存设施、燃烧系统、热交换设备、控制系统等组成部分。锅炉房的主要功能是通过燃烧燃料产生热能，将热能转移到水或其他介质中，然后将热水或蒸汽输送到需要的地方，如供应给校园内的教学楼、宿舍楼等进行供暖或热水供应。

锅炉房建筑的耗能特点主要包括以下几个方面。

(1) **热能消耗。**锅炉房主要用于供暖或提供热水，因此其主要能源消耗是燃料的热能。不同类型的锅炉使用不同的燃料，如煤炭、天然气、燃油等，其能源消耗也会有所不同。

(2) **供暖系统损耗。**锅炉房通过供暖管道将热能输送到校园内的建筑物。在供暖过程中，供暖管道会有一定的热能损耗，特别是在长距离输送或老旧管道情况下，损耗会更加明显。

(3) **锅炉效率。**锅炉的燃烧效率直接影响能源的利用效率。高效的锅炉能够更有效地将燃料转化为热能，减少能源浪费。

(4) **热量散失。**锅炉房本身也存在热量散失的情况。这可能是由于锅炉房的保温不足、通风不当等原因导致的。

(5) **运行时间。**锅炉房的运行时间和负荷也会影响能源消耗。在寒冷地区，锅炉房需要长时间运行以满足供暖需求，相应地会有较高的能源消耗。

3.6.2.2 严寒与寒冷地区锅炉房建筑问题总结

锅炉房建筑因满足校园热水需求而耗能巨大，其中通风问题是影响热转换效率的关键因素。通风不畅会导致燃烧不充分，降低发热效率。此外，锅炉排烟量和温度也影响效率，过大的排烟都会带走热能。目前，国内锅炉房主要依赖燃煤，但烟尘排放会降低发热效率。因此，优化通风设计、控制排烟量及温度，推广清洁能源，是提高锅炉房热转换效率的关键。

(1) **通风不良。**在燃烧过程中，燃烧物需要与足够的氧气接触才能充分燃烧，从而提高热转换效率。如果通风不良，空气流通不畅，燃烧物周围的氧气供应不足，会导致燃烧不完全，降低热能的释放效率，若锅炉房建筑没有良好的通风，则热转换效率大大降低。

(2) **高温烟尘泄出。**供热锅炉依赖高温烟尘进行热量传输，但在传统锅炉中，烟尘排放过多，降低了锅炉的发热效率。因此，减少烟尘排放，提高热能利用效率，是提升供热锅炉性能的关键。

3.6.2.3 严寒与寒冷地区锅炉房建筑改造措施

（1）改善通风。

a.设计合理的通风系统。确保锅炉房建筑内部有足够的新鲜空气进入和污浊空气排出。通风系统应包括通风窗和天窗、通风管道、风扇等设备，以促进空气流通。

b.清洁通风设备。定期清洁设备，包括通风管道、风扇等，以确保其畅通无阻，保证空气的流通。积尘和杂物会阻碍通风系统的正常运行，影响空气流通效果。

c.控制门窗的开启。根据锅炉房内部的温度和通风需求，合理控制门窗的开启程度。在需要通风时，可以打开门窗，增加自然通风效果。

（2）改造排烟设备。

a.减少烟尘排放。通过合理设计烟道系统，使烟气在烟道中停留时间增加，以便更好地与烟囱内的氧气充分混合，促进燃烧反应的进行，减少烟尘的排放。可以采用合适的烟道长度、直径和弯头的角度，以增加烟气流动路径和阻力，从而提高烟气停留时间。

b.烟道绝热。对烟道进行绝热处理，减少烟气在烟道中的散热损失，提高热能利用效率。可以使用绝热材料包裹烟道，减少烟气的热量损失。

c.烟囱高度和直径。根据锅炉的热负荷和烟气排放要求，合理设计烟囱的高度和直径。较高的烟囱可以提高烟气的排放高度，增加烟气排放的抽力，有利于烟气的排放和扩散。

d.控制排烟温度。研究表明，排烟温度每上升18 ℃，热效率比例会下降1%，因此降低排烟温度对于提高热效率至关重要。

冷凝技术通过吸收烟气中的潜热，直接吸收水蒸气实现更高效的热效留存，替代了传统的低效热量留存方式。

通过分离技术处理将锅炉所排烟余热回收，具体操作是使用接触换热器直接将所回收的气体进行液化，在完成更高效率的热能留存的同时进行有害气体和固体排放物的处理。

3.7 本章小结

本章全面探讨了校园建筑被动式节能改造的关键议题，涵盖了教学建筑、宿舍建筑、体育场馆建筑、图书馆建筑、科研办公建筑、附属建筑等多个建筑类型，以及针对严寒地区、寒冷地区、夏热冬冷地区、夏热冬暖地区、温和地区等不同气候区域的节能改造建议。

在校园建筑被动式节能改造方面，深入探讨了各类型建筑的能源消耗特点，从建筑外观设计、隔热材料选择、窗户与门的优化、采光与通风系统的改进等多个角度出发，提出了切实可行的改造策略。这些策略不仅有助于减少能源浪费，还能提升建筑内部的舒适度和使用效率，为校园环境的可持续发展作出了积极贡献。

特别地，针对不同气候区域的差异，我们为严寒地区、寒冷地区、夏热冬冷地区、夏热冬暖地区、温和地区分别提出了相应的节能改造建议。这些建议旨在根据各地气候特点，调整建筑结构和设施，最大程度地减少能源消耗，确保在各种气候条件下都能达到节能的目标。

通过本章的探讨，不仅拓展了对校园建筑被动式节能改造的理解，也为校园建筑的可持续发展提供了有益的思路和方法。未来，在校园建筑设计和改造中，应当充分考虑各类型建筑和不同气候区域的特点，积极采用被动式节能策略，为创造更加环保、节能的校园环境而努力。

[1] 黄锴强，薛飞，徐水太．绿色校园背景下校园建筑节能化改造市场研究 [J]．建设科技，2020(13): 15-17，31.

[2] 陈岩．某高校校园建筑节能改造有效方法探讨 [J]．建筑节能，2020, 48(2): 118-120+155.

[3] 温金保．基于全寿命周期成本评价的高校建筑节能改造效益分析 [J]．现代建筑电气，2019, 10(5): 46-49.

[4] 关运龙，李鹏，成瑶，等．某严寒地区既有公共建筑节能改造节能量分析 [J]．铁路节能环保与安全卫生，2021, 11(4): 26-32.

[5] 陈立胜，肖金强，赵媛媛．严寒地区教学楼围护结构节能改造分析 [J]．地产，2019(13): 37，55.

[6] 刘蕾．基于光热性能模拟的严寒地区办公建筑低能耗设计策略研究 [D]． 哈尔滨：哈尔滨工业大学，2017.

[7] 王宏伟，蒲增艳，尹翠，等．严寒地区教学楼围护结构节能改造分析 [J]．沈阳建筑大学学报(自然科学版)，2017, 33(3): 497-505.

[8] 曲亮，安然，韩冰冰，等．严寒地区高校建筑节能策略研究——以吉林建筑大学城建学院新校区建设为例 [J]．中外建筑，2016(7): 103-105.

[9] 戴路斌. 基于能耗分析的济南地区高校教学建筑节能设计研究 [D]. 济南：山东建筑大学，2023.

[10] 谢一飞. 基于绿色理念的寒冷地区老校区教学建筑功能置换策略研究 [D]. 济南：山东建筑大学，2022.

[11] 杨庭睿. 北京地区高校教学建筑节能潜力优化研究 [D]. 北京：北方工业大学，2022.

[12] 陈翔，付颖坤，车芸，等. 垂直攀爬绿化在夏季对石家庄教学建筑室内外热环境影响实测分析 [J]. 建筑节能(中英文)，2021, 49(3): 34-38.

[13] 苏媛，籍浩然，赵丽君. 北方寒冷地区某高校既有建筑的能耗现状调研分析 [J]. 住区，2017(S1): 120-123.

[14] 朱能，朱天利，仝丁丁，等. 寒冷地区校园度日数法建筑能耗基准线的确定方法 [J]. 重庆大学学报，2016, 39(1): 105-112.

[15] 刘培芳，石爱明，卢艺伟. 寒冷地区高校既有教学建筑热舒适性实测与分析——以长安大学明远C座教学楼为例 [J]. 湖南城市学院学报(自然科学版)，2015, 24(2): 35-41.

[16] 何宇航，李国建，林天磊，等. 浙江省高校建筑能耗调研及节能潜力分析 [J]. 建筑节能(中英文)，2022, 50(8): 12-17.

[17] 许有成，褚作勇. 皖中地区高校建筑节能设计研究 [J]. 江西建材，2022(1): 117-118.

[18] 胡启力. 基于绿色建筑理念下夏热冬冷地区高校教学楼设计研究 [D]. 南昌：南昌大学，2021.

[19] 付晓惠. 夏热冬冷地区高校教学楼夏季室内热环境研究 [J]. 长春师范大学学报，2020, 39(10): 97-102.

[20] 张路遥. 夏热冬冷地区高校建筑的节能设计分析 [J]. 城市建筑，2020, 17(23): 88-89.

[21] 程翔，董莉莉，金高屹. 夏热冬冷地区绿色校园适宜技术调查研究 [J]. 重庆建筑，2020, 19(3): 23-31.

[22] 杨文领，方勇明. 夏热冬冷地区高校既有教学建筑节能改造实施研究 [J]. 浙江建筑，2016, 33(2): 46-49.

[23] 罗运有，刘畅，余鹏，等. 夏热冬暖地区教育类公共机构能耗现状与能耗因素分析 [J]. 节能，2020, 39(10): 1-4.

[24] 赵士怀，张志昆. 夏热冬暖气候区绿色建筑关键技术研究与应用 [J]. 福建建筑，2018(11): 72-76.

[25] 杨舒雅. 夏热冬暖地区绿色校园评价体系比较研究 [D]. 广州：华南理工大学，2018.

[26] 郭卫宏，刘骁. 夏热冬暖地区高校既有建筑绿色改造设计策略研究 [J]. 建筑节能，2016, 44(06): 104-118，124.

[27] 黄健刚. 温和地区高校教学楼建筑能耗定额研究 [D]. 昆明：昆明理工大学，2015.

[28] 赵仁鹏. 温和地区高校教学楼建筑设计的生态模式探讨 [D]. 昆明：昆明理工大学，2013.

[29] 李小华，方清清，王平. 湘潭地区某高校学生宿舍能耗分析 [J]. 建筑节能(中英文)，2022, 50(12): 53-58.

[30] 陈康. 基于可持续设计理念的高校宿舍改造设计策略研究——以长江大学东校区学生宿舍为例 [J]. 城市建筑，2021, 18(26): 108-110.

[31] 郝佳豪. 高校宿舍外窗节能改造探析 [J]. 居舍，2019(11): 176.

[32] 肖键键. 高校学生宿舍供水节能探究 [J]. 中国水运(下半月)，2015, 15(4): 338-340.

[33] 雷武强. 严寒地区高校宿舍的建筑群能耗模型研究 [D]. 大庆：东北石油大学，2023.

[34] 李家德. 严寒地区高校宿舍建筑能耗预测方法研究 [D]. 吉林：东北电力大学，2022.

[35] 刘子宁. 严寒地区高校宿舍冬季通风策略 [D]. 哈尔滨：哈尔滨工业大学，2021.

[36] 刘储铭. 基于秋季热环境分析的哈尔滨地区高校宿舍室内环境优化策略研究 [D]. 哈尔滨：哈尔滨工业大学，2021.

[37] 张天文，苗绘. 间歇运行对严寒地区高校老旧学生公寓外墙保温层厚度的影响 [J]. 长春工程学院学报(自然科学版)，2016, 17(4): 56-60.

[38] 纪伟东，王隽冬，谢一飞. 寒冷地区宿舍建筑朝向对能耗的影响——以山东建筑大学松园三号宿舍为例 [J]. 建筑节能(中英文)，2022, 50(4): 34-41.

[39] 高力强. 寒冷地区校园综合体的低能耗模块化设计研究 [D]. 天津：天津大学，2019.

[40] 张吉强. 寒冷地区高校建筑群低碳能源规划研究 [D]. 天津：天津大学，2018.

[41] 孙林. 江苏寒冷地区高校既有学生公寓外围护结构节能改造适宜性技术研究 [D]. 徐州：中国矿业大学，2017.

[42] 彭博，鞠颂. 适应气候的寒冷地区学生公寓体形设计 [J]. 青岛理工大学学报，2011, 32(3): 68–71.

[43] 陈涵. 荆州市高校学生宿舍建筑风环境模拟分析及优化策略 [D]. 武汉：长江大学，2021.

[44] DENG Y, GOU Z, GUI X, et al. Energy consumption characteristics and influential use behaviors in university dormitory buildings in China's hot summer-cold winter climate region [J]. Journal of building engineering, 2021, 33: 101870.

[45] 马冉. 高校学生宿舍外窗朝向及窗墙比节能设计研究 [D]. 宣昌：三峡大学，2020.

[46] 盛子沣. 夏热冬冷地区学生宿舍节能改造初探——以同济大学彰武校区为例 [J]. 建筑节能，2019, 47(3): 107–109，116.

[47] 黄亚鹏，曾旭东，周宏伟. 基于数字技术的夏热冬冷地区既有宿舍节能减排改造——以重庆大学B区三舍节能改造为例 [J]. 福建建筑，2014(3): 32–37，28.

[48] 梁晶晶. 夏热冬暖地区高校宿舍居住者行为对建筑能耗的影响研究 [D]. 广州：广东工业大学，2022.

[49] 温金保. 夏热冬暖地区学生宿舍热水系统分析 [J]. 电子世界，2019(14): 97–98.

[50] 曹丹纶. 夏热冬暖地区高校宿舍冬季室内热舒适研究 [D]. 深圳：深圳大学，2019.

[51] 方意. 夏热冬暖地区校园学生宿舍围护结构性能提升技术研究 [D]. 广州：广州大学，2019.

[52] 刘兵，祁神军，张云波，等. 夏热冬暖地区建筑生命周期碳排放及减排策略碳排放及减排策略研究 [J]. 建筑经济，2016, 37(1): 84–87.

[53] 柳倩莹. 基于热舒适性的温和地区高校宿舍平面形态优化研究 [D]. 昆明：昆明理工大学，2022.

[54] 王晨云，张齐立. 温和地区公共建筑节能设计中遮阳设计的探讨——以云南省昆明市石林县鹿阜中学为例 [J]. 林业建设，2019(4): 63–66.

[55] 蔡林杉. 西南地区绿色校园更新发展适宜性策略体系研究 [D]. 重庆：重庆交通大学，2017.

[56] 何海明. 基于光舒适性的寒地高校体育馆顶界面自然采光设计研究 [D]. 哈尔滨：哈尔滨工业大学，2022.

[57] 秦彤昱. 严寒地区木构中小型体育馆综合效益及其优化设计研究 [D]. 哈尔滨：哈尔滨工业大学，2020.

[58] 杨姗姗. 基于能耗分析的严寒地区中型体育馆建筑形态设计研究 [D]. 沈阳：沈阳建筑大学，2018.

[59] 朱笛. 冀南地区高校小型体育馆围护结构节能优化研究 [D]. 邯郸：河北工程大学，2019.

[60] 谭倩倩. 西安建筑科技大学草堂校区游泳场设计研究 [D]. 西安：西安建筑科技大学，2018.

[61] 郭路军. 寒冷地区中小型体育馆绿色设计策略研究 [D]. 郑州：郑州大学，2017.

[62] 纪伟东，唐哲，朱明. 寒冷地区高校体育馆生态节能设计初探——以潍坊医学院体育中心为例 [J]. 建筑技艺，2014(12): 113–115.

[63] 金虹宇. 夏热冬冷地区全民健身中心运动人群热可接受范围及设计策略研究 [D]. 广州：华南理工大学，2022.

[64] 朱方伟，李军. 夏热冬冷地区某体育建筑空调系统能耗计算分析 [J]. 制冷与空调，2021, 21(12): 70–74.

[65] 孙龙. 夏热冬冷地区体育馆类建筑气流组织及能耗模拟研究 [D]. 哈尔滨：哈尔滨工业大学，2021.

[66] 刘科. 夏热冬冷地区高大空间公共建筑低碳设计研究 [D]. 南京：东南大学，2021.

[67] 杨蕙榕. 夏热冬冷地区综合性体育公园适老化设计研究 [D]. 南京：东南大学，2020.

[68] 李贤泽. 基于人体舒适性的夏热冬暖地区滨海高校室外风环境优化策略研究 [D]. 广州：华南理工大学，2021.

[69] 于浩吉. 新时代绿色图书馆建设与创新发展路径探索 [J]. 理论观察，2022(12): 117–120.

[70] 高颖，张玲. 可持续发展视域下高校图书馆建筑室内环境设计中的节能思想 [J]. 工业建筑，2022, 52(07): 248.

[71] 包涵. "双碳"目标下的大型公共图书馆节能方向 [J]. 华东科技，2022(6): 122–124.

[72] 杨静波，刘琳琳，张斌弛. 浅谈严寒地区高校图书馆节能改造及管理方法 [J]. 中国多媒体与网络教学学报(上旬刊)，2020(11): 133–135.

[73] 宋祺. 严寒地区高校图书馆外环境景观设计策略研究 [D]. 哈尔滨：哈尔滨工业大学，2020.

[74] 李灿. 甘肃严寒寒冷地区公共建筑被动式节

能优化设计 [D]. 西安：西安建筑科技大学, 2020.

[75] 刘晓宇. 严寒地区建筑玻璃幕墙能量性能研究 [D]. 哈尔滨：哈尔滨工业大学, 2019.

[76] 冯馨怡. 基于窗墙比的图书馆建筑中庭光舒适及能耗的多目标优化 [D]. 秦皇岛：燕山大学, 2022.

[77] 范征宇, 孙东贤, 刘加平. 寒冷气候区高校图书馆空间组织节能设计研究 [J]. 南方建筑, 2022(4): 1−7.

[78] 苏媛, 籍浩然, 赵丽君. 北方寒冷地区某高校既有建筑的能耗现状调研分析 [J]. 住区, 2017(S1): 120−123.

[79] 潘世斌, 周宝玉, 王芸芸, 等. 夏热冬冷地区图书馆建筑外围护结构改造策略分析 [J]. 湖北理工学院学报, 2018, 34(2): 32−37.

[80] 郑琳, 张炜, 金翔宇. 夏热冬冷地区公共建筑的绿色节能优化措施浅析 [J]. 四川建筑, 2017, 37(4): 77−79.

[81] 胡轩昂, 屈利娟, 葛坚. 夏热冬冷地区校园建筑能耗调查与能耗定额研究 [J]. 建筑技术, 2017, 48(2): 173−176.

[82] 李贤泽. 基于人体舒适性的夏热冬暖地区滨海高校室外风环境优化策略研究 [D]. 广州：华南理工大学, 2021.

[83] 张人泽. 基于能耗模拟分析的夏热冬暖地区高校图书馆建筑形态设计研究 [D]. 广州：华南理工大学 ,2021.

[84] 王欢, 吴会军, 丁云飞, 等. 夏热冬暖地区新型气凝胶节能玻璃遮阳性能优化 [J]. 建筑技术, 2014, 45(2): 174−177.

[85] HUI Z, WEISHUANG X, ZIRUI T. Research on energy−saving shape design of high school library building in cold region [J]. IOP conference series: earth and environmental science, 2017, 94(1): 012055.

[86] 张桂萍. 温和地区民用建筑低能耗节能优化方案研究 [D]. 昆明：昆明理工大学, 2015.

[87] 王慧. “碳达峰、碳中和”视角下高校档案馆“绿色”策略 [J]. 办公室业务, 2022(6): 180−181, 186.

[88] 吕永涛. 高校教学办公建筑电气改造探讨 [J]. 住宅与房地产, 2017(5): 94.

[89] 彭芃, 房杰, 张建新, 等. 严寒地区公共建筑室内热环境与热舒适研究进展[J]. 建筑热能通风空调, 2022, 41(4): 48−52.

[90] 张岩. 基于MPC的寒地办公空间过渡季自然通风控制策略研究 [D]. 哈尔滨：哈尔滨工业大学, 2019.

[91] 安杨. 严寒地区高校餐饮建筑绿色设计优化研究 [D]. 沈阳：沈阳建筑大学, 2020.

[92] 徐莉婕. 健康视角下高校食堂风环境分析与优化策略研究 [D]. 沈阳：沈阳大学, 2022.

[93] 李家鹏. 绿色理念下的济南地区高校食堂改造策略研究 [D]. 济南：山东建筑大学, 2023.

[94] 宋佳奇. 基于资源节约目标的西安市高校食堂设计策略研究 [D]. 西安：长安大学, 2022.

[95] 刘晓红. 夏热冬冷地区高校食堂建筑被动节能自然通风设计研究[D]. 长沙：湖南大学, 2020.

[96] 邵寅. 夏热冬冷地区高校餐饮建筑节能设计研究 [D]. 合肥：合肥工业大学, 2013.

[97] 吴云涛. 自然通风工况下重庆地区高校食堂餐饮空间设计策略研究 [D]. 重庆：重庆大学, 2021.

[98] 毕晓莉, 王兴伟. 绿色建筑理念下高校工业遗存再利用设计研究——以兰州理工大学旧锅炉房为例 [J]. 城市建筑, 2023, 20(3): 15−19.

[99] 曹博, 褚作勇. 绿色策略下的校园废旧工业建筑更新改造——以某高校锅炉房改造为例[J]. 重庆建筑,2021,20(12):22−25.

[100] 任天宇. 江苏某高校热水系统节能优化设计 [J]. 上海节能, 2021(7): 750−754.

第四章　校园建筑设备升级与能效提升

建筑能耗占全国能源消费总量的21%以上，其中公共建筑能耗（不含北方供暖）占全部建筑能耗的33%。高校是公共建筑的重要组成部分，随着招生规模以及校园面积的逐步扩大，其供热需求及能源消耗比重日益增加。目前，各地高校依然普遍采用老旧的传统供热系统且单一供热网覆盖校园内所有建筑物，未根据建筑类型以及运行时间设置智能化的调节和管理方式，有的建筑采用全天持续供暖的运行方式，使得供热系统能耗居高不下。因此，为实现我国清洁供暖目标和“十四五”规划提出的绿色转型策略及《能源生产和消费革命战略（2016—2030）》提出的能源目标，建设零碳校园，降低校园能耗具有重要意义。校园供暖系统是校园主要的能耗及碳排放体，目前存在系统陈旧、高能耗、缺乏科学运维管理等问题，已无法满足绿色低碳校园建设要求，需采用科学合理的改造措施予以解决。

空调系统是高校能源系统的重要组成部分，我国建筑能耗约占社会总能耗的35%，其中大型公共建筑中空调系统的能耗占比最高，约为60%。我国能源供应形势日益严峻，高校必须将减少空调系统的能源消耗作为降低校园建筑能耗的关键措施。部分高校建筑修建时间早，当时暖通空调设计人员往往沿用传统设计方案，并未根据高校建筑实际运行情况对空调系统进行优化，且其围护结构、供热管网等保温效果不佳，亦影响空调使用效率。此外，许多系统仅限于基本的开关机操作和季节性的冬夏季模式转换，而缺乏先进的智能化控制技术。这种局限性导致了这些系统在能源节约方面的性能未达到预期水平。因此，为实现《中国高等学校校园碳中和行动宣言》目标及《公共机构节能条例》提出的节能要求，势必需要改造校园空调系统。针对目前空调系统存在的节能效率低、设计水平低、系统调控效果差等问题，可采用科学节能的改造措施予以解决。

国家以及各地政策积极推动校园安装新风系统，如《中小学及幼儿园配置空气净化器及新风系统的公告》《郑州市教育局将对市区学校试点安装新风系统》和《关于加强学校新建校舍室内空气质量管理的通知》要求等，保证学校教室和宿舍内空气质量，为学生和老师提供一个健康舒适的学习和工作环境。住建部公布的《民用建筑工程室内环境污染控制标准》相关内容要求各地要对新建教室及宿舍的日常通风换气进行排查，要及时关注教师和宿舍室内空气质量状况。因此在节能减排大背景下，结合“十三五”规划内容以及国家和地区对校园新风系统的重视，可以将研究重点聚焦在校园新风系统的节能改造上。

我国各类学校新风系统安装程度存在差异，存在不同类型建筑全覆盖、仅部分重要场所安装、未安装等情况。如，天津市朱唐庄中学教室安装了带热回收的新风系统；同济大学化学科学与工程学院在原排风系统的基础上增加了8组新风系统；

而大学、中学、小学、幼儿园等众多学校目前仍在使用单向的排风或者送风系统，通过室内外形成气压差进行空气置换；条件差的学校则完全依靠自然通风。校园传统新风系统通常采用单一的一次能源，存在设计不合理、风机设计功率过大等问题，导致能源浪费。作为校园能耗的主要组成部分之一，新风系统需要寻找低能耗的节能替代或优化方案。

校园热水系统用于为学生、职工和家属提供生活热水。校园热水一般采用定点供应方式，条件好一点的院校虽然可以保证长时供水，但用户端到保温水箱的管网布设过长，导致热水输送过程中热损失较大。从加热设备上看，许多院校仍采用燃煤锅炉，导致环境污染严重，碳排放量高，能耗高等问题。对北京多所大学的热水系统进行调查，结果显示，绝大部分以集中式大澡堂洗浴为主，小部分宿舍楼内有热水接入；在加热方式上，接近70%的热水系统为传统的非节能方式，即热源为天然气、电锅炉、电热水器等，30%的学校使用了太阳能热水系统、空气源热泵、地源热泵和污水源热泵热水系统，大大减少了能源的消耗和碳排放。“十四五”规划发布后，各省市和部委相继提出了碳达峰和碳中和行动计划或方案。作为校园能耗的主要组成部分之一，热水系统需要寻找低能耗的节能替代或优化方案，主要包括使用清洁能源、优化系统设计、进行“互联网+”智慧能源建设等。

4.1 供热系统节能改造

4.1.1 供热系统类型及工作原理

供热系统的源端是指系统中提供热能的能源来源，对供热性能和运行效果具有重要影响。本书根据供热系统不同源端将其分为锅炉房供热系统、热电联产系统、热泵供热系统、太阳能供热系统以及其他供热系统，如图 4-1所示。锅炉房供热系统指以锅炉燃烧产生热源的供热方式。热电联产系统指利用热机或发电站产生电力和热源的供热系统。热泵供热系统指利用热泵技术将低品位热源转化为供暖所需热源的系统。太阳能供热系统指合理利用太阳能热为建筑提供热量的系统。其他供热系统指利用其他源端作为热源的除上述系统以外的供热系统，分为低温核能供热系统和低温工业余热供热系统。

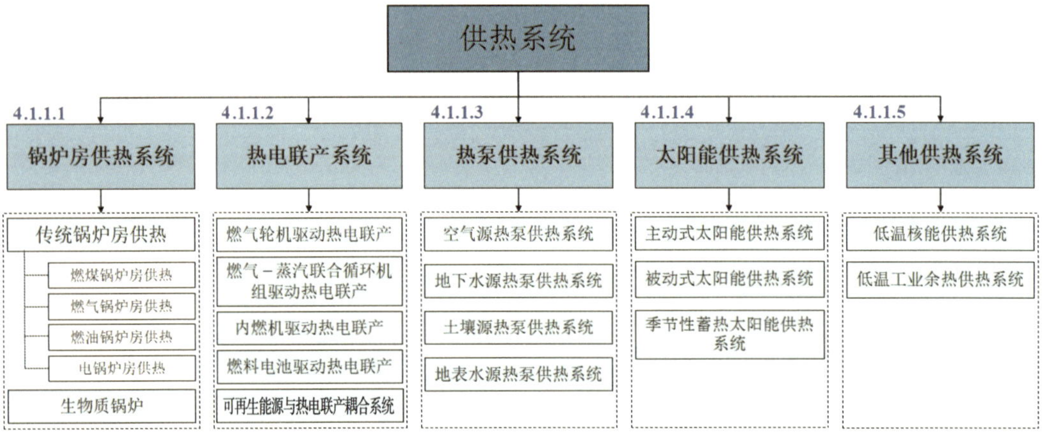

图 4-1　供热系统类型分类（图片来源：作者自绘）

4.1.1.1 锅炉房供热系统

锅炉房供热系统一般由热源、热网和热用户3个部分组成。锅炉房根据生产热媒所需燃料不同可分为燃煤锅炉房、燃油锅炉房、燃气锅炉房、电锅炉房以及生物质锅炉房等。生物质作为一种可再生能源，成为近年来锅炉房供热系统更新改造的重点类型，因此，本文将锅炉房供热系统进一步分为传统锅炉房供热系统和生物质锅炉房供热系统，其中传统锅炉房包括燃煤锅炉房、燃油锅炉房、燃气锅炉房及电锅炉房。

1）传统锅炉房供热

a.系统概述。

燃煤、燃油、燃气锅炉房供热是一种以煤、柴油、天然气作为锅炉房燃料的供热方式。其构造基本一致，包括锅炉本体及其辅助设备。随着我国经济建设发展，部分地区能源结构转变以及人们对环保的要求越来越高，燃油、燃气锅炉开始逐渐代替燃煤锅炉。与后者相比，燃油、燃气锅炉供热系统具有环保、操作简单、成本低等优势。燃油、燃气锅炉供热系统在环保性能方面表现出显著的优势，其燃烧过程产生的排放物清洁无污染，无须进行飞灰和炉渣的后续处理。此外，其运行控制相对简便，具有高度自动化的设备配置，减轻了操作人员的劳动强度。从经济角度考量，燃油、燃气锅炉供热系统的成本效益较高，与同规模的燃煤锅炉相比，其辅助设备数量减少，初期建设周期缩短。然而，需要注意的是，燃油、燃气锅炉在安全性方面的爆炸危险性较高。这要求对燃料的储存、输送以及燃烧系统的设计和使用实施更为严格的安全措施和标准。

在燃油、燃气锅炉中，采用导热油加热以及真空燃烧均是提高锅炉供热效率和降低能耗的有效措施。导热油锅炉系统与传统以水为导热介质的系统相比能够解决不均匀加热、热交换速率低等问题，其工艺复杂程度低，在低压的条件下便可获得高温条件，提高了设备的稳定性与可靠性。导热油锅炉系统主要由导热油加热炉、导热油循环泵、膨胀罐、换热器、导热油及各控制系统组成。导热油加热炉由于其加热过程只需考虑导热油温度，不受其他工艺的影响，所以加热效率较高。膨胀罐在热力系统中用来吸收导热油因温度升高而多出来的体积。随着导热油温度的升高，体积会不断膨胀，每升高100 ℃，其体积约膨胀70%。

真空热水锅炉又称真空相变锅炉，其结构分为上半部结构和下半部结构。下半部结构由燃烧室与传热管组成，并装有热媒介；上半部结构为真空室，内部装有热交换器。真空热水锅炉运行时，微负压使得热媒水被加热沸腾产生低温蒸汽，蒸汽在热交换器中冷凝并将热量释放给传热管内的回水，冷凝后的热媒水在重力作用下回到远处并再次蒸发形成循环，最终加热后的回水作为供暖用水，温度最高可达90 ℃，可满足室内散热器的温度需求。

电锅炉供热与燃油、燃气锅炉不同，其直接以电作为供热能源，供热过程中不产生任何废气废渣，具有自动化程度高、热效率高、热负荷调节能力强等优点，热效率一般可达95%以上。

b.工作原理。

锅炉房供热系统工作原理主要包括燃烧过程、热量传递、水加热、热水分配、热量释放以及回水、回收几个步骤。煤、油、气等燃料在锅炉燃烧室中燃烧释放大量热能，通过锅炉受热面（通常是由管道或管束组成的换热器）将热量传递给锅炉内的水。水从锅炉进水口进入受热面区域吸热成为高温热水或蒸汽被输送至换热站，通过供热管网传输到需要热量的用户处。供热管网通常由管道网络组成，通过布置在城市或建筑物内部进行热能传输。在建筑末端热水通过散热器将热量释放到建筑物内部空气或者其他介质，从而保持室内舒适温度。释放热量后的冷却水通过管道返回到换热站进入回水系统，并通过水泵等设备输送至锅炉进水口进行再次加热循环。

2）生物质锅炉房供热

a. 系统概述。

生物质锅炉房供热是一种以生物质能源作为锅炉房燃料的供热方式，主要是将农作物秸秆、畜禽粪便以及其他农林副产品转化为能源，以减少这些物质在焚烧时带来的污染与浪费。

目前，生物质锅炉主要有两类炉型，一类是只燃烧生物质的水冷振动炉，另一类则是可以混合燃烧生物质的循环流化床锅炉。水冷振动炉相比循环流化床锅炉在某些方面存在局限性，如对燃料的适应性较差、燃烧效率不高以及对燃料水分含量的要求较高，且其造价较为昂贵。因此鉴于我国生物质能源的现状，循环流化床锅炉在掺烧生物质方面的应用更适合。如图 4-2所示，循环流化床锅炉通过向炉膛或燃烧室注入燃料和石灰石，借助上升气流使颗粒物悬浮，以确保生物质颗粒的充分燃烧，其温度维持在大约840~900 ℃。

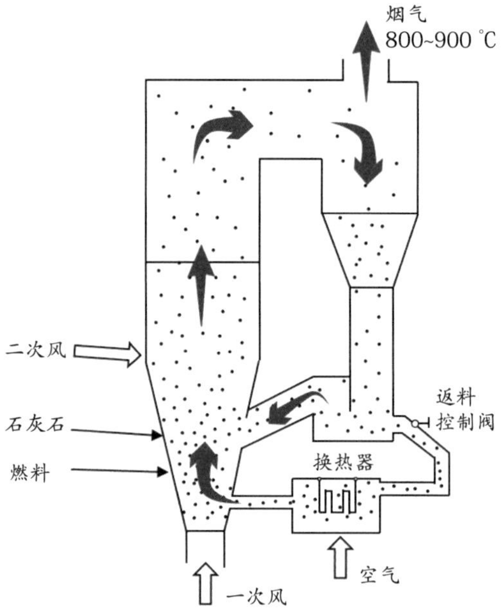

图 4-2　生物质热水炉结构示意图
（图片来源：作者自绘）

b. 工作原理。

生物质燃料经由加料斗输送至炉排，并在其上形成一层均匀分布的燃料层。随着炉排的连续移动，燃料以恒速进入燃烧室，在一次二次风的辅助下实现充分燃烧。燃料燃烧生成的高温烟气与锅炉进行热交换释放热量，随后烟气通过排烟系统排出。燃烧过程中产生的灰渣透过炉排孔隙落下，积聚于灰斗内部。当灰渣达到预定高度时，启动除灰机制，将积累的灰烬排放至炉排下方。最终生物质燃料燃烧的热量通过热网输送到各个供热设备。

4.1.1.2 热电联产系统

热电联产系统是一种综合能源系统，其核心在于利用发电过程中产生的余热进行有效回收，以同时生成电能和热能，从而显著提升能源的综合使用效率。热电联产系统可以分成3个主要的子系统：动力、供热和控制子系统。动力子系统在热电联产中扮演着至关重要的角色，它不仅负责发电或提供必要的机械动力，而且其排出的热量通过余热回收被有效利用。供热子系统则专门负责将回收的热能转化为供暖、热水以及通风等实际应用。控制子系统的作用是确保热电联产系统能够在不同的工作模式之间顺畅转换，保障系统的安全稳定运行。

热电联产系统根据动力子系统中动力设备（又称为热功转换装置）的不同，可以分为燃气轮机驱动热电联产系统、燃气－蒸汽联合循环机组驱动热电联产系统、内燃机驱动热电联产系统、燃料电池驱动热电联产系统以及可再生能源与热电联产耦合系统等5种类型。

1）燃气轮机驱动热电联产系统

a. 系统概述。

燃气轮机驱动热电联产系统一般由燃气轮机、余热锅炉、电厂、热网和热用户组成，其采用天然气等清洁能源作为主要燃料。该技术不仅在环境保护和能源节约方面表现出色，而且展现了高能效、建设周期短和较低的投资成本等特点。特别是在天然气资源充足且环保标准严格的地区，燃气轮机驱动热电联产系统可被应用于办公楼、学校等分散式公共建筑中。

燃气轮机通过连续流动的气体驱动叶轮高速旋转，进而将燃料的化学能转换为机械功。如图 4–3所示，燃气轮机设备主要由压气室、燃烧室和燃气涡轮三大部分构成。为确保燃气轮机的安全高效运行，还必须配备

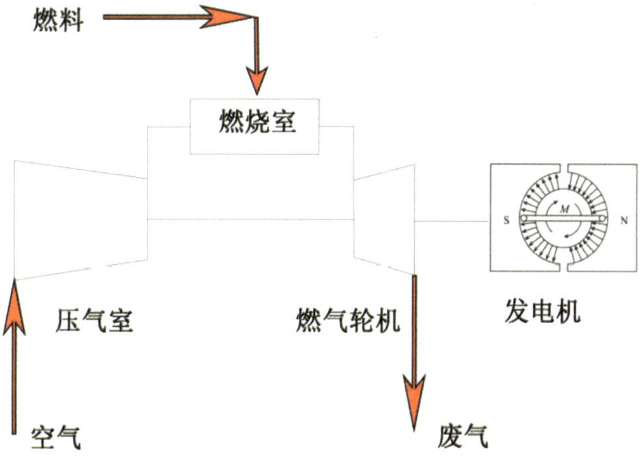

图 4-3　燃气轮机系统图（图片来源：作者自绘）

启动装置、燃料供应装置、空气过滤装置以及消声装置等辅助设备。

b. 工作原理。

燃料在燃烧室与压缩后的空气混合充分燃烧，产生的高温烟气首先流入燃气涡轮进行膨胀做功。随后，从涡轮排出的烟气进入余热锅炉，其中残余的热量被回收，用于生成蒸汽或高温热水。余热锅炉产生的热能在不同季节有不同的应用：冬季可用于直接供暖，夏季则可用于驱动蒸汽型吸收式制冷机组以实现制冷。为了提高系统在所需供热量不足时的适应性，可以在余热锅炉中进行补燃，确保提供充足的附加热量以满足需求。这样的设计确保了系统的灵活性和响应能力，使得能源利用更加高效，同时也增强了系统的可靠性。

2）燃气–蒸汽联合循环机组驱动热电联产系统

a. 系统概述。

燃气–蒸汽联合循环机组一般由空气压缩机、燃气轮机、余热锅炉、蒸汽轮机、发电机、凝汽器等部分组成。燃气轮机是该系统的主要部件，具有热效率高、单机功率大等特点。蒸汽轮机是联合循环又一关键部件。在选择蒸汽轮机时，应充分考虑其与燃气轮机及余热锅炉的匹配性，这主要涉及蒸汽轮机的初始温度和初始压力的确定。对于初始温度，关键在于确保排放的烟气与蒸汽之间存在足够的温差，避免过热器的尺寸过大。对于初始压力，蒸汽循环的整体效率是燃气轮机余热利用率与蒸汽轮机本身效率的乘积结果；因此，两者的选择需要协调优化。余热锅炉可以将燃气轮机排气中的热量转换为蒸汽的热能。与常规锅炉不同，余热锅炉具有高余热利用效率、低压力损失、防止低温腐蚀等优势。这些特点确保了余热锅炉在转换过程中的效率和可靠性，同时也提高了整个系统的经济性和性能。

b. 工作原理。

燃气–蒸汽联合循环联供系统的工作原理与燃气轮机驱动的热电联产系统部分相似。不同的是余热锅炉生成的蒸汽被引入蒸汽轮机，推动其转子旋转，从而进一步产生电能。根据系统需求，可以从蒸汽轮机的涡轮中抽取出具有适当参数的蒸汽，用于驱动吸收式制冷机组进行制冷，或者直接用于满足用户的供热需求。这种结合了燃气轮机和蒸汽轮机的热电联供系统，特别适用于电力需求较大的场合，因为它在高效地提供电力的同时，还能提供制冷和供热服务，实现了能源的多级利用和效率最大化。

3）内燃机驱动热电联产系统

a. 系统概述。

内燃机是一种将燃料在内部燃烧并直接将其释放的热能转换为机械能的热力发动机。内燃机不仅包括活塞式内燃机，也包括旋转叶轮式燃气轮机、喷气式发动机等，但活塞式内燃机最为常见。活塞式内燃机以往复活塞式最为普遍，主要有曲柄连杆机构、机体和汽缸盖、配气机构、供油系统、润滑系统、冷却系统、启动装置等。

与燃气轮机相比，内燃机由于其排烟

温度较低，剩余热量的回收可分为两种形式。一种是高温余热回收通常在余热锅炉中进行，该过程涉及从高温烟气中回收热能；另一种低温余热回收则涉及内燃机的自身冷却系统，通过回收冷却过程中的热量来实现余热利用。内燃机联供系统非常适合中小型用能系统，如采用低压蒸汽或热水供热的地方。

b.工作原理。

通过使内燃机气缸中的燃料燃烧生成高温高压的气体，带动曲柄系统做旋转运动，将部分化学能转化为机械能，使得曲轴带动连接在其上的发电机旋转产生电能。同时，高温余热通过余热锅炉回收热能用于加热蒸汽或发电，低温余热通过自身冷却系统回收，用于供暖或其他热能需求。

4）燃料电池驱动热电联产系统

a.系统概述。

燃料电池技术是一种将化学能直接转换为电能的清洁能源技术，具有潜在的应用前景。在燃料电池驱动的热电联产系统中，通常包含以下几个关键组成部分：燃料的预处理单元、燃料电池反应堆、直流至交流电转换器（DC/AC逆变器）以及废热回收利用系统。特别地，对于运行于高温环境下的燃料电池类型，如熔融碳酸盐燃料电池（MCFC）和固体氧化物燃料电池（SOFC）等，其操作温度较高，使得排出的高温废气可被用于蒸汽轮机的联合循环发电，从而显著提升了整个系统的能源转换效率。

目前，燃料电池驱动的热电联产系统主要应用于热需求较大的场所，如酒店、学校和工业设施等。随着技术的不断进步和设备的小型化，预计这种系统也将逐渐普及到家庭等小规模用户中。

b.工作原理。

一种高温MCFC联供系统如图4-4所示。系统向某计算机机房提供160 kW的电

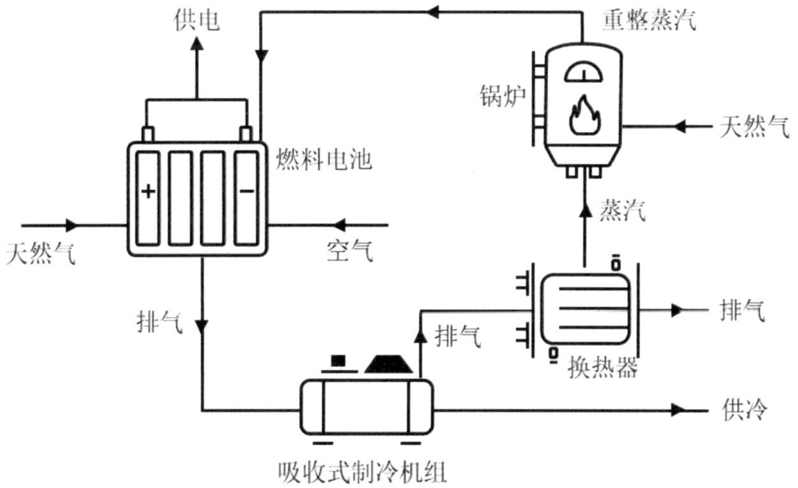

图4-4 MCFC驱动热电联产系统（图片来源：作者自绘）

量和78 kW的冷量，冷冻水出口温度为7 ℃。在MCFC热电联产系统中，排气气体的温度可达到650 ℃，这一高温排气被有效利用于驱动余热型吸收式制冷机组，进而为空调系统供应所需的冷冻水。在此过程中，经过吸收式制冷机组的运作，燃料电池的高温排气释放热量，温度降低至300 ℃。随后，这些排气气体流入换热器中，用于对锅炉给水进行预热，从而将给水从25 ℃升温至100 ℃。经过换热后的排气温度进一步降至约150 ℃。对于该系统的性能评估表明，输入能量为378.51 kW，而通过余热回收系统，成功回收了167.34 kW的能量。综合计算得出，该热电联产系统的总能源效率约为86.48%，这一数据强调了高温型燃料电池余热利用在提升整体系统能效方面的显著潜力。

5）可再生能源与热电联产耦合系统

热电联产耦合系统可以整合多种可再生能源技术，包括太阳能、风能和水能等，通过相应的能量转换设备——如太阳能光伏板和风力涡轮机——将各种可再生资源转化为电能和热能。在综合能源系统中，由可再生资源转换而来的电力可以直接供给终端用户消费，同时，这些电力也可以作为热电联产设备的输入动力，以实现系统能效的最优化。同时耦合系统中电能和热能之间可以进行能量交换和优化。当可再生能源发电不足时，热电联产装置可以提供额外电力；而在可再生能源发电过剩时，可以利用多余电力通过热电联产装置转化为热能储存起来，以备后续使用。

4.1.1.3 热泵供热系统

热泵是一种高效节能设备，专门设计用于提升和利用低温热源的能量。该装置的核心组成包括压缩机、冷凝器、蒸发器、节流装置以及必要的连接管道和其他辅助组件。

冷凝器充当向较高温环境释放热量的换热器。在此部件中，高温制冷剂气体通过放热过程凝结成液态，实现热能的传递。常见的冷凝器类型包括翅片管式、套管式、板式和壳管式换热器。相对地，蒸发器负责从较低温环境中吸收热量，将其中的低温制冷剂液体蒸发成气态。翅片管式和壳管式换热器通常被用作蒸发器。节流装置的主要功能是使高压制冷剂液体转为低压制冷剂液体，维持蒸发器与冷凝器之间的压差，并调节制冷剂流量，从而优化系统效率。毛细管、电子膨胀阀和热力膨胀阀是几种典型的节流装置。压缩机主要负责驱动制冷剂循环，将从蒸发器吸入的低温低压制冷剂气体压缩成高温高压的气体并输送至冷凝器。滚动转子式和涡旋式压缩机是两种广泛使用的压缩机类型。

热泵的工作原理基于对低品位热能的提

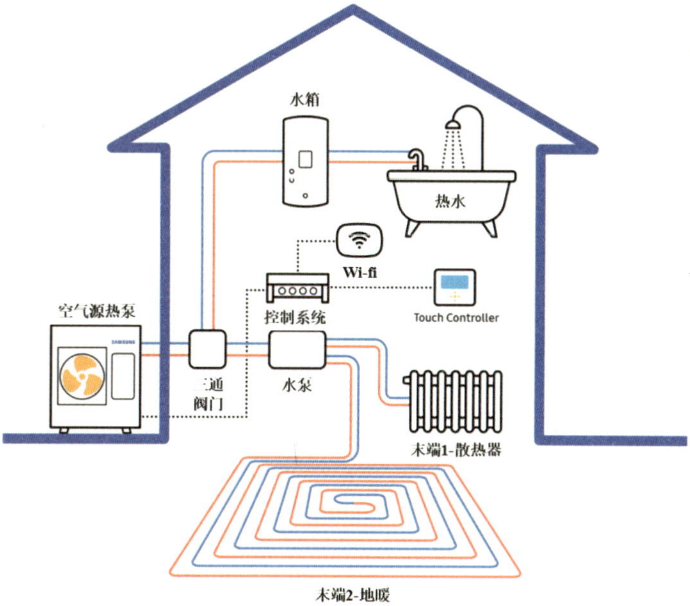

图4-5 空气源热泵供热系统示意图（图片来源：作者自绘）

取与提升，这一过程依赖于制冷剂循环和少量的电能输入。在该循环中，压缩机吸入低温低压的制冷剂气体转化为高温高压的制冷剂气体。随后，该气体进入冷凝器，在那里通过循环水系统将热量转移并释放至外部，以满足能量需求。制冷剂在经历了等温膨胀和绝热压缩等热力学过程后，以液态形式到达膨胀阀。在节流装置处，制冷剂经历节流降压作用，然后再次流入蒸发器，吸收热量将制冷剂液体转化为制冷剂气体，完成循环。此一闭合循环系统不断重复该过程，实现能量的转移和利用。

热泵供热系统是一种利用热泵技术将低品位热源转化为供暖所需热源的系统，一般由热泵机组、低品位热能采集系统、末端用户系统3大部分组成。按源的种类可分为空气源热泵、地下水源热泵、土壤源热泵和地表水源热泵等。

1）空气源热泵供热系统

a.系统概述。

空气源热泵供热系统是一种利用空气作为低温热源的热泵系统，主要由空气源热泵单元、室内机组、热管网及末端设备组成，如图4–5所示。空气能热泵供热系统具有环保节能。空气能热泵供热系统采用空气作为低品位能源，无须使用燃烧化石燃料，不产生排放污染物，减少对环境的负担；安全可靠。空气能热泵供热系统没有明火和燃烧过程，不存在气体泄漏、爆炸和中毒等安全隐患，使用较为安全可靠；环境适应性强。空气能热泵供热系统不需要地源或水源等特殊条件，在地理位置选择上更加灵活等优点。

b. 工作原理。

空气源热泵供热系统中的室外机通过风扇将空气吸入，空气经过滤网进行过滤后进入热泵。制冷剂在蒸发器内从气态空气中吸收热能，实现由液态向气态的转变，并导致蒸发器内部温度的下降。接着，气态的制冷剂被送入压缩机，其中少量电能被用于将其压缩成高温高压状态。该高温高压制冷剂随后进入冷凝器，在那里其冷凝过程释放的热量传递给循环水，导致水温升高。加热后的循环水通过管道输送到室内，再通过暖气片或地暖等供热设备将热能释放到室内空间，满足用户的供暖需求。

制冷剂是热泵机组的循环基础，现如今环境友好型的制冷剂受到格外重视，其无毒又具有阻燃特性，对臭氧层无害，亦不促进温室气体效应，是一种理想的替代制冷剂。空气源热泵是采用空气作为工作冷媒的热泵系统。供暖用空气源热泵系统由压缩机、变频驱动器、电热带、油分离器、气体冷却器、回热器、蒸发器、风机、气液分离器以及毛细管等核心部件组成。

此外空气源热泵还可与水源热泵耦合供热，耦合方式与单纯空气源热泵或者水源热泵相比不仅可以降低能耗，而且具有更高的稳定性和可靠性。空气源热泵与水源热泵耦合形式根据连接方式不同可分为串联、并联2种。

并联耦合指的是将空气源热泵系统和水源热泵系统均设计为独立单元，它们在结构上保持独立，但功能上协同作用，各自承担系统部分或全部能源供应，以实现更加高效和可靠的能源供应。系统图如图4-6所示。根据两种系统配置比例，可以设计出多种配比方案。

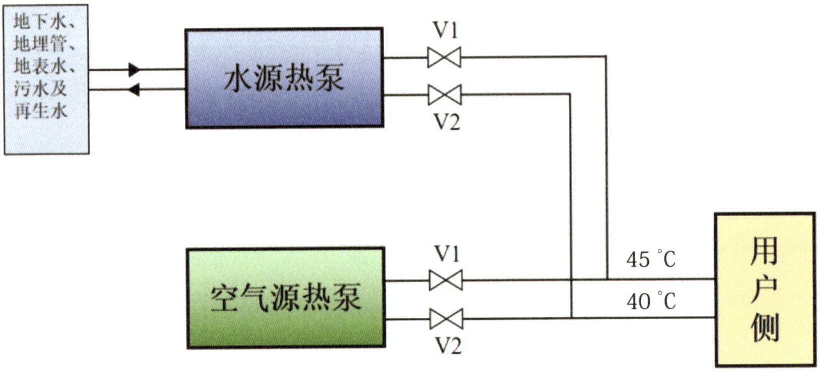

图4-6 空气源热泵与水源热泵并联耦合方式系统图（图片来源：作者自绘）

配置方案一：空气源热泵系统与水源热泵系统均按照100%能源需求进行设计，备用能源达到100%。两套系统互为备用，均可以独立运行以满足系统能源需求。此种配置运行十分稳定，但是投资很高，实际应用基本没有。

配置方案二：空气源热泵系统或水源热泵系统按照100%能源需求设计，另一种热泵系统则部分满足需求。这是现实中常见的系统形式之一。该系统既保证了运行的稳定性和可靠性，也降低了部分投资。

配置方案三：空气源热泵系统与水源热泵系统均按照部分满足需求原则进行设计。一般情况下，一种系统满足基础负荷能源供应系统，另一种系统起到调峰和备用作用，具体设计与运行方式结合当地政策、能源电价水平以及使用方实际条件等因素综合考量确定。

空气源热泵与水源热泵串联耦合指以空气源热泵输出的热水作为水源热泵设备的低品位热源，从而形成串联系统。同时，空气源系统可以作为独立系统进行供能，满足部分需求。只有当空气源热泵系统无法满足系统能源需求时，才执行串联模式，系统图如图 4-7所示。

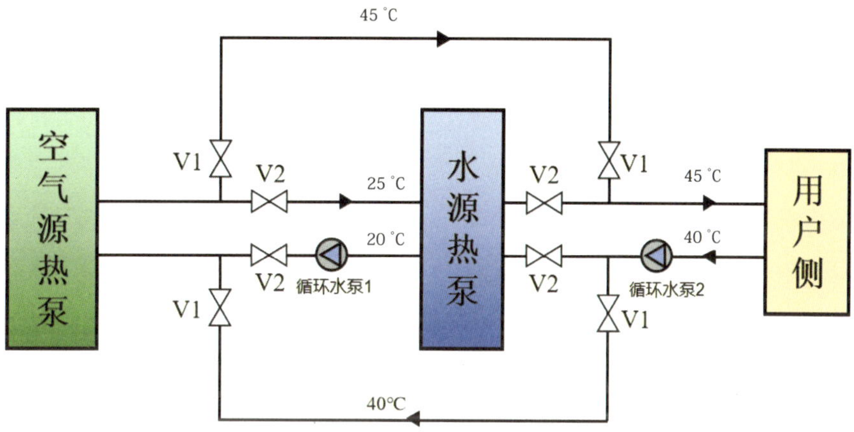

图4-7　空气源热泵与水源热泵串联耦合方式系统图（图片来源：作者自绘）

空气源热泵与水源热泵串联耦合方式的工作原理如图4-7所示。当室外气温高，空气源热泵机组能够高效率提供45~55 ℃热水时，执行独立供能模式。开启V1，关闭V2，空气源热泵单元能够独立提供45~55 ℃的热水。该热水可直接通过风扇盘管系统或地板辐射系统输送，以满足建筑物的供热需求；当室外气温低导致空气源热泵单元无法提供45~55 ℃热水或以低效率提供45~55 ℃热水时，执行串联模式。关闭V1，开启V2，使得空气源热泵单元可以高效率地产生10~25 ℃的低温热水。该低温热水随后用作水源热泵单元的次级热源，经过水源热泵单元的温度提升后，再输送至建筑物进行供热。这种串联模式的运用确保了系统在不同环境条件下的能效和供热可靠性。

2）地下水源热泵供热系统

a. 系统概述。

地下水源热泵供热系统是一种利用地下

水作为低温热源的供热技术，由水源热泵单元、热源水井（包括抽水井和回灌井）以及建筑内部供热系统组成。

在该系统中，抽水井负责从地下含水层提取一定质量的地下水，并将其输送至板式换热器或直接送至水源热泵单元中进行热能交换。换热后的地下水再通过回灌井返回到地下含水层，这一过程称为地下水回灌。回灌不仅有助于补充和保持地下水资源，维持水位平衡并保持储水量的稳定性，还能作为一种储能手段提供冷热源。此外，回灌还帮助保持含水层的水头压力，防止地面沉降现象的发生。因此，工程设计中必须采取合适的回灌措施。

地下水源热泵系统可根据建筑内部循环水系统的配置，划分为开式环路和闭式环路2种类型。如图 4-8所示，开式环路地下水系统允许地下水直接流入水源热泵单元进行热交换。而在闭式环路地下水系统中，通过水泵驱动的水井或多井系统将地下水输送至换热器，在那里与建筑内部的循环介质——中介水进行热交换。完成热交换的中介水流向热泵单元，而地下水则被排放到地表或重新注入地下。在实际应用中，多数系统偏好采用间接供水方式，即闭式环路系统，这主要是为了保护系统设备和管道不受地下水中矿物质和沉积物的影响，由此可减少维护费用并延长系统运行的寿命。选择开式或闭式环路地下水系统通常取决于当地地下水资源的丰富程度、水温和水质是否符合水源热泵机组的使用标准，以及地下水位与建筑物高度的关系。当地下水资源充足、水质适宜并且水位较高时，低矮建筑可考虑采用开式环路地下水系统。

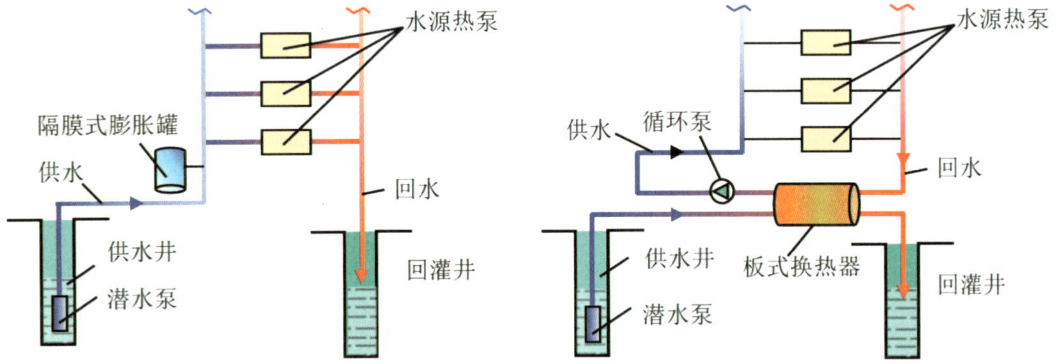

（a）开式环路地下水系统图　（b）闭式环路地下水系统图

图 4-8　地下水源热泵系统形式（图片来源：作者自绘）

b. 工作原理。

地下水源热泵供热系统利用地下水热能来供热。系统通过地下水井将地下水抽到地面，经过热交换器与热泵进行热能交换。地下水热能被传递给热泵，热泵将低品位的地下水热能提升为高品位热能再传递给室内散热装置实验供热。

3）土壤源热泵供热系统

a.系统概述。

土壤源热泵供热系统是一种利用地下岩土体作为低温热源的供暖技术，该系统主要由土壤源热泵机组、地热能交换系统以及建筑内部供热系统构成。

土壤源地热能交换系统与地下水源系统的区别在于用土壤热交换器代替热源井。土壤热交换器通常由高密度聚乙烯材料制成的管道组成，这些管道可以以垂直或水平的方式埋置于土壤之中。水平埋管通常安装在较浅的地下1.2~2 m的深度，由于不需要深钻操作，相较于垂直埋管而言，其初始安装成本较低。根据换热性能的不同要求，水平埋管可分为线性、排圈式和螺旋式等形式。线性埋管是传统的U形管水平布置方式，而排圈式可以分为垂直排圈式和水平排圈式。排圈式和螺旋式的埋管在单位长度的管沟内提供更大的换热面积，且由于弯曲管道产生的离心力，有助于增强换热效果。然而，当埋管深度超过1.5 m时，需要采取管沟护坡措施，这将增加施工和安装的成本。此外，水平埋管的换热性能受季节变化的影响较大，可能导致效率不稳定并降低，因此可能需要增加换热器的长度和占地面积。

鉴于我国人口密集和土地资源有限的实际情况，垂直埋管布置方式成为一种较为常见的土壤热交换器形式。近年来，为增强热交换效率并减少对土地的使用，出现了多种形态的竖直埋管换热器，包括单U形、双U形、W形、套管式、螺旋式以及能量桩形式等。套管式和螺旋式换热器在施工难度和成本方面可能不如U形管式换热器，因此目前仍以U形竖直埋管换热器的应用为主。

b.工作原理。

土壤源热泵供热系统通过埋设地埋管换热器与土壤进行热能交换。地埋管换热器通过导热管将土壤热能传递给热泵，热泵再将热能提升到适宜温度，通过供暖系统将热能传递给热用户实现供热。

4）地表水源热泵供热系统

a.系统概述。

地表水源热泵供热系统是一种利用地表水作为低温热源的供暖技术，主要由水源热泵机组、地热能交换系统以及建筑内部供热系统构成。所谓地表水，通常指的是在地球表面自然形成的江河、湖泊、海洋等水体。如果是校园建筑使用地表水源热泵系统，所利用的地表水资源主要包括流经校园的江河水、邻近校园的湖泊水以及沿海城市的海水资源。

根据系统设计的不同，地表水源热泵系统可分为闭式和开式两种换热系统。闭式系统进一步分为两类：第一类通过中间换热器将地表水与建筑内部循环水隔开，地表水被抽出并在中间换热器中与中介水进行热交换，之后通过排水口返回；第二类将螺旋管式换热器直接置于地表水体中，使建筑内循环水直接在江河或湖体中进行热交换。而开式环路系统通过采水设施从河流、海洋或湖泊等自然水体中提取水源，经过滤处理后直接输送至热泵单元或者经由中间换热器作为热能来源。经热泵系统排出的水随后被返回至其原水体中。由于地表水体是一种易于获取的能源，开式系统相较于其他系统具有最低的费用成本。

b. 工作原理。

地表水源热泵供热系统与地下水源热泵供热系统工作原理类似。系统通过水泵将地表水抽到地面，经过热交换器与热泵进行热能交换。地表水热能被传递给热泵，热泵通过压缩制冷剂将地表水低品位热能提升为高品位热能，再传递给供暖系统。供暖系统将热能传递给室内空气，实现供热。

4.1.1.4 太阳能供热系统

太阳能供热系统是一种将太阳能转化为热能用于供热的系统，可以分为主动式太阳能供热系统、被动式太阳能供热系统以及季节性蓄热太阳能供热系统。

1）主动式太阳能供热系统

a. 系统概述。

主动式太阳能供热系统是一种依靠主动的方式将由太阳能集热装置收集到的热量有效地传递至室内，以达到供暖目的的系统，如图 4–9所示。该系统通常由太阳能集热子系统、热量蓄存子系统、终端散热或用热子系统、管道子系统、动力循环子系统、辅助能源加热或换热子系统以及自动控制子系统等组成。

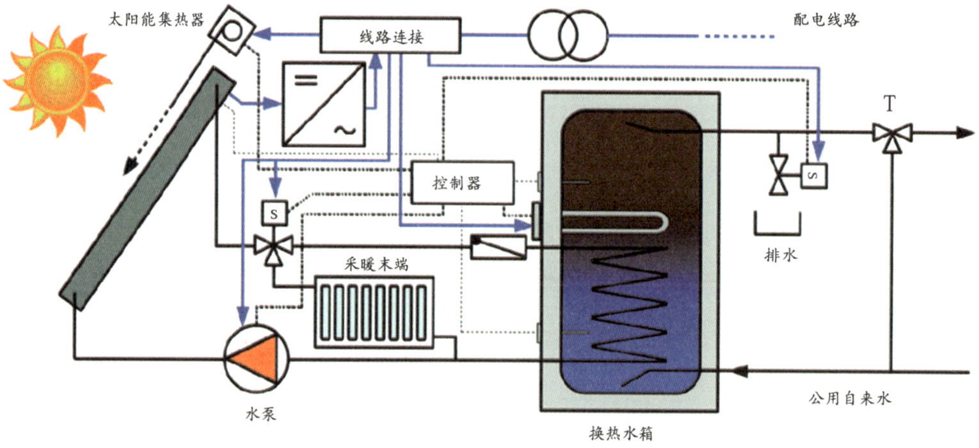

图 4-9 太阳能供热系统图（图片来源：作者自绘）

太阳能集热器，可分为液体型和空气型2种类型。液体集热器进一步分类为平板型和真空管型，当环境温度降低时，平板集热器的集热效率明显降低，而真空管集热器的效率降低幅度相对较小。针对短期蓄热的太阳能采暖系统而言，在严寒和寒冷地区，更倾向于选择真空管集热器；而在夏季炎热冬季寒冷及温和地区，则适宜使用平板集热器。集热系统可以分为直接和间接两种系统运行模式。间接系统采用防冻液作为集热循环的介质，构建一个封闭的集热循环系统，并与储热或换热水箱进行热交换。这种系统的主要优势在于解决了防冻问题，但同时存在造价较高、集热效率可能较低、需要定期检测或更换防冻液以及非采暖季节需要防止过热过压等问题。直接系统通常需采取防冻循环措施或安装伴热带，这两种方式都会造成能源的额外消耗。此外，对于直接系统，还存在一种防冻策略——系统排空法，这种方法不仅无须消耗传统能源，还能解决非采暖季的过热问题。然而，对于管路复杂无法实现排空的系统，建议采用间接系统。

在太阳能供热系统中，换热水箱仅是多种蓄热方式之一，其他还包括蓄热土壤、蓄热混凝土等多种形式。由于太阳能辐射本质上的不稳定性，蓄热装置成为太阳能供热系统不可或缺的组成部分。根据蓄热周期的不同，蓄热装置可划分为短期蓄热以及长期蓄热装置。对于那些利用太阳能仅用于满足采暖和热水需求的小型项目，可以采用短期蓄热太阳能供热系统。

在图 4-9所示的系统中，采暖末端采用的是散热器。目前，传统的采暖系统末端设备均可应用于太阳能供热采暖系统。然而，鉴于太阳能集热效率受集热进水温度及环境温度的双重影响，对于短期蓄热太阳能供热系统而言，建议尽可能地选择供水温度低的地板辐射采暖，以优化整体系统的效能。如果系统中需要使用散热器，则必须考虑入口温度对散热器的影响，以确保系统的高效运行。

除此之外还需配备辅助能源加热/换热设备以保障系统的连续运行和效率。在选择辅助热能设备时，应广泛考虑各种热能设备的适用性与经济效益，并依据具体场地条件进行优化选择，可以考虑采用工业余热、生物质锅炉、热泵、燃气锅炉等。在此简单介绍太阳能耦合空气源热泵耦合供热系统，该系统兼具实用性、环保性和经济性，能有效改善空气源热泵供热效果和建筑物室内温度舒适性，节约大量能源。根据太阳能集热器与空气源热泵的组合形式可分为串联、并联系统。

太阳能集热器与空气源热泵冷凝器的串联系统可分为两种：集热器在前冷凝器在后，或冷凝器在前集热器在后。经过研究对比发现，在典型晴天时，随着太阳辐射强度增大，组合二系统热泵COP高于组合一系统热泵COP，最高可达6.65%。但是串联式系统受天气变化影响程度大，因此目前应用案例较少。

在太阳能集热器与空气源热泵并联系统

中，太阳能循环系统和热泵系统具备独立或协同运作的能力，从而确保了系统的高稳定性。为了降低冬季供热期间热泵机组的能耗，太阳能热水系统主要承担供热任务；当存在多余热量时，系统管路将被调整以供应用户所需的生活热水。

b.工作原理。

在此直接介绍太阳能耦合空气源热泵并联供热系统的工作原理，依据太阳能辐射强度不同，该供热系统主要有如下4种运行模式。

· 在太阳能资源极为充足的情况下，即当太阳能除了满足用户的供热需求外还有剩余热量，或者当供热水箱的水温超出了设定的上限温度时，应调整太阳能热水系统的管路配置，形成由太阳能集热器、换热水箱和水泵组成的循环系统。

· 当太阳能资源充足，且太阳能热水系统能够满足用户的全部供热需求时，由太阳能热水系统独立工作，热泵停止运行，构成一个仅由太阳能集热器、水箱和循环水泵组成的循环系统。

· 当太阳能资源相对不足，即太阳能热水系统只能满足用户部分热能负荷时，需要太阳能热水系统与空气源热泵共同运行，形成一个复合循环系统，该系统由空气源热泵系统、太阳能集热器、水箱和水泵组成的循环系统共同构成。若在此模式下，水箱的水温超过了设定的温度上限，则单独利用太阳能供热系统。

· 当太阳能辐射强度降为零，或者太阳能的有效得热量不大于太阳能集热器中热水的散热量时，应当单独运行空气源热泵，此时构成一个由空气源热泵系统和换热水箱组成的供热系统。

2）被动式太阳能供热系统

被动式太阳能供热系统，亦称为“被动太阳房”或简称“太阳房”，其核心概念在于通过精心规划建筑物的方位、周边环境布局、室内外空间设计、选用的建筑材料以及建筑外围结构的优化处理，实现在冬季对太阳辐射热能的有效捕获、蓄存与分配。该供热方式区别于主动式系统，无须安装独立的太阳能集热器及相关的储能、传输、散热和辅助能源设备。

从如何吸收、储存和分配太阳能看，被动式太阳房主要有直接受益式、集热蓄热墙式、附加阳光间式、屋顶集热蓄热式、相变蓄热式和热虹吸式，其中直接受益式、集热蓄热墙式以及附加阳光间式较常用。

a.系统概述。

直接受益式被动太阳房是与常规住宅设计相差不多的一种被动太阳能利用方式，同时也是最为基础和广泛应用的被动式太阳房类型。如图 4-10（a）所示，该方式主要通过在建筑物南侧设置大面积的玻璃窗户，使得冬季阳光得以直接穿透这些窗户并照射到室内的地面、墙面以及家具上，从而吸收大部分太阳辐射能量并转化为热能，以此升高室内温度。部分太阳辐射会被室内表面反射，并在其他区域被二次吸收，或者透过窗户再次散失至室外。

集热蓄热墙式被动太阳房则是在直接受

益式的基础上，于南向窗户后方建造一道重型结构墙体，如图 4-10（b）所示。当阳光透过玻璃窗后，被设有高太阳辐射吸收率涂层的集热墙面所捕获。此外，在墙体的顶端与底部设计有配备可调节阀门的通风孔，可控制其开启状态。然而，此种类型的一个潜在问题是玻璃夹层容易积聚灰尘，若不及时清理则会影响集热效率。

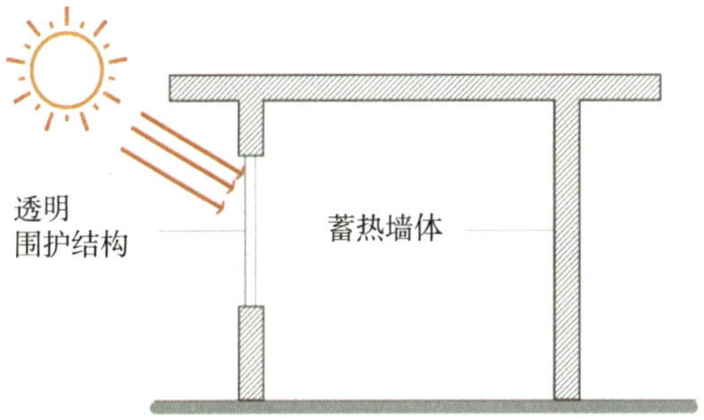

（a）直接受益式示意图

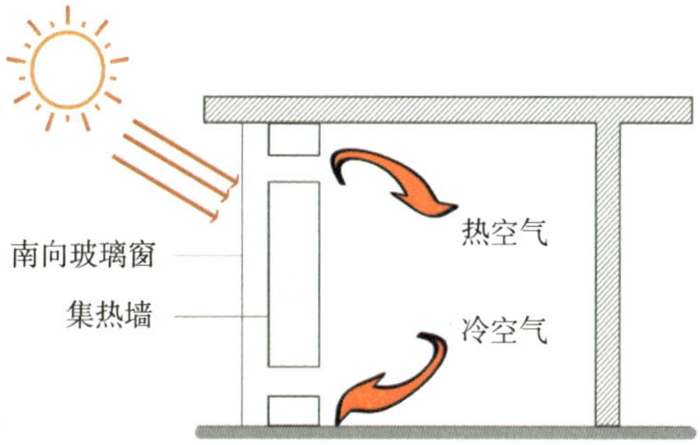

（b）集热蓄热墙式示意图

图 4-10 （图片来源：作者自绘）

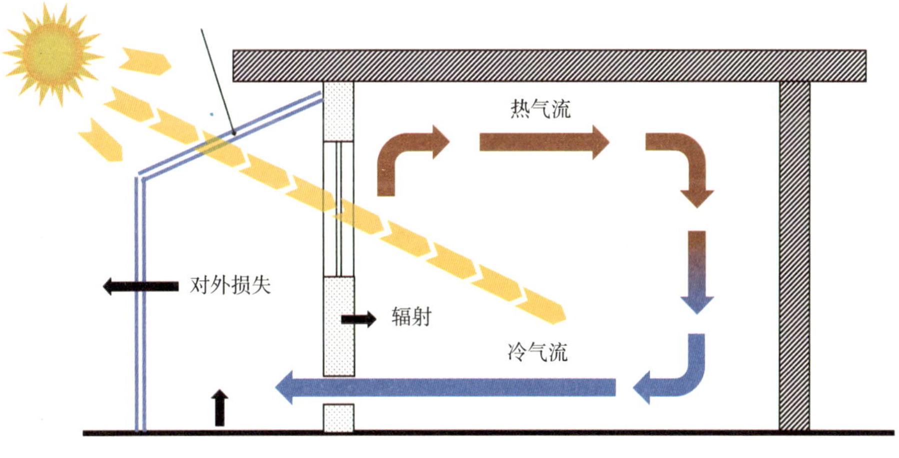

图 4-11 附加阳光间示意图（图片来源：作者自绘）

附加阳光间式被动太阳房是实体墙结构和直接受益式被动太阳房的结合变形，其旨在解决直接受益式系统可能导致室内温度波动过大的问题。通过将实体蓄热墙的透明盖板与墙体间距扩大，并且增大上部循环通风口，便可形成典型的附加阳光间式被动太阳房，如图 4-11 所示。阳光间的集热蓄热墙窗口不仅作为采光设施为需供暖的空间提供光照，而且白天充当热空气循环的通道以实现加热功能。承担着集热蓄热的双重功能，并附着于采暖房间外部，从而将整个太阳房划分为两个可供活动的空间，其中共同的墙壁即作为分界。除此之外，阳光间还可多功能地用于温室种植花卉、观赏风景或进行休闲娱乐等活动。

b.工作原理。

被动式太阳能供热系统的工作原理基于太阳辐射的能量转化和热量传导。被动式太阳房通过合理改变建筑布局，将太阳辐射引入房间内部。当太阳光照射到太阳房的玻璃表面或蓄热装置时，一部分太阳光被墙体、地板或者储热介质吸收并转化为热能储存起来。当室外温度开始降低时，储存的热量便向室内供热。

3）季节性蓄热太阳能供热系统

a.系统概述。

季节性蓄热太阳能供热系统是指储热装置可贮存非采暖季太阳能得热量的太阳能供热系统，一般由太阳能集热装置、季节性蓄热单元、太阳能循环管路装置、供热管道装置、辅助加热/换热装置、末端用热装置以及对应控制系统组成。

季节性储蓄太阳能供热系统按照蓄热系统不同可分为：埋管蓄热（Borehole Thermal Energy Storage，BTES）、水箱热水蓄热（Water Tanks Thermal Storage，WTES）、含水层蓄热（Aquifer Thermal Energy Storage，ATES）和砾石－水深坑蓄热（Gravel-Water Pit Storage，GWPS）。

埋管蓄热（BTES）是一种通过地埋管道系统进行热能储存的技术，主要包含4个组成部分：闭环地埋换热器管路、管路内循环的流体介质、钻孔填充材料以及围绕钻孔的岩土结构（如土壤和岩石）。该技术在储热阶段将太阳热能通过介质例如水储存于地下的土壤和岩石中，到了冬季则通过相同的介质提取这些储存的热量以供暖。

水箱热水蓄热（WTES）系统在地下设置由不锈钢或钢筋混凝土制成的水槽，并在其周围及顶部施加较厚的保温隔热层来减少系统的热量损失。在蓄热和取热过程中，槽内的水会形成垂直方向上的温度分层现象，这种自然形成的分层有利于提升热交换和用热效率。

含水层蓄热（ATES）是通过钻井把收集到的热量储存到地下含水层的结构中。含水层通常由空隙充满水的沙、砾石、岩石等地下介质构成，且上下均为不渗透水层。根据井的配置不同，ATES可分为单井系统和双井系统。尽管单井系统具有较低的初始成本，但由于其在垂直方向上温度层化现象的存在，不利于用冷。而双井系统则通过设立独立的热井和冷井，并利用水泵进行地下水的提取与回注来促进热交换过程，有效减少了热干扰的情况。

砾石－水深坑蓄热（GWPS）亦称为人造ATES系统，类似于WTES，在地下设置水槽并对之进行保温处理，槽内部设有防水塑料衬垫，并以水和砾石混合物作为储热介质置于槽中。此系统可以视为是WTES与

ATES的结合体，其建设费用较高，尤其是在密封、保温和防潮措施方面。

在上述4种季节性蓄热系统中，WTES和GWES具有更高的热容量，但是同等体积的蓄热体所需的表面积较大，因此增加了初期投资。尽管ATES的建设成本最低，但其对地质条件的严格要求意味着需要进行大规模的地质勘查，加之高温蓄热时地下黏土矿物膨胀可能导致堵塞问题，增加了后期维护成本。相较而言，BTES展现出了较大的优势：其初始投资低于WTES和GWES，场地适应性优于ATES。因此，BTES近年来逐渐成为季节性蓄热技术中应用和研究潜力最大的一种。

b.工作原理。

季节性蓄热太阳能供热系统的工作原理基于在过渡季节期间，部分太阳热能被直接分配给用户以满足即时需求，同时剩余的热能则被储存于蓄热单元中。随后，在冬季供暖季节，热交换介质将从蓄热系统中抽取之前存储的热量，并将其输送至终端用户处以满足供暖需求。

4.1.1.5 其他供热系统

其他供热系统指除上述常见供热系统外，利用其他源端作为热源的供热系统，分为低温核能供热系统以及低温工业余热供热系统。

1）低温核能供热系统

a.系统设备组成。

低温核能供热系统是一种以核裂变产生的热能进行供热的清洁供热方式，一般由低温核供热堆、热交换器、热网、热用户以及相应的控制系统和辅助设备组成。核能供热反应堆专门设计用于提供热能，与传统的多功能核反应堆相比，其一次冷却剂循环系统的操作参数较低，这一特点增强了整个系统的安全性。基于这一设计，核能供热设施能够设立在城镇周边地区，而较低的运行参数同时为再利用传统核电站废弃的核燃料提供了技术可能性。在这些低温核供热系统中，内部热介质通过自然对流循环，而非强制性循环，从而降低了因强制循环可能引发的复杂和风险性工况。为确保终端用户的辐射安全，低温核供热厂采用了三级回路系统设计。这种设计中，当换热系统的管道维持完整无损时，第三级回路的压力始终高于第二级回路，这样的压力设置有效地预防了放射性物质的潜在泄露，确保它们不会进入城市供热网络。

b.工作原理。

低温核能供热系统的供热原理与供电反应堆相同，都是利用核裂变释放的热能通过回路和热交换器将水加热变成蒸汽。但在低温核供热堆中不再用蒸汽推动汽轮机发电，而是直接把蒸汽供应到末端。该反应堆有三

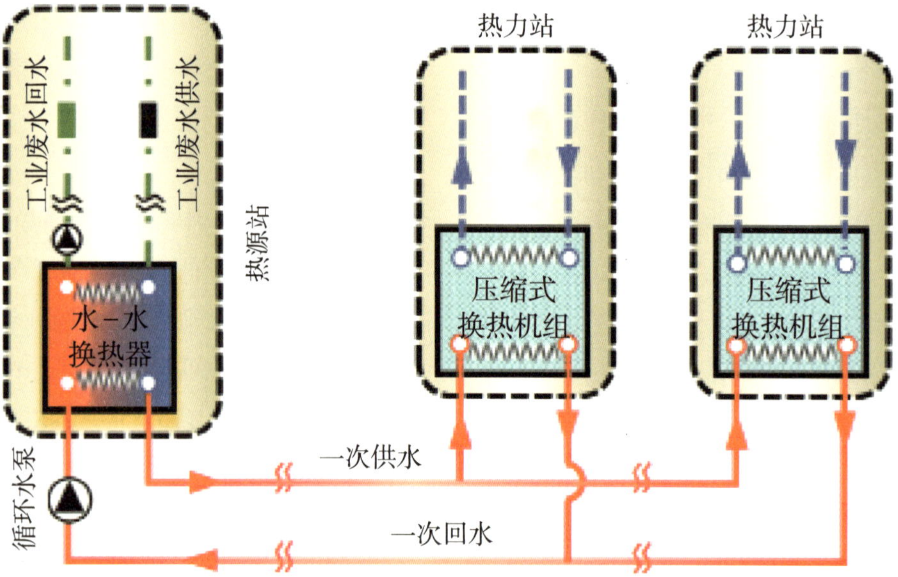

图4-12 基于压缩式换热的低温工业余热供热系统(图片来源:作者自绘)

级循环回路,燃料和放射性物质不与二级、三级回路中的水直接接触,都是通过热交换器钢管传热,故供应的蒸汽和热水中不带有放射性。

2)低温工业余热供热系统

a. 系统设备组成。

低温工业余热供热系统是一种利用工业余热进行供热的供热系统。在工业生产过程中,伴随产生各类废水、废气以及冷却水等排放物,这些排放物携带着未被充分利用的低温余热。据估计,中国低温工业废热的总量约占全社会能源消耗总量的25%,表明其中蕴含的能量回收潜力是显著的。当前,提取和利用工业废热的技术途径众多,以热交换器设备为主的回收技术是最常见的方法之一。然而,由于低温余热的温度往往低于常规使用标准,加之回收过程中存在一定的技术难度,导致大部分低温余热未能有效回收而直接排放至环境中。

热泵作为一种将低品位热源转化为供暖所需热源的能源装置,可以充分解决上述问题。热泵收集废热有吸收式热泵、压缩式热泵等形式,一套基于压缩式热泵技术的低温工业废热利用系统如图4-12所示,该系统由4个主要子系统构成:热源站、热力站、一次热网和二次热网。热源站子系统主要由水-水换热器、废水管道以及循环泵组成,用于从工业排放中提取余热。一次热网子系统则包括循环水泵和一次热网管线,负责将提取的热量传输至热力站。在热力站中,核心设备为压缩式换热机组,它是由水-水换热器与压缩式热泵组合而成的

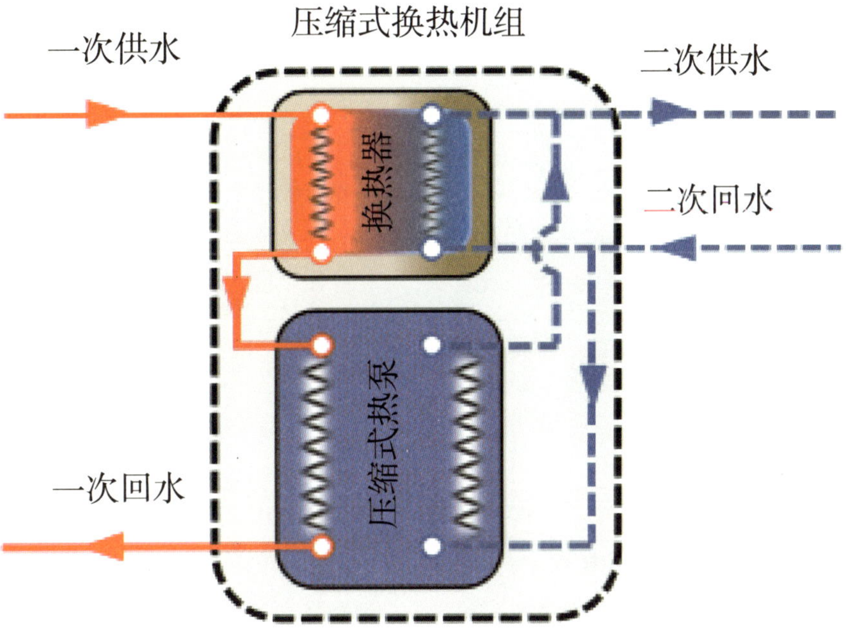

图 4-13 压缩式换热机组工艺流程示意图（图片来源：作者自绘）

设施，如图 4-13所示，该机组的作用是进一步调节和传递热量。最后，二次热网子系统同样由循环水泵及二次热网管线构成，以将处理过的热量分配至最终用户。

b. 工作原理。

在热源站内，低温一次回水经由循环水泵的推动流入水－水换热器，并在那里被来自工业废热源的较高温度废水加热。升温后的水流作为一次供水通过主热网输送至各个热力站。随后一次供水充当加热介质，释放热量并降温，作为低温热源进入压缩式热泵的蒸发器进一步释放热量，直至其温度降至约20 ℃，最终作为一次回水返回至一次热网的主干管道。二次回水在经过压缩式换热机组时一部分在水－水换热器中由一次供水加热，另一部分则进入冷凝器中接受高压工质的加热。这一过程借助热泵实现从低温一次热网循环水向相对高温的二次热网循环水的变化。两部分加热后的二次热网循环水汇合后，作为二次供水输送至二次热网。同时，热泵的工作介质在蒸发器中吸收来自一次热网循环水的低温热能转化为低压气态，进而进入压缩机压缩成高压气态。随后在冷凝器中再由二次热网循环水冷却为液态，并通过节流装置降低压力后重新进入蒸发器，完成一个循环。

4.1.2 节能改造技术措施

供热系统节能改造技术措施分为源端改造、输送端改造、末端节能改造以及运行策略改造，源端节能改造包括烟气余热回收利用节能技术、蓄热节能技术等；输送端节能改造包括烟管强化传热技术、多热源联网技术等；末端节能改造包括采用组合式铝制散热器等；运行策略改造包括变频控制节能技术、自动化控制节能技术、分时分区供热技术等。

4.1.2.1 源端节能改造

1）烟气余热回收利用节能技术

与以碳作为主要燃烧成分的固态燃料煤炭不同，燃油、燃气锅炉主要以碳（C）和氢（H）作为主要的可燃元素。这些燃料产生的烟气中含有大量水蒸气。如果将烟气排放温度降低至水蒸气的露点以下，那么原本处于过热状态的水蒸气会释放大量的潜热。这一过程能够显著提升锅炉的热效率，据估算，可提高10%~15%，从而带来可观的经济效益。因此，利用烟气冷凝进行余热回收成为近年来锅炉节能技术研究的一个热点。

目前，对于烟气余热的回收利用，主要有两种方法：安装空气预热器和采用冷凝式换热器。空气预热器通过预热空气来提升炉膛内的燃烧温度，并减少烟气排放温度，以此提高燃烧效率。冷凝式换热器通过加热锅炉给水来提高进水温度，达到节约燃料的目的。当排烟温度为200 ℃时，经过高效率的烟气-水余热回收系统，特别是采用冷凝式换热技术，可以将烟气温度降至70 ℃以下，最大限度地吸收烟气中的水蒸气的显热和潜热。另外，在换热表面上，烟气中的水蒸气凝结成水滴的过程中，也能够吸附一部分的SO_2和NO_x，从而在一定程度上减少了酸性污染物的排放，对环境保护具有积极的意义。

2）蓄热节能技术

蓄热是在一定时间内将特定数量和品质的热能暂时存储起来，随后根据用户对热能的需求将存储的热能释放出来的技术。这一过程的关键设施是蓄热器，其中蒸汽蓄热器充当着储存蒸汽热能的“仓库”。其运作机制是将过剩的蒸汽导入压力容器中的水内，随着蒸汽在水中的凝结，从而将蒸汽的热能转移给水并形成特定压力下的饱和水。在供热系统，例如锅炉或其他可再生能源供热不足时，容器内部的压力降低，使得饱和水转化为过热水并迅速沸腾蒸发，以产生蒸汽满足用户需求。在此过程中，水既作为汽/水换热介质，也作为储存热能的载体。

蓄热技术常应用于以下一些场合。

①当供热时间与用热时间不同步时，蓄热技术可解决此类供需时间差问题。

②若供热系统的均匀性无法满足用户的具体要求，蓄热技术可以提供必要的调节功能。

③适用于瞬时蒸汽消耗量巨大或需要随时供应蒸汽的场合。在极短时间内需要大量蒸汽的情况下，若配置了合适容量的蒸汽蓄热器，可以显著减小锅炉的规模，节约初始投资和日常维护成本。

3）蒸汽热能梯级利用

在各种蒸汽热能利用设备中，根据使用目的的差异，所需的能质水平亦存在差异。在能够以低品位能源满足需求的情境下，若采用高品位能源供应，将导致能量的大量损失。在一所校园内，通常包含多种能源利用设备，为了实现合理的能源利用，必须从系统节能的角度出发，对各类用能设备进行分级整合及参数优化，依据能源品位的层次性利用原则，实现节能效果。

实施该技术需要规划不同级别设备间的参数，对于运用饱和蒸汽的系统而言，需协调压力与流量；对于使用过热蒸汽的系统而言，需调节压力、温度和流量。系统设计的主旨在于确保参数匹配的协调性，以便各个设备能够获得其所需压力和温度的蒸汽，以及合适的蒸汽量。因此，在系统设计阶段，需精确计算管网流速及阻力损失，并在系统中配置必要的降温、减压旁路以及特定的节流装置。

4）源端更换

在自然环境的约束和经济实力的允许范围内，可将现有的燃煤锅炉供热系统升级改造为燃气锅炉、燃油锅炉、电锅炉或生物质锅炉等其他供热系统。此类改造可通过两种主要方法实施：一是彻底拆除原有的燃煤锅炉设备，并对锅炉房进行改造，以适应新锅炉系统的选择与安装；二是在原燃煤锅炉上进行改造，将燃煤锅炉改为其他热媒锅炉。或将锅炉供热系统变更为低能耗低污染的热电联产系统以及利用可再生能源的清洁供热系统等。

4.1.2.2 输送端节能改造

1）烟管强化传热技术

烟管传热强化技术主要有两种策略：其一是改造烟管结构；其二是在烟管内部插入扰流片，改变烟气的流动状态。

在燃油、燃气锅炉中，通常采用的是表面平滑的烟管，因为这种烟管制造起来相对容易，成本低。然而，这种烟管会在管壁区域形成速度边界层，阻碍烟气与烟管之间的对流传热。为了解决这个问题，可以将烟管外表面制成连续螺纹状或者在烟管内部或外部增加翅片。这样通过增加表面传热面积，并提高管内流体的扰动程度，从而达到强化传热的效果。

另一种强化传热方法是在烟管内插入扰流片。这些扰流片有多样的结构设计，包括但不限于螺旋扭带和旋涡发生器。其基本功能在于引入扰动，以此增加气流的紊流程度，可以有效降低速度边界层的厚度，进而促进热传导效率的提升。通常，扰流片由耐腐蚀的不锈钢材料制作。然而，应当注意的是，安装扰流片将对气流造成额外的阻力，导致锅炉内部形成负压状态。因此，其应用必须经过精确评估，以避免不适当的使用可能对燃烧过程产生不利影响，甚至引发安全问题。此外，旋涡发生器的应用能够诱发气流产生旋流或二次流动，从而改善流体速度与温度分布的均匀性，这也有助于进一步增强传热性能。

2）多热源联网技术

随着国内供热系统的规模逐步扩张，越来越多的系统配备了两个或者多个热源。不同热源在生产设备的参数、使用的燃料类型以及其他相关因素方面存在差异，这导致了各自的热能生产成本和效率的极其不同。这种差异性反映在单位热能生产的费用以及相应的能源消耗上。为了优化供热系统的整体经济性并提高能效，可以采用多热源联网技术的运行策略。该策略的核心是优先运行单位热能生产成本低、能效高的热源，并确保它们在整个供热季节保持满负荷运作。而对于那些单位成本较高、能效较低的热源，则主要作为调峰使用，即仅在需求峰值时提供必要的额外热量。通过这种方式，供热系统能够实现经济性最大化，并达到显著的节能效果。

3）加装气候补偿器系统

在供热系统的设计和运行中，管网布局、流量参数、建筑类型及供热负荷等关键因素确定后，室外气候条件就成为影响系统热负荷的主要变量。为确保室内供暖温度满足舒适要求，必须根据变化的室外温度调整热源的输出功率，从而将系统循环水的温度维持在一个适宜的水平，以应对终端热负荷的需求，并保持系统的热量供需均衡。气候补偿控制器是一种专门用于监测和调节的装置，其功能是实时检测室外温度以及用户室内温度，并基于这些数据计算出所需的调节温度。随后，该设备通过相应的控制策略，调节供热系统的供水温度，确保其在计算出的温度范围内波动，以实现精确的热量调节和节能效果。

4）采用双管供热系统

目前部分供热系统为单管供热系统，其只有一个管道，热水从锅炉流入暖气片，然后从暖气片流回锅炉循环加热。这种系统不能独立控制每个暖气片的温度和流量，不同房间之间温度可能有差异。双管供热系统有两个管道，一个供热管道和一个回水管道。热水从供热管道流入暖气片，然后从回水管道流回锅炉循环加热。这种系统可以控制每个暖气片温度和流量，根据需求对不同房间进行独立控制。因此，双管供热系统可在满足不同供热需求的同时达到节能目的。

4.1.2.3 末端节能改造

采用组合式铝制散热器

在供热系统中，供暖散热器扮演着终端换热设备的角色，其功能并不涉及能量的转化或产生，而是将热媒所携带热量传递至室内空间。然而，考虑到散热器的整个生命周期，包括生产和使用阶段，仍然可以识别出与节能相关的多个因素。在材料利用方面，拥有较高金属热强度的散热器意味着在生产过程中所需金属材料的量更少，从而降低了制造过程的经济消耗。铝制散热器以其卓越的金属热强度而在生产过程的能效方面表现突出。在供热系统节能方面，系统的节能可以分为系统层面和行为层面两个维度。铝制散热器因其散热性能好，能够满足热媒的使用量，从而实现系统节能。同时，铝制散热器具有较低的热惰性和良好的可控性，使得用户可以灵活调节和控制室内温度，为节能提供了条件。综合来看，铝制散热器在节能方面表现出显著优势。

在铝制散热器中，组合式铝制散热器是最好选择，这种散热器是一次性整体压铸而成型，具有稳定性高、工作效率高、空间分布合理等优势。此外，由于其是模块式组合，可以不受采暖系统限制，自由地加装或者减少散热器数量。

4.1.2.4 运行策略改造

1）变频控制节能技术

风机和泵类设备在供热系统中扮演着至关重要的辅助角色，它们在供水、供风、冷却以及循环水系统等多个环节中发挥着关键作用。然而，在现行的供热系统运行实践中，这些设备常常不论实际工况如何均以全速运行，导致能源的过度消耗和设备的加速磨损，进而引起运行成本的上升及设备预期寿命的缩短。

针对这一问题，变频调速技术提供了一种有效的解决方案。该技术的理论基础建立在电动机的转速与电源输入频率成正比的相关性上。通过精细调整电动机供电频率，能够准确控制电机转速，并据此调节由其驱动的风机和泵等设备的流量，以实现节能目标。该技术突破了传统电机仅能以单一固定速度运行的限制，使得电机及其带动的负载能够根据实际的运行需求调整转速和输出功率，从而优化了电机的功耗并提高了系统的运行效率。变频器是一种集成了交－直－交电源变换技术、电力电子学以及微电脑控制技术的复合电气设备，它基于变频调速原理，实现了对电机运行状态的高效控制和管理。

2）自动化控制节能技术

当前，自动化控制技术正以其迅猛的发

展态势成为新一代的节能技术。该技术通过对单个锅炉的各项参数以及整个供热系统的综合参数进行精确计算，能够确定出理论上的锅炉负荷需求，并据此对锅炉的实际负荷进行调整，以及决定启用哪台锅炉。利用计算机集成控制系统，可以实现对锅炉房内所有锅炉的循环运行管理，这些锅炉将根据系统负载率通过自动化程序和定时机制进行切换操作。此种技术的运用，在确保节能效果的同时，有助于延长锅炉的运行寿命。

供热系统的高能耗问题不仅与源端设备有关，还与整个管网系统的性能息息相关。在供热系统中，普遍存在的是水力失调问题，这会导致系统供热不均，表现为靠近热源的用户室内温度过高，而远离热源的用户室内温度过低。为解决这一问题，自动化控制技术在系统中安装调节设备，如平衡阀、调节阀等，并进行水力平衡测试，保证每个调控点的流量达到预设的计算标准。除此之外，自动化控制技术还可依据环境温度波动实时调整供水温度，减少因用户室内温度过高而造成的能源浪费。

3）分时分区供热技术

分时分区供热系统是一种高度差异化的供热管理策略，旨在对具有不同热能需求的区域实施定制化的控制与供应。该策略特别适用于向中等或大型区域提供集中供热服务的场景，其中各个区域如办公楼、体育馆、实验室、宿舍等，均有其独特的供热时段和温度要求。在传统供热系统中，通常采用单一的主管道输送或者通过分支管道进行热量分配，这种做法往往导致热量分布不均和能量损耗过大的问题。应用分时分区供热系统，可以对这些建筑群进行详细的热能区划，并基于每日不同时间段的热负荷需求进行精确计算。通过这种策略，能够实现对各供热区域在不同时间带内的热量供应进行优化调整，从而有效降低能量消耗，不仅可以满足不同用户的需求，还能在能源使用上实现经济性与环境友好性的双赢。

4.1.3 节能改造应用案例

供热系统节能改造分为系统替代改造与系统优化改造，系统替代改造指将原有供热系统替换为更节能的新供热系统，系统优化改造指在原有供热系统基础上增加节能措施。

4.1.3.1 系统替代改造应用案例

1）中国石油大学东营校区

中国石油大学（华东）东营校区地处寒冷地区，校园采暖建筑面积77.966万平方米，供热负荷为62.32 MW。采用燃煤锅炉供热系统，总供热能力52.5 MW，未能满足全校供热需求。原供热系统热能转换效率低，且燃烧过程中伴随着NO_2和SO_2等有害气体的排放，社会效应差；供热管网在水力方面存在重大失衡问题，表现为近端用户经常面临过热状况，而远端用户却难以获得足够的热量；校园内不同建筑对供热有着各自特定的需求，然而现有的换热站和供热管网布局缺乏灵活性，无法实现有针对性的区域控制与调节；供热系统自动化水平低，依赖于人工调控，运营成本居高不下。因此需对供热系统进行改造，具体改造措施见表4-1。

表4-1 中国石油大学东营校区节能改造措施

（表格来源：作者自绘）

改造建筑类型	学校
建筑所属气候 / 气候区	寒冷地区
原有供热系统	燃煤锅炉供热系统
原系统问题	供暖效率低且造成环境污染
供热系统改造形式	☑源端改造 □输送端改造 □末端改造 ☑运行策略改造
供热系统改造措施	（1）源端改造：燃煤锅炉供热改为热电联产供暖 （2）运行策略改造：采用分时分区供热 + 变频控制节能技术

改造完成后，供热系统单位面积能耗由0.775 2 GJ降低至0.435 GJ。通过实施分时分区供热调控策略，校园日常的供热能源消耗实现了显著降低。特别是在寒假期间（1月20日—2月25日），教学和办公区域采用了全天候的低温防冻运行模式，这一措施进一步优化了供热节能效果。

2）阿塞拜疆建筑大学

阿塞拜疆建筑大学供热来源于当地一个燃气锅炉房，锅炉房为大学内5栋建筑供热。供热系统采用单管供热，由于建筑围护结构传热系数高，保温效果差，导致供暖不平衡。房屋内冬季温度约为16 ℃，大大低于可接受的最低温度标准，因此还需额外使用电热器具来提高室内空气温度，造成额外能耗。因此需对供热系统进行改造，具体改造措施见表4–2。

表4–2 阿塞拜疆建筑大学节能改造措施表

（表格来源：作者自绘）

改造建筑类型	学校
建筑所属气候 / 气候区	温带大陆性气候
原有供热系统	燃气锅炉供热系统
原系统问题	供暖不平衡且达不到冬季供暖最低温度
供热系统改造形式	□源端改造 ☑输送端改造 ☑末端改造 □运行策略改造
供热系统改造措施	（1）输送端改造：单管供热系统改为双管供热系统 （2）末端改造：加热对流器改为组合式铝制散热器

改造完成后，散热器个数从2 810个减少到1 450个，供热系统年能耗由1 176 760 kW·h/（m^2·a）降低至495 041 kW·h/（m^2·a）。此外，由于当地锅炉房天然气消耗量减少，改造后每年将减少195 t排放，并节省多达105 m^2天然气[24]。

4.1.3.2 系统优化改造应用案例

1）天津大学北洋园校区

天津大学北洋园校区地处寒冷地区，依据天津地质勘查院的调查与分析，该校区位于东北及东南角位置的室外运动场地具备作为地埋管系统的地面基础设施的潜力。此外，中心岛新近挖掘而成的水域同样适合布置地埋管系统。这些条件为地热能源的开发与应用提供了重要的物理基础与资源保障。

a. 源端改造。

北洋园校区以地源热泵为主要热源，与天然气调峰锅炉相结合，构成一种复合供能系统。北洋园校区共建设4个能源站，在能源站的规划与运营中，站点A和C得益于其所拥有的地热资源以及适宜的室外埋管区域，因此优先考虑该地区使用地源热泵系统的条件。这些能源站主要服务于周边的教学楼和科研室等。相对而言，由于地理位置的限制，能源站B和D并不具备布置室外地埋管的条件，因此在冬季，这些站点采用天然气作为供热采暖的主要能源，服务于宿舍和高大空间实验室。通过这一策略，各个能源站能够实施绿色能源的集成应用，从而在源头上减少对传统能源的依赖度，推进绿色生态建设，并实现节能的目标。

b.运行策略改造。

B能源站已经实现了供热系统的智能化管理与控制。该能源站的服务区域涵盖了多种供暖环境，包括办公楼、实验楼和宿舍等，这些区域的供热需求和使用情况存在显著差异。智慧热网云平台基于数字孪生模型动态推演的管控平台，在每栋建筑乃至每个房间内，都安装了智能控制阀门，这些阀门可以根据实时情况自动调节供热量。通过移动应用程序，工作人员可以远程操控供热系统，实现对不同位置、不同时间段的供热量进行精确调节。智慧热网云平台会收集能源站的供热数据、用户的使用习惯、供热地点的实际测量温度信息，利用这些数据训练数字孪生模型，使其不断“学习”并优化，以推演出最佳的供热方案。

系统实施初期在总站和楼宇入口安装智能阀门管控，预计节能30%。未来随着智慧热网云平台的进一步完善，将安装更多的独立智能阀门和温度测量单元，实现供热的精准智能化管控，预计将实现60% ~ 70%的节能目标。

天津大学北洋园校区供热系统改造措施见表4-3。

表 4-3 天津大学北洋园校区节能改造措施

（表格来源：作者自绘）

改造建筑类型	学校
建筑所属气候 / 气候区	寒冷地区
原有供热系统	燃气锅炉供热系统
原系统问题	节能环保要求提高
供热系统改造形式	☑ 源端改造　☐ 输送端改造　☐ 末端改造　☑ 运行策略改造
供热系统改造措施	（1）源端改造：采用地源热泵系统结合燃气调峰锅炉 （2）运行策略改造：采用源网一体化的智能化管控

2）北京邮电大学

北京邮电大学地处寒冷地区，总供热面积大约为78万平方米，配备5台14 MW燃气热水锅炉。该校采用水－水换热的方式，并设有北部、西部和南部3个区域性换热站以及位于校区外的3个换热站，所有这些换热站均通过间接供热方式对外网进行热能分配。目前，采用人工调节的方式阶段性地控制换热站。这种方法无法根据环境温度连续性的变化而及时调节，导致供热系统能耗较大。此外，该系统未能实现对不同区域进行分时段、分区、分温度的控制。现行的燃气锅炉房运行模式是单一定温度运行，这意味着锅炉需要按照最高所需的温度进行供热，而对于那些不需要如此高温度供热的区域和用户，也只能接受同样温度和方式的供热，这无疑导致了能源的大量浪费；管网调节手段落后，流量分配不合理。所有外网阀门调节方式均通过手动调节阀门，严重影响分路系统的水力平衡，导致管网冷热不均，远冷近热。因此需对供热系统进行改造，具体改造措施见表4-4。

表 4-4 北京邮电大学节能改造措施

（表格来源：作者自绘）

改造建筑类型	学校
建筑所属气候 / 气候区	寒冷地区
原有供热系统	燃气锅炉供热系统
原系统问题	供热系统能耗大，管道水力失衡
供热系统改造形式	☑ 源端改造 ☑ 输送端改造 □ 末端改造 ☑运行策略改造
供热系统改造措施	（1）输送端改造：加装气候补偿器系统 （2）运行策略改造：分时分区供暖 + 自动控制系统

a. 输送端节能改造。

在3个区域换热站的每个换热器上安装气候补偿控制系统。这种系统能够根据室外温度的变化自动调整二次供水的温度，实现对供水温度、室外温度和电动调节阀的函数控制。北京邮电大学气候补偿控制系统示意图如图4-14所示。

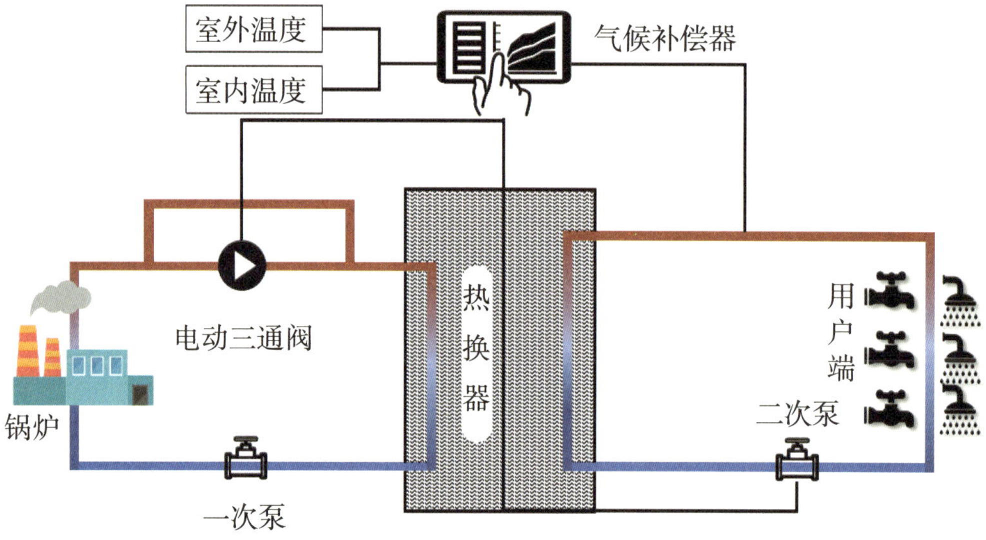

图4-14 气候补偿控制系统安装示意图（图片来源：作者自绘）

b. 运行策略改造

教学楼、办公楼等建筑实施分时分区供热策略。在建筑的进水或出水管道上安装智能控制系统，该系统能够实现基于时间段和温度的独立控制。通过这种方式，可以在夜间或节假日期间采用低温运行策略，从而显著减少能源浪费。此外，通过增设热网监控中心的计算机服务器和集中控制系统，实现与锅炉房内各台锅炉的实时数据通信。这样的集成监控系统将收集整个供热系统的全面运行参数，包括二次供水的温度、压力、压差和流量等，以便进行精确的分析和调度。

根据天然气的标准折算系数，综合节能率达到了8.2%。随着设备运行和调试过程的不断完善，预计在后续的供暖季节中，节能效果将得到进一步的提升。该项目的初期建设投资额为863.88万元，预计每年可以节约燃气费用约206.7万元，静态投资回收期为4.2年，显示出良好的经济效益。

4.1.3.3 案例汇总

供热系统节能改造对于建设零碳校园具有重要意义，本书汇总了部分高校以及典型建筑的供热系统改造案例，见表4-5，为校园供热系统设计和改造提供参考。

表 4-5 供热系统改造案例

（表格来源：作者自绘）

序号	项目名称	建筑类型	所属气候、气候区	改造方式	改造类型
1	中国石油大学东营校区供热系统改造	学校	寒冷地区	替代	源端改造 运行策略改造
2	阿塞拜疆建筑大学供热系统改造	学校	温带大陆性气候		输送端改造 末端改造
3	山东建筑大学宿舍楼及食堂供热系统改造	学校	寒冷地区		源端改造
4	浙江大学供热系统改造	学校	夏热冬冷地区		源端改造
5	匹兹堡市CNG大厦供热系统改造	办公楼	温带大陆性气候		源端改造
6	天津大学北洋园校区供热系统改造	学校	寒冷地区	优化	源端改造 运行策略改造
7	北京科技大学供热系统改造	学校	寒冷地区		源端改造 运行策略改造
8	北京邮电大学供热系统改造	学校	寒冷地区		输送端改造 运行策略改造

4.2 空调系统节能改造

4.2.1 空调系统类型及工作原理

空调系统分类众多，本书按照系统类型分为压缩式冷水机组空调系统、溴化锂空调系统、太阳能制冷空调系统、热泵空调系统、直接蒸发式空调系统、蓄冷空调系统以及其他空调系统，如图4-15所示。压缩式冷水机组空调系统指通过压缩机提高制冷剂的压力以实现制冷循环的空调系统。溴化锂空调系统指基于溴化锂吸收技术实现供热制冷的空调系统。太阳能制冷空调系统指主要依赖太阳能作为能源输入的空调系统。热泵空调系统指利用热泵技术实现供热制冷的空调系统。直接蒸发式空调系统指利用制冷剂直接蒸发过程来实现冷却效果的空调系统。蓄冷空调系统指利用低峰时段或夜间低温时段制冷并储存冷量的空调系统。其他空调系统除上述常见空调系统外，分为温湿度独立控制空调系统、一次泵变流量冷水空调系统以及磁悬浮冷水机组空调系统。

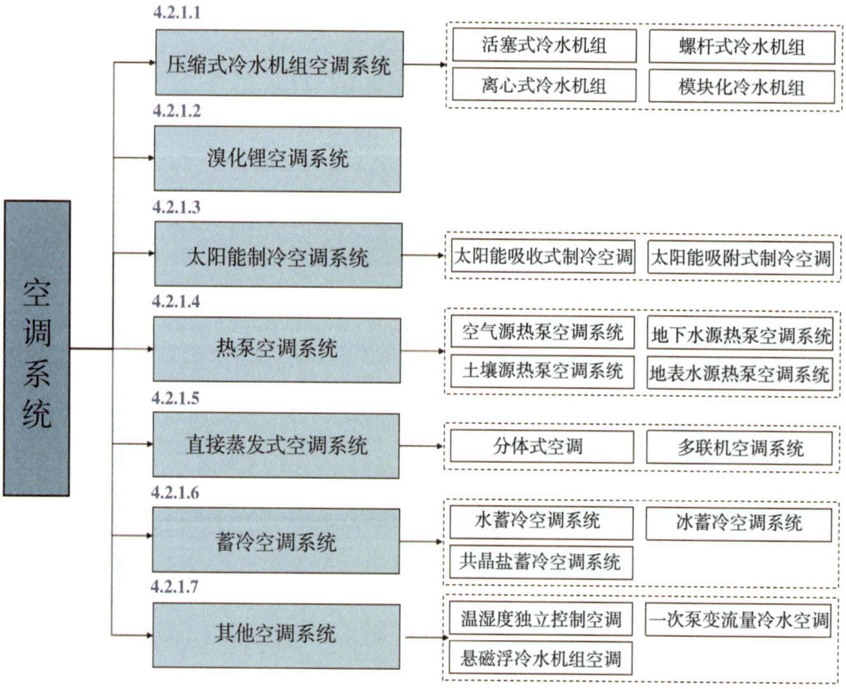

图4-15 空调系统类型分类（图片来源：作者自绘）

4.2.1.1 压缩式冷水机组空调系统

1）系统概述

压缩式冷水机组空调系统是通过压缩机提高制冷剂的压力以实现制冷循环的空调系统。压缩式冷水机组主要由3个子系统构成：冷冻水循环系统、制冷剂循环系统以及冷却水循环系统。

在这些系统中，借助冷冻水泵和冷却水泵驱动水介质的循环流动，并实现与制冷剂的有效热交换。在压缩式冷水机组中，制冷剂循环系统是核心部分，它由压缩机、冷凝器、节流装置和蒸发器4个主要部件组成。根据所采用的压缩机类型，压缩式冷水机组可以进一步分类为活塞式、螺杆式、离心式和模块化等不同类型。这些类型的划分主要取决于压缩机的工作机理和设计构造。

a.活塞式冷水机组。

活塞式冷水机组在其核心组件——活塞式制冷压缩机、卧式壳管式冷凝器（或风冷式冷凝器）、热力膨胀阀和干式蒸发器——之外，还配备了一系列辅助设备和控制保护装置，辅助设备包括干燥过滤器、视镜和电磁阀等，而控制保护装置包括高低压保护器、油压保护器、温度控制器、水流开关和安全阀等。

b.螺杆式冷水机组。

螺杆式冷水机组的构成包括螺杆式制冷压缩机、冷凝器、节流阀、蒸发器以及配套的油分离器、油冷却器和油泵等辅助设备，同时还包括自控元件和仪表等监控设备。在国产的螺杆式冷水机组中，虽然R22制冷剂的使用较为广泛，但行业内正逐步转向使用R134a等替代型制冷剂。

c.离心式冷水机组。

离心式冷水机组则由离心式制冷压缩机、冷凝器、蒸发器、节流机构和调节机构等主要部件组成。在离心式冷水机组中，常见的制冷剂包括R22、R123和R134a，这些制冷剂在不同型号和设计的机器中根据具体的应用需求和环保标准被选用。

d.模块化冷水机组。

模块化冷水机组是由多个结构与性能一致的模块单元组合构建的，每个模块单元都能提供特定的制冷能力。用户可以根据实际需求的冷量来选择相应数量的模块。这些模块单元能够独立运作，并且互为备份，因此在某个模块单元出现故障时不会影响其他单元正常运行。在模块化冷水机组中，通常采用的制冷压缩机类型包括全封闭或半封闭的活塞式、螺杆式和涡旋式，其中以涡旋式最为常见。冷凝器和蒸发器的设计则可能采用板式换热器或壳管式换热器。

先进的模块化冷水机组配备微处理器控制系统，相关的运行参数可以通过液晶显示屏实时显示。这套系统不仅具备保护功能，它还具备持续监测功能，能够实时跟踪蒸发器与冷凝器进出口处的水温及水流量，并依据温度随时间变化的速率来调节投入运行的模块数量，以保障制冷量与实际需求相适应。

2）工作原理

压缩式冷水机组的基本工作原理有4个过程：压缩过程、冷凝过程、节流过程和蒸发过程。首先压缩机吸入低温低压的制冷剂气体，并将其压缩成高温高压的气体。高温高压的制冷剂气体进入冷凝器，在这里它释放热量并凝结成液态。随后液态制冷剂通过节流装置后变成低温低压的液态或气液混合态。低温低压的制冷剂在蒸发器中吸收热量蒸发，实现制冷效果。这时，制冷剂又变为低温低压的气体，回到压缩机重新开始循环。

3）应用场景

活塞式冷水机组以其较小的占地面积、简便的操作方式和方便的管理特性而受到青睐。然而，这类机组的维护成本相对较高，运行时振动较为显著，并且单机制冷能力有限。因此，它主要适用于中小型制冷需求场合，例如商用冰柜和饮料展示柜等。

螺杆式冷水机组则以其结构紧凑、运行平稳、良好的节能性能而得到广泛应用。其使用范围正在不断扩大，尤其适合于大、中型制冷需求场合，如宾馆、医院和科研院所等建筑物。

离心式冷水机组制冷量大，机械磨损小，运行平稳，并具备无级调节能力。尽管如此，它的效率相对较低，且在操作不当时可能产生高频噪声和喘振现象。这种类型的机组适合应用于大型空调制冷系统，如剧院、商场和办公楼等建筑。

模块化冷水机组以其安装便捷、使用灵活、占地面积小和外观美观等特点而受到市场欢迎，尽管其价格目前仍然较高。模块化设计的冷水机组特别适合于制冷需求适中且负荷变化较大的环境，例如数据中心等场所。

4.2.1.2 溴化锂空调系统

1）系统概述

溴化锂空调系统是一种基于溴化锂吸收技术的空调系统，一般由发生器、冷凝器、节流膨胀阀、蒸发器、溶液泵以及热交换器等组成，其特点是电能消耗相对较低，对提供的热源品质要求不高。该系统能够有效地利用包括低温余热、废热、地热和太阳能在内的各种次级热能资源，从而促进能源的综合使用。

2）工作原理

溴化锂吸收式空调系统的发生器吸收外部热源的热量，将其中的稀溴化锂溶加热至沸腾状态，溶液中的水蒸发形成水蒸气。这些水蒸气随后进入冷凝器，在特定的冷凝压力作用下释放热量至水流冷却，并凝结成液态水。随后，液态水通过膨胀阀进行降压降温处理，并流入蒸发器。在蒸发器内，液态水在较低的蒸发压力下重新汽化，此过程中吸收了待冷却空间的热量，实现制冷目的。汽化后的水蒸气进入吸收器，在那里被浓溴化锂溶液吸收。同时溶液将吸收热释放到冷却水中。稀释后的溴化锂溶液随后被溶液泵输送并通过热交换器进行温度调节，之后返回至发生器，完成一个闭环循环。

3）应用场景

溴化锂吸收式制冷系统采用水作为制冷剂，这使得该系统仅限于生产0 ℃以上的低温水。在利用外部热源进行操作时，需注意控制溶液的温度不得超过100 ℃，以避免引起溴化锂水溶液中所含的缓蚀剂——铬酸锂的分解。鉴于这些特性和限制，溴化锂吸收式制冷系统适用于商场、医院、酒店等，或是有余热废热的场合及蒸汽热水充足的场合。

4.2.1.3 太阳能制冷空调系统

太阳能制冷空调系统是一种利用太阳能作为主要能源的空调系统，根据其工作原理分为两大类：太阳能吸收式制冷系统和太阳能吸附式制冷系统。

1）太阳能吸收式制冷系统

a. 系统概述。

太阳能吸收式制冷技术指的是利用收集转换的太阳能热能，提供吸收式制冷机的发生器所需热媒水。太阳能吸收式空调系统除了配置了吸收式制冷机、空气处理单元、锅炉等传统吸收式空调部件，还额外整合了太阳能集热器、热水储存罐以及自动控制系统。这一系统设计不仅能够在夏季提供制冷，在冬季实现供暖，还能全年供应生活用热水，实现了多功能的应用。

b. 工作原理。

太阳能吸收式制冷空调工作原理如图4-16所示，其与溴化锂空调系统工作原理相

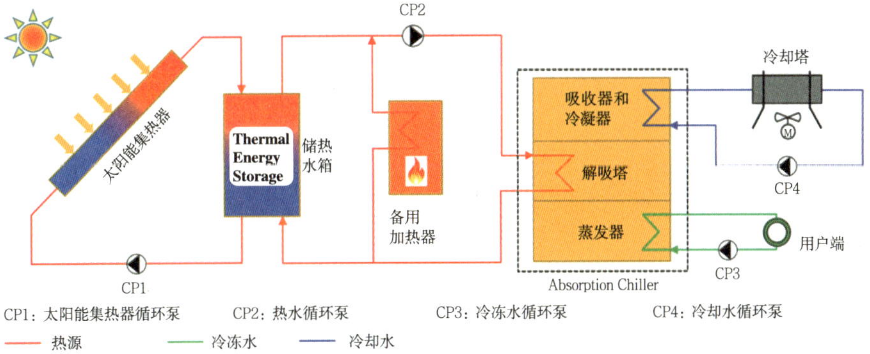

图4-16 太阳能吸收式制冷空调示意图（图片来源：作者自绘）

同。不同的是，太阳能集热器所收集的太阳能转化为热能，加热水介质，该热媒水再被输送至吸收式制冷机的发生器中使用。

c. 应用场景。

太阳能吸收式制冷空调适用于学校、医院、乡村改造、办公楼、别墅、工厂、商场及其他公共场所。

2）太阳能吸附式制冷系统

a. 系统概述。

太阳能吸附式制冷是一种基于物质物态变化实现制冷效果的技术，该技术采用太阳能集热器作为吸附器，取代了传统的压缩机。太阳能吸附式制冷系统的构成主要包括太阳能吸附集热器、冷凝器、蒸发器、空气处理单元以及冷媒水泵等关键组件。

b. 工作原理。

太阳能吸附式制冷技术的工作原理包括吸附和脱附两个过程。

在吸附过程中，冷却系统通过降低吸附床的温度促使吸附剂开始吸收制冷剂，从而引起管道内压力的下降。在蒸发器内部，由于压力的快速减少，制冷剂蒸发并吸热，实现制冷效果。随后，当制冷剂抵达吸附床时，表示吸附过程已完结。在此阶段，蒸发器从冷媒水中摄取热量，相对地，吸附床则释放热量。

在脱附过程中，已吸附有制冷剂的吸附床通过与冷却系统的连接实现冷凝器的冷却，通常采用水作为冷却介质。吸附床吸收太阳能集热器收集的热量，使制冷剂克服吸附剂的吸引力进入管道系统中，导致系统压力上升。一旦冷凝器系统压力上升至制冷剂在对应温度下的饱和压力，制冷剂便开始液化放热，最终返回到蒸发器中。在脱附过程中，太阳能集热器负责供能，而冷凝器则负责释放热量。

c. 应用场景。

太阳能吸附式制冷空调系统适用于综合办公楼、宾馆、学校、医院、游泳池等多种场合。

4.2.1.4 热泵空调系统

热泵空调系统是一种利用热泵技术实现供热制冷的空调系统，本节系统概述内容与热泵供热系统内容一致，但其工作原理有所区别。

1）空气源热泵系统

a. 工作原理。

常规空气源热泵系统工作原理主要分为制热和制冷两个过程。在制热模式下，空气源热泵空调系统从室外空气中吸收热量，利用压缩机将处于低温低压状态的制冷剂压缩，转变为高温高压的气态制冷剂。该高温高压气态制冷剂随后流入换热器，在那里与室内循环的热水或空气进行热量交换，将热量释放到室内，从而实现空调制热效果。在制冷模式下，系统的工作原理相反，它从室内环境中吸收热量，并通过压缩机将低温低压的制冷剂压缩成高温高压的气态制冷剂。然后，这个高温高压的气态制冷剂进入换热器，与外部的空气进行热交换，将室内吸收的热量排放到室外环境，从而实现空调制冷效果。

b.应用场景。

空气源热泵空调系统适用性强，在学校、酒店、工厂、医院、商场等人员密集需要大量供暖制冷的场所，或是居住建筑，空气源热泵都可适用。

2）地下水源热泵系统

a.工作原理。

地下水源热泵系统利用地下水的恒定温度作为换热介质，通过地下水源热泵将其温度提升或降低，然后通过热交换器将热量传递给空调系统中的冷媒，实现空调的制冷或制热。

b.应用场景。

地下水源热泵系统适宜应用于地下水资源充足，且当地水资源管理机构允许开采使用地下水的多种建筑环境。

3）土壤源热泵系统

a.工作原理。

在夏季制冷期间，室内的多余热量通过地埋式换热器释放到土壤中，以备冬季采暖时使用。而在冬季供暖期间，系统通过地埋式换热器从土壤中提取热量供应给取暖用户，与此同时，在土壤中储存冷量，为夏季的制冷循环做准备。

b.应用场景。

在住宅领域，地源热泵已经成为一种非常受欢迎的供暖方式，地源热泵也广泛被应用于酒店、学校、医院、商场等场所。在一些气候条件恶劣地区，如寒冷地区、严寒地区等，地源热泵也能够通过合理设计和运行维护，满足供暖和制冷需要。

4）地表水源热泵系统

a.工作原理。

利用地表水的恒定温度作为换热介质，通过水源热泵将其温度提升或降低，然后通过热交换器将热量传递给空调系统中的冷媒，实现空调制冷或制热。

b.应用场景。

地表水源热泵系统适合于地表水资源丰富的各类建筑场合。

4.2.1.5 直接蒸发式空调系统

直接蒸发式空调系统基于制冷剂的直接蒸发过程来实现冷却和加热功能，这种系统可以进一步分类为分体式空调系统和多联机空调系统。

1）分体式空调系统

a.系统概述。

分体式空调系统由两部分组成：一部分是制冷压缩机和冷凝器（在热泵模式下充当

蒸发器），这些组件集成在一个单元中，通常被放置在室外，被称为室外机；另一部分是室内空气处理设备，组成一个单独的单元，被安置在室内，被称为室内机。这两部分通过制冷剂管道相互连接。

分体式空调系统的室内机有多种形式，包括壁挂式、落地式（柜式）、嵌入式（包括四面出风型和双面出风型）等。其中，壁挂式是家庭使用最为广泛的类型，但由于其布置方式的限制，它通常适用于面积较小的房间。对于较大的房间，落地式空调由于具有较大的制冷量和风量，以及较广的空调控制区域而被更多地采用。在面积大且层高较高的房间中，可以选择嵌入式中的四面出风型室内机，这种类型的空调系统布局紧凑且占地面积小，因此它们在小型餐饮和其他商业场所中的应用较为普遍。

b. 工作原理。

分体式空调工作原理分为制热循环和制冷循环。在制冷循环过程中，室内机内的风扇将室内的热空气吹过蒸发器，此时蒸发器中的制冷剂吸收空气中的热量，从液态转变为气态，导致室内空气温度下降。气态制冷剂随后被输送至室外机中的压缩机被压缩成高温高压的气体。该高温高压气体进入室外机的冷凝器，通过排气扇的作用将其热量释放到室外空气中，使得制冷剂重新液化。液化后的制冷剂经过节流装置返回到室内机的蒸发器，并持续此循环过程。制热循环与制冷循环在原理上相似，主要区别在于热交换的方向。

c. 应用场景。

分体式空调将室内机和室外机分开安装，灵活便捷，多样化选择性更高，被广泛应用于酒店、公寓、别墅及商业办公场所等多种场景。

2）多联机空调系统

a. 系统概述

多联机空调系统由一个或多个风冷式室外机组与数台直接蒸发式室内机组构成，后者可以是不同或相同的型号和容量。这一系统形成了一个单一的制冷循环，能够向一个或多个区域供应经过处理的空气。

该系统通过微调压缩机的制冷剂循环率以及调节导入室内热交换器的制冷剂流量，满足不同室内的各种冷热负荷需求。这种风冷式、变容量的直接蒸发冷却系统需要采用可调速的压缩机，如变速压缩机、多级压缩机、卸载式压缩机等，实现对压缩机容量的精确控制。多联机系统普遍采用交流变频技术、直流调速技术、数码涡旋压缩机以及电子膨胀阀等先进技术，这些技术是实现制冷循环控制和容量控制的关键要素。

b. 工作原理。

多联机空调系统的工作原理与分体式空调系统相似。然而，多联机系统配备了多个冷凝器和蒸发器，且每个蒸发器或冷凝器的工作环境可能有所不同。因此，可以将多联机视为具有多个末端（室内机）的房间空调系统。鉴于多联机需要对多个房间或区域供冷供热，其整体容量显著高于房间空调器。

c.应用场景。

多联式空调系统主要被设计用于舒适性空调领域，并且特别适用于以下场合：管理资源有限的环境，例如学校和医院；低入住率的设施，如度假村、别墅和高端公寓；以及需要分房间或者分户计费并进行集中管理的场所，比如出租型写字楼、办公楼和商住两用建筑。此外，该系统也适合中小型项目和负荷波动大以及使用功能差异明显的环境，例如酒店、大型商场等。

4.2.1.6 蓄冷空调系统

1）系统概述

蓄冷空调系统是蓄冷技术在空调领域的应用，它结合了蓄冷系统和空调系统的特点。该系统在传统空调供冷循环的基础上，增加了一个既与蒸发器也与空调换热器并联连接的蓄冷槽。根据所采用的蓄冷介质的不同，常见的蓄冷系统主要有3种类型：水蓄冷系统、冰蓄冷系统以及共晶盐蓄冷系统。由于水具有较高的比热容，而冰具有较大的相变潜热，并且这两种物质容易获取，因此水蓄冷和冰蓄冷是目前应用最广泛的蓄冷技术。

a.水蓄冷空调。

水蓄冷空调系统采用水作为蓄冷介质，通过水的显热效应来储存冷能。该系统的蓄冷容量主要受蓄存水量和水温差的制约；具体而言，蓄存水的温差越大，系统的蓄冷能力就越高。在实践中，蓄冷温度则维持在4~7 ℃之间。水蓄冷槽的结构设计可分为4种类型：自然分层蓄冷、复合贮槽蓄冷、迷宫式蓄冷以及隔膜式蓄冷。在这4种设计中，自然分层蓄冷系统结构简单、蓄冷效率高，因此使用范围更广。

b.冰蓄冷空调。

冰蓄冷空调系统使用冰作为蓄冷介质，并利用其相变潜热来储存冷却能力，该系统蓄冷密度高、蓄冷设备体积小、冰水需求量低。冰蓄冷空调系统分类繁多，根据制冰方式的差异，可分为静态制冰系统和动态制冰系统；依据融冰方式的不同，可划分为内融冰式系统与外融冰式系统。

图4-17展示了一种典型的通过盘管进行蓄冰的冰蓄冷系统。在蓄冷过程中，制冷剂在蒸发器的盘管内部蒸发吸热，导致盘管外表面的水开始结冰。在融冰释冷阶段，高温的冷冻水回流入水槽，并与盘管外表面的冰层直接接触，使得冰层开始融化，并伴随着水温的降低，然后水流返回到空调系统中。由于空调冷冻水与冰直接接触，这种设计优化了热交换效果，加快了蓄冷速率。然而，为了实现快速融冰，蓄冰槽中的水不能完全冻结成冰，这导致蓄冰率较低。

2）工作原理

蓄冷空调系统利用夜间电力低谷时段的

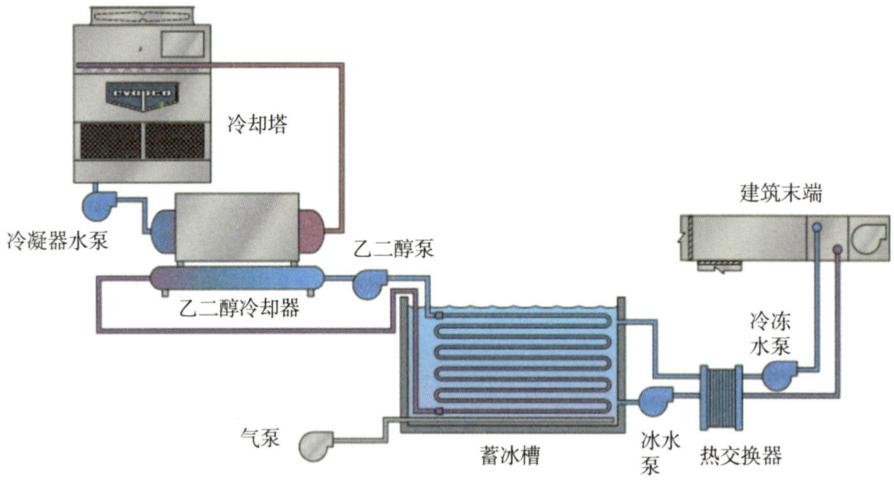

图 4-17 冰盘管式系统图（图片来源：作者自绘）

低价电能，通过制冷机组制造冷冻水或结成冰来储存冷量。在日间高峰电价时段，系统减少或停止制冷机组的运行，释放储存的冷能来满足空调负荷需求，实现节能减排和降低运营成本。

3）应用场景

蓄冷空调系统适宜应用于具有显著空调负荷差异的场所，如办公大楼、学校、旅馆等。同样，对于空调使用周期短、负载集中的环境，例如剧院、体育馆、教堂等建筑物，由于人员聚集时段短暂且空调需求激增，传统的空调系统需配置较大容量的制冷设备，导致经济效率不佳。在电价存在显著峰谷差异的区域，采用蓄冷空调系统相较于传统空调系统可降低运行成本。此外，对于需要备用冷源的关键地点，比如医院和数据中心，蓄冷空调系统可提供临时紧急冷源。对现有非蓄冷型制冷系统进行增容时，蓄冷空调系统提供了一种可行的替代方案。

4.2.1.7 其他空调系统

除上述常见空调系统外的其他空调系分为温湿度独立控制空调系统、一次泵变流量冷水空调系统以及磁悬浮冷水机组空调系统。

1）温湿度独立控制空调系统

a. 系统概述。

温湿度独立控制空调系统由两个专门调节室内环境参数的子系统构成：一个用于温度调节，另一个用于湿度调节。这两个子系

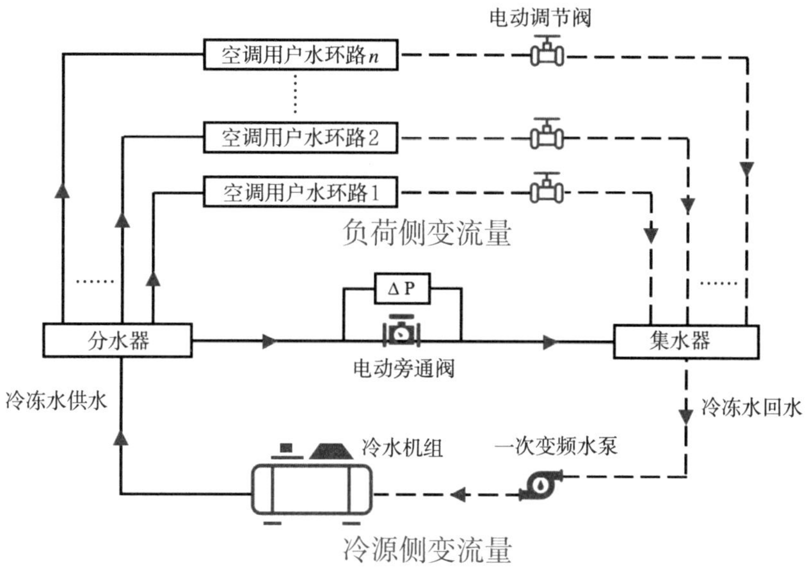

图4-18 一次泵变流量系统示意图（图片来源：作者自绘）

统各自独立操作，分别管理着空间内的温度和湿度水平。

温度调节子系统主要由高温冷源和用于消除余热的末端设备组成。与传统冷凝式除湿空调系统相比，所需冷源的温度可以显著提高至15~18 ℃，这样的温度提升使得自然冷源的应用成为可能。末端装置可采用辐射板、干式风机盘管等，由于供应水温高于室内空气露点温度，因此避免了结露的风险。湿度调节子系统负责排除室内CO_2、异味以及多余湿气以保障室内空气质量，通常由新风处理机组和送风末端装置构成。

b. 工作原理。

在建筑室内环境控制领域，经过处理的新鲜空气的引入能够同时满足调节室内湿度和排除二氧化碳的需求。而对室内温度的控制可以通过其他手段实现，并不依赖于送风系统进行温度调节。基于这种理念，形成了一种温湿度独立控制的空调系统，其中温度和湿度的调节是通过各自独立的子系统来实现的。

2）一次泵变流量冷水空调系统

a. 系统设备组成。

一次泵变流量系统如图 4-18所示，主要由以下几部分构成：冷水机组、分水器与集水器及其旁路管道、空调末端设备、变频一次水泵以及相关的自动控制系统等。在这个系统中，一次泵和冷水机组的控制是独立进行的，遵循特定的控制策略；而作为输送媒介的一次泵，其运行是由系统最远端的电动调节阀开闭引起压差变化来调控的。

b. 工作原理。

一次泵变流量系统通过调节水泵的转速来控制系统中的水流量，当系统的水流量降至最低时，压差控制阀将打开引入旁路的流量，以确保冷水机组的正常运作。在系统末端，安装有二通调节阀，该阀门根据负荷变化实时调整末端设备的水流量，并通过系统最末端的压差变化来控制水泵的转速。在一次泵变流量系统中，机组和水泵之间并非一一对应关系，其开启和关闭也分别进行控制。在增加机组的过程中，工作原理仍然是以冷水机组冷冻水的出水温度为依据；而在减少机组时，则以室内负荷的变化为基础，并通过电流进行控制。

3）磁悬浮冷水机组空调系统

a. 系统设备组成。

在磁悬浮离心式冷水机组中，系统压缩机的核心部件为磁悬浮轴承，其设计使得转子在运行过程中处于无摩擦的悬浮状态，从而消除了机械摩擦及其带来的能量损失。这种设计不仅显著提高了系统的能效，使其远超传统冷水机组，还带来了低负荷时的高能效、低噪声以及无油运行等多重优势。就辅助设备和整体系统配置而言，磁悬浮离心式冷水机组与传统的供冷系统并无显著差异。

由于无须润滑油即可运转，磁悬浮离心式冷水机组中的离心式压缩机叶轮能以更高的转速运行，通过减小叶轮直径并提高转速，该类制冷机能够满足0.2~1 MW的制冷需求，显著扩展了离心式制冷机的适用范围。因此，这类冷水机组非常适合应用于大型商业建筑、工业厂房、医院、酒店等场所的空调系统。

b. 工作原理。

在工作过程中，磁悬浮离心式冷水机组通过控制压缩机转速和冷凝器冷却水流量，实现对制冷量的调节。当室内温度升高时，控制系统会自动启动机组，压缩机开始工作，制冷剂被压缩机压缩成高温高压的气态状态。随后，该气态制冷剂流入冷凝器，在那里释放热量并经历冷却过程，转化为高压液态制冷剂。再通过磁悬浮离心泵送入蒸发器中，从而吸收室内热量，实现制冷效果。

4.2.2 节能改造技术措施

空调系统节能改造技术措施可分为源端改造、输送端改造、末端改造以及运行策略改造，源端改造包括蓄冷空调技术、流量调节技术等；输送端改造包括低温送风技术等；末端改造包括变风量空调技术、热激活建筑能源系统等；运行策略改造包括温湿度独立控制空调技术、自动化控制技术等。

4.2.2.1 源端节能改造

1）蓄冷空调技术

蓄冷空调系统在非空调使用高峰时段制备所需冷量的部分或全部，并将其以某种形式储存起来以便在需要时使用。这一过程通常与电网的高峰和低谷时段同步，使得原本在电网高峰时期消耗的电力可以转移到低谷时段，从而实现能源节约。在空调蓄冷工程中，水、冰和共晶盐材料都是常见的蓄冷介质。水的比热容较高且获取简单，但其单位质量或体积所能储存的冷量相对较小。而冰具有较大的相变潜热和较高的空间使用效率，在相同的供冷需求下，其所需的蓄冷容积仅为蓄冷水体的1/8至1/5。而共晶盐则介于水和冰之间，但其价格昂贵。

2）流量调节技术

在冷水机组空调系统中，冷水机组选型往往以系统最大制冷量为依据，而当系统制冷量发生变化时，需采用流量调节措施以降低能耗。目前，常用的流量调节技术为滑阀流量调节和变频流量调节。滑阀流量调节是在压缩机阴阳转子腔下方机体上安装容量调节滑阀，通过滑阀杆与液压活塞相连，通过液压缸内的油压驱动滑阀沿转子长度方向移动，改变转子实际工作段长度，实现流量调节。尽管这种流量调节方式相对复杂，但它允许对压缩机的流量进行连续无级的调节，从而确保了系统的可靠性和效率。变频流量调节作为另一种调节机制，具有调节范围广、结构简单以及起动平稳等特点，这些特性使得它在提升制冷压缩机在部分负荷工况下的能效方面表现出色。通过变频调速，可以降低制冷压缩机在部分负荷运行时的功率消耗，减少启动时对压缩机的机械冲击，从而提高整个系统的经济性和可靠性。因此，变频调速是制冷压缩机节能运行的重要方向之一。

3）热能回收技术

热能回收技术在暖通空调系统中的运用涉及对冷凝水的回收与再利用，向校园建筑提供辅助热源。例如，在使用热泵的水循环系统中，能够实现同时对冷热量进行回收和供应，并能够重新利用在排气过程中产生的能量。根据回收的冷凝热量的多少，这些技术可以分为两大类：一类是仅回收从压缩机出口蒸气中可获得的显热，这部分约占总冷凝热量的15%；另一类是回收全部的冷凝热。若只回收部分冷凝热，对室内制冷量的影响有限，因为其只利用了蒸气的显热，热回收器的压力下降较小，冷凝器中的冷凝压力基本不变。

4）可再生能源的利用

可再生能源，如太阳能、风能和地能等，都可以作为空调系统的源端使用。目前，已有一些利用太阳能作为驱动力的吸附/吸收式制冷装置以及空气源热泵、地源热泵等设备被开发出来，说明可再生能源应用在空调系统领域的巨大潜力。然而，考虑到部分可再生能源的不稳定性，使用时需要配置相应的蓄能设备。

4.2.2.2 输送端节能改造

低温送风技术

低温送风系统通过一次风处理实现较低的温度和含湿量，能够将室内相对湿度维持在30%~45%的范围内。在保持室内热舒适度相同的前提下，采用低温送风系统的室内设计干球温度可以提高约1 ℃，这样既能避免穿着较少的人在进入室内时感到寒冷，又能减少围护结构的传热量。然而，低温送风系统与传统空调系统相比，其送风量较小，空气流速较低，末端通常需要采用专用的低温送风散流器。低温送风空调系统的优势在于与冰蓄冷技术相结合，借助低温冷源的同时在电力需求较低的时段制冰储存能量，降低能源使用成本。

低温送风系统适用于多种场合，包括但不限于：空间受限的建筑环境，其中需要最小化送风管道尺寸以节省空间；改造项目，特别是那些冷负荷已经增加或超出了现有供冷系统能力的情况；采用冰蓄冷技术的项目，利用低温送风系统与冰蓄冷相结合的优势；需要降低室内湿度的场所，以提供更干爽的环境条件。

4.2.2.3 末端节能改造

1）变风量空调技术

变风量（Variable Air Volume，VAV）系统是一种灵活的空调技术，它通过智能调整房间末端的送风量来响应空调区域负荷的变化，确保室内温度保持在预定的设计范围内。VAV系统的优势在于能够适应各个房间或区域的温度需求，无须采用再加热或双风管系统，从而消除了这些系统可能带来的冷热混合损失。此外，由于VAV系统能够自适应负荷变化，在减少设备容量的同时还可降低运行能耗。

值得注意的是，由于空调系统在年度的绝大多数时间内运行于部分负荷条件，VAV系统可通过调节送风量来控制室温，使得末端装置能够依据各空调分区的实际负荷波动调整其送风量。此一调节机制有效利用了不同房间或区域之间的热负荷差异，减小了系统的总负荷。因此，相比于定风量（Constant Air Volume, CAV）风机盘管系统，VAV系统可以减少10%~20%的冷却能力和风量，从而显著降低了空调机组风机的能耗，并减少了运行电力消耗。

2）热激活建筑能源系统

热激活建筑系统（Thermo-Activated Building System, TABS）代表了一项新型的动态保温隔热技术。该技术将换热系统集成到建筑的围护结构中，通过直接注入低品位能源或间接转换可再生能源，在建筑围护结构内部形成一个有效的热屏障。这一过程有助于减少围护结构的热负荷，提高整体能效。TABS的关键在于控制建筑围护结构的传热温差。通过精细控制，该系统有能力将建筑的热负荷降至零甚至负值，这意味着建筑可以在没有传统制冷和供暖系统的情况下维持舒适的室内环境。因此，TABS具有替代传统建筑制冷和供热系统的潜力，为建筑设计和能源管理提供了一种新的视角。

TABS根据所使用工作介质的不同，可分为3种主要类型：空气基热激活建筑系统（Air-based TABS, ATABS）、液体基热激活建筑系统（Liquid-based TABS, LTABS）以及固体基热激活建筑系统（Solid-based TABS, STABS）。ATABS和LTABS利用具有流动性的空气或液体作为循环介质，通过热交换过程将低品位热能直接传递至建筑围护结构中。与之相对，STABS则需要在建筑围护结构内安装能量转换组件，这些组件将外部输入的高品位电能通过能量转换间接转化为所需的热能注入。ATABS能够与建筑围护结构实现一体化集成，并具有利用环境冷能、建筑余热和空调排风等低品位能源的能力。此外，ATABS还可与室内新风过滤系统集成，实现热回收和空气净化的双重功能。然而，该系统可能存在易堵塞和高维护成本的问题。LTABS则能够利用太阳能、浅层地热等多种低品位能源。其中，嵌管式LTABS因其高能效特性在建筑围护结构节能和二氧化碳减排的设计建造中使用得越发频繁。STABS中的光伏热电墙主要依赖于太阳能光电转换驱动，并具有运行无噪声和低运行费用的优点。尽管如此，这种系统可能会面临初始投资高和性能不稳定的挑战。

3）旋流送风形式

在高大空间建筑中，由于内部结构复杂，气流组织容易受到干扰，空气难以有效送达人员活动区域，空调系统往往需要增加耗电量以保持室内温度，这可能导致能源的浪费。为了解决这一问题，旋流风口技术被引入，它通过改变传统的送风方式，实现了高效的气流分布。旋流风口的关键特点是其出风口处导流叶片的曲面设计，使得空气以螺旋形式送出。这种送风方式能够与周围空间的空气进行剧烈混合，迅速将送风温度与周围空气温度平衡，有效避免了冷空气直接下落的现象，确保了温度分布的均匀性，从而提升了高大空间建筑内气流组织的合理性。

此外，旋流送风口设计兼顾了冬季和夏季的不同工况。在供热模式下，它能够克服热空气上升的浮力，以喷口形式向下送风，确保了在一定高度范围内送风速度的柔和性。而在供冷模式下，旋流送风口以特定的流型送风，避免了过高的送风速度，减少了对人体舒适度的负面影响。

4）吊顶辐射供冷

吊顶辐射供冷系统是一种利用辐射传热机制进行冷却的供冷技术，它通常与新风供应系统相结合，以提升室内环境的热舒适性，并实现显著的能源节约效果。随着温湿度独立控制概念的发展，作为干式末端装置的辐射吊顶受到了日益增加的关注。该系统的工作原理涉及将冷媒的能量传递至辐射板的表面，随后，这些辐射板主要通过辐射和对流的方式与室内环境直接交换热量。这一过程极大地简化了从冷源到终端用户室内环境的能量传输链条。由于辐射能够在无须通过空气的情况下在表面之间直接进行热量交换，因此室内的余热可以通过短波和长波辐射的形式被冷辐射表面吸收。这些吸收的热量或者转化为辐射板的内部能量，或者通过辐射板的导热作用传递给冷媒，从而被带走并从室内环境中移除，直接形成空调系统的冷却负荷。

4.2.2.4 运行策略改造

1）温湿度独立控制空调技术

在温湿度独立控制系统中，通过采用两套分离的空调系统分别对室内的温度和湿度进行控制和调节，该系统能够避免传统空调系统中联合处理温湿度时可能出现的能量损失。这种独立的控制机制使得系统能够灵活应对室内温湿度比例的动态变化，解决了传统空调系统难以同时满足精确温度和湿度控制要求的问题，并防止了室内环境温湿度过高或过低的情况发生。此外，温湿度独立控制系统的设计具有高度的灵活性，其能够与多种先进技术相结合，如冷凝热回收、冰蓄冷、吊顶冷辐射换热等，显著提高能源利用效率。

2）自动化控制技术

随着计算机技术的进步，建筑空调系统已经具备了更高级的智能化和自动化调节功能。在空气处理单元的操作过程中，自动化控制技术被应用于自动切换冷热源的气流，以实现暖通空调系统输出与建筑负荷之间的平衡，从而有效地减少资源浪费。计算机技术在设计节能型暖通空调系统中发挥着关键作用。它能够通过模拟校园的空调系统在正常运行条件下的性能，计算出所需的热负荷以及空调的能耗，进而优化节能系统配置。这种模拟和优化过程有助于确保系统设计的精确性和高效性，同时促进能源消耗的降低。在空调系统上设置必要的电源监测、计量设备，使计算机监测更加便捷。同时在管道上安装电动阀、在空调机组上安装启停柜、在风管盘管安装温控开关等措施都属于自动化控制技术举措。

3）变频控制节能技术

冷水系统是空调系统中的关键组成部分，通常由冷水机组、冷却塔、冷水循环泵以及冷却水循环泵等主要能耗设备构成。实际运行中空调系统大部分处于部分负荷范围内，但是在空调系统初期设计时，冷水系统往往是按照最大负荷条件配置，这将导致大量的能源浪费。为了适应这种实际运行状态，负荷侧通常需要通过调整冷水的温差或流量来响应空调末端负荷的变化需求。

4.2.3 节能改造应用案例

不同气候区对于空调系统使用要求不同，因此本书分五大气候区依次列举空调系统改造应用案例。

4.2.3.1 严寒地区空调系统

大连理工大学发动机实验室

大连理工大学发动机实验室专门用于柴油发动机测试，其中包含专门的发动机测试区和控制区，这些区域均配备了空调系统。空调系统采用的是组合式空调，安装了送风口、回风口以及排烟管道。建筑的一层分布有5间独立的发动机测试实验室，而整个二层则作为设备层使用。然而，实际测量发现，空调系统在设计阶段未充分考虑其防冻性能，这导致在极端低温条件下系统容易出现停机故障。为了防止冻结，空调系统采取了低新风量运行的策略，但这导致了室内新风供应不足，从而影响了室内的热环境质量。因此需对空调系统进行改造，具体改造措施见表4-6。

表 4-6 大连理工大学发动机实验室节能改造措施

（表格来源：作者自绘）

改造建筑类型	学校
建筑所属气候 / 气候区	严寒地区
原有供热系统	组合式空调机组系统
原系统问题	未做防冻措施，室内新风不足
供热系统改造形式	☑ 源端改造 □ 输送端改造 □ 末端改造 ☑运行策略改造
供热系统改造措施	（1）源端改造：旁通风道与电加热连锁控制防冻 （2）运行策略改造：采用变频风机、水泵与智能控制系统

4.2.3.2 寒冷地区空调系统

1）郑州大学体育馆

郑州大学位于寒冷地区，体育馆面积约12 233平方米，在夏季非赛事期间，体育馆的空调系统设计冷负荷为1 200 kW，而在赛事期间，所需的总冷负荷上升至2 600 kW。冬季非赛事期间的设计热负荷为1 050 kW，赛事期间的总热负荷则增加至2 100 kW。制冷机房内设两台螺杆式冷水机组，每台制冷量为1 300 kW。实测发现体育馆一层通过设在一层东西侧墙上的8个回风窗回风，回风口风速平均值仅为0.1 m/s，存在回风量过小问题。此外，体育馆三层的空调喷口送风速度设置存在问题，其射流距离达到6.5 m，这导致了气流组织不合理的现象。具体表现为，体育馆中心的运动区域出现了气流死区。同时，由于送风速度过低，冷气流易受到来自底层观众区上升的热气流的影响，被吹回建筑的顶部，这导致观众区域无法得到有效的冷空气供应。因此需对空调系统进行改造，具体改造措施见表4-7。

表 4-7 郑州大学体育馆节能改造措施

（表格来源：作者自绘）

改造建筑类型	学校
建筑所属气候 / 气候区	寒冷地区
原有供热系统	螺杆式冷水机组空调系统
原系统问题	一层回风量过小，三层送风风速设定不合理
供热系统改造形式	☑ 源端改造 □ 输送端改造 ☑ 末端改造 □ 运行策略改造
供热系统改造措施	（1）源端改造：加离心回风风机 （2）末端改造：扩大射流距离和射流落差，部分球形风口改为旋流风口

表 4-8 空调系统改造前后体育馆各参数

（表格来源：作者自绘）

	观众区平均温度 /℃	观众区最大温度 /℃	平均风速 /（m/s）	平均相对湿度（%）
改造前	30.9	31.5	0.27	67.8
改造后	26.31	26.48	0.31	45.0

空调系统改造前后体育馆各参数变化见表 4-8，根据实际测量数据，该体育馆的空调系统经过改造后已经达到了设计标准，能够确保在举办大型体育活动时室内的热舒适性要求得到满足。

2）北京文化商厦

北京文化商厦位于寒冷气候区北京的中关村地区，该建筑是一座多功能的高层建筑，其中地面1层至第10层为商业用途，第11层至第17层则为办公空间。建筑的空调面积总计为9 700 平方米，总冷负荷为12.53 MW。

为了最大限度地利用冰蓄冷系统提供的低温冷源潜力，该建筑将传统的室内送风系统改造为低温送风系统。空调系统的设计被细分为内部区域和外部区域，其中内部区域全年进行供冷，而外部区域在冬季供热、夏季供冷。具体而言，商业部分的外部区域采用了全空气低温送风系统，将送风温度从原先的13 ℃降低至8 ℃。考虑到该建筑已基本完工，为了减少设计改造和施工改造的工作量，内部区域继续使用风机盘管加新风系统。此外，部分外部区域采用了超低温变风量末端装置，而内部区域则维持使用风机盘管加新风系统的配置。

北京文化商厦空调系统改造措施见表4-9所示。

由于低温送风系统对末端设备有特殊的性能要求，本设计选择了国外成熟的与低温送风系统配套的末端产品，每个产品售价为2 200元。因此，相较于传统的空调系统，低温送风系统的初始投资较高，具体增加了273.10万元，但其运行成本相应

表 4-9 北京文化商厦节能改造措施

（表格来源：作者自绘）

改造建筑类型	办公楼
建筑所属气候 / 气候区	寒冷地区
原有空调系统	冰蓄冷空调系统
原系统问题	充分发挥冰蓄冷系统潜能
空调系统改造形式	□ 源端改造 ☑ 输送端改造 ☑ 末端改造 □ 运行策略改造
空调系统改造措施	（1）输送端改造：常规送风系统改为低温送风系统 （2）末端改造：采用超低温变风量末端装置

降低，详细数据见表4-10。通过对比两种方案，发现全年的总运行费用从原方案（方案1）的226.18万元减少至136.45万元（方案2）。

表4-10 常规空调与低温送风系统的综合经济比较

（单位：万元）

项目	不同部分购置费					
	空调机组	风口	变风量末端装置	全热交换器	风机盘管	冷冻水干管管材
常规空调系统	159.13	43.66		211.00	131.95	42.96
低温送风系统	190.96	282.48	147.00	171.00	64.05	26.43
项目	不同部分购置费					
	冷冻水干管保温材料	冷冻水管管材	冷冻水管保温材料	空调送风管	空调送风管保温材料	
常规空调系统	8.10	48.67	10.14	41.86	38.02	
低温送风系统	6.66	40.88	9.71	25.04	44.43	
项目	基本建设投资合计			每年空调机组或风盘运行费		
常规空调系统	735.50			226.18		
寒低温送风系统	1 008.60			136.45		

为比较两种空调系统方案的一次性投资与运行成本，计算了低温送风系统相对于传统空调系统的投资回收期。根据表4-11的数据可以观察到累计净现金流量现值在第4年转为正值。据此可以计算出动态投资回收期为P=3.4年。在达到回收期之后，低温送风系统的年度运行费用将比传统空调系统每年节省71.02万元，由此可见，采用低温送风系统具有显著的经济效益。

表4-11 低温送风系统相对于常规空调系统现金流量表

（单位：万元）

时间/a	方案1现金流出		方案2现金流出		净现金流量	折现系数（年利率8%）	净现金流现值	累计现金流现值
	末端基本总投资	运行费用	末端基本总投资	运行费用				
0	735.5	0	1 008.6	0	−273.10	1.000	−273.10	−273.10
1	0	226.18	0	136.45	89.72	0.9259	83.08	−190.02
2	0	231.83	0	139.87	91.97	0.8573	78.85	−111.18
3	0	237.63	0	143.36	94.27	0.7938	74.83	−36.34
4	0	243.57	0	146.95	96.62	0.7350	71.02	34.68
5	0	249.66	0	150.62	99.04	0.6806	67.40	102.08
6	0	255.9	0	154.39	101.52	0.6302	63.97	166.05
		0						

4.2.3.3 夏热冬冷地区空调系统

1）同济大学文远楼

同济大学文远楼处于夏热冬冷地区，总建筑面积5 050平方米，自20世纪初期起，学校逐步对文远楼进行了一系列的翻新工程，这包括内部装潢更新以及外部立面的重新粉刷。在此过程中，部分教学空间被改造为行政办公用途，并安装了分体式空调设备。这些改动导致外墙面出现了凌乱的视觉效果，对建筑物的整体外观产生了不利影响。2005年学院决定对它进行彻底修缮。

a. 源端改造。

文远楼采用地源热泵技术供冷供热，利用土壤恒温层作为低品位冷热源，与传统以大气为热源的热泵空调相比，系统能效提升。

b. 末端改造。

空调系统的设计以吊顶作为主要的辐射表面，其中通过管道循环的水充当冷媒，利用辐射方式实现与室内环境的热交换。这种设计避免了对低温冷水的需求，从而实现了节能和提升舒适度的目标。

c. 运行策略改造。

文远楼的空调系统采用了先进的自动化控制技术，具体包括：空调箱的控制系统、冷冻水与热水流量的控制系统、新风控制系统、复合通风控制系统、室内照明控制系统以及楼宇设备联动控制系统。

同济大学文远楼空调系统改造措施见表4-12。

表4-12 同济大学文远楼节能改造措施表

（表格来源：作者自绘）

改造建筑类型	学校
建筑所属气候 / 气候区	夏热冬冷地区
原有空调系统	分体式空调系统
原系统问题	分体式空调外机降低建筑美观
空调系统改造形式	☑ 源端改造　☐ 输送端改造　☑ 末端改造　☐ 运行策略改造
空调系统改造措施	（1）源端改造：地源热泵空调系统 （2）末端改造：辐射吊顶、低温送风技术 （3）运行策略改造：自动化控制技术

2）重庆大学

重庆大学处于夏热冬冷地区，有A、B、C和虎溪4个不同的校区。在2012年，重庆大学的能源消费总量达到了9 039吨标准煤。能源消费中，天然气的使用量为289万m^3，折合标准煤为3 509吨。在当前进行的校园设施升级改造计划中，涉及A、B以及虎溪3个校区的多种建筑，包括办公楼、教学楼、图书馆、实验楼以及综合楼等多种类型。具体的参数见表4-13。

表 4-13 改造建筑基本信息表

（表格来源：作者自绘）

序号	建筑名称	建筑面积 /m²	改造内容
1	A 区主教	68 923	1. 更换 LED 照明设备 2. 供电系统集中智能化控制
2	B 区城环实验室	10 122	
3	B 区给排水实验室	4 354	1. 更换 LED 照明设备 2. 供电系统智能化集中控制 3. 多联机空调智能化集中控制
4	A 区第二教学楼	3 040	
5	A 区第五教学楼	7 466	
6	A 区第八教学楼	10 336	
7	B 区第一综合楼	11 325	
8	B 区第二综合楼	29 720	
9	D 区图书馆	29 108	
10	B 区三教	10 428	1. 更换 LED 照明设备 2. 供电系统集中智能化控制 3. 分体式空调集中智能化控制
11	A 区老行政楼	3 657	
12	A 区旧图书馆	7 328	
13	B 区图书馆	6 196	
14	A 区经管学院	9 384	1. 更换 LED 照明设备 2. 供电系统集中智能化控制 3. 中央空调系统改造
15	A 区研究生院楼	9 180	

a. 多联机空调运行策略改造。

在多联机室外主机处连通信号线，将每栋楼空调室外机和相对应的室内机联网控制，实现多联机系统的集中管理、远程操作、节能优化、故障检测及电能计量（可选）等功能。

b. 分体空调运行策略改造。

在每台空调的内机上安装了专用的分体式空调节能温控器，在空调室内机的适当位置安装红外发射器和温度传感器，以实现对分体式空调的无遥控器管理和监控。安装完成后，该系统能够监测分体式空调的各项运行数据，并实现远程节能控制。此外，在管理中心的计算机系统上，本系统能与课程安排系统进行数据交互，根据课程时间表自动调节分体式空调的运行，优化能源使用效率。

c. 中央空调系统运行策略改造。

在本次建筑升级改造中，不对中央空调系统的现有冷热源设备进行更换，只对系统的启动与停止机制以及运行参数进行优化调整。具体的改造措施包括：在系统的冷/热水供应和回水管道上安装电动调节阀和水流开关，以精细控制水流量；为每套中央空调系统增设变频控制的冷热水泵控制柜和智能控制柜，以提高能效和自控能力；引入集中监控系统（上位机系统），以实现更高级的监控与管理；新风处理机组的水供管上安装电动调节阀，并在回风入口处安装温度传感器，送风管道上则安装压差传感器，以精确监控和调节系统状态；每台新风处理机组均配备启动停止控制柜和智能控制柜，以增强其操作接口和智能化水平；将风机盘管的旧式温控开关更换为节能型、有限温功能的联网电子式温控器，以改善系统的节能性能和联网控制能力。重庆大学空调系统改造措施见表4–14。

表 4–14 重庆大学节能改造措施

（表格来源：作者自绘）

改造建筑类型	学校
建筑所属气候 / 气候区	夏热冬冷地区
原有空调系统	分体式空调、多联机空调
原系统问题	运行能耗大
空调系统改造形式	□ 源端改造　□ 输送端改造　□ 末端改造　☑ 运行策略改造
空调系统改造措施	（1）运行策略改造：多联机空调智能管理系统 （2）运行策略改造：分体式空调远程联网监控及限温管理 （3）运行策略改造：中央空调采用自动控制技术，例如安装电动调节阀、温度传感器、变频控制柜、温控开关等

本次改造旨在增强建筑自动化控制与监测功能，以实现能源的有效管理。改造后，系统能够识别教室和办公室的使用情况，在无人时自动将空调系统能耗降至最低，避免不必要的能源浪费。综合考量照明系统的更新换代、电力供应回路的优化调整以及空调系统的改进，预计整体节能效果能够达到30%~40%。

4.2.3.4 夏热冬暖地区空调系统

1）广东水利电力职业技术学院

广东水利电力职业技术学院处于夏热冬暖地区，经过实际测量发现，冷水机组的冷冻水进水与出水之间的温差普遍偏低，大部分时间温度维持在4 ℃以下。这一现象主要由以下几个因素引起：首先是冷冻水的水质问题。若水质未经适当处理，会在蒸发器内部产生污垢，从而影响热交换效率。

其次是冷冻水泵的选型问题。选用的泵型号过大导致流量过高而温差过小，不利于系统的高效运行。最后是日常维护管理不到位。未能执行定期的冷冻水系统清洗维护，并且未根据实际热负荷波动适时调节冷冻水流量，影响了系统性能。因此需对空调系统进行改造，具体改造措施见表4-15。

表 4-15 广东水利电力职业技术学院图书馆节能改造措施

（表格来源：作者自绘）

改造建筑类型	学校
建筑所属气候 / 气候区	夏热冬暖地区
原有空调系统	冷水机组空调
原系统问题	冷水机组冷冻水进出水温差低
空调系统改造形式	☐源端改造　☑输送端改造　☐末端改造　☑运行策略改造
空调系统改造措施	（1）输送端改造：采用缓蚀剂解决水对金属腐蚀问题 （2）运行策略改造：冷冻水泵变频技术 + 自动化控制技术

2）厦门金砖峰会主会场

厦门国际会议中心作为主会场，其场所划分包括4个区域：一栋五星级酒店（区域C）、会议中心（区域A）、宴会中心（区域B）以及音乐厅（区域D）。该中心目前采用了离心式冷水机组的空调系统。本次改造主要集中在会议中心的A区局部，计划在A区和B区之间增建两层建筑，并新增一个迎宾落客区。

由于该会议中心位于厦门东南沿海地区，直接面对夏季风向，这使得靠近东南方向的房间极易受到渗风的影响。在改造前的使用期间，连廊和前厅频繁出现结露现象。此外，国宴厅的气流组织设计为上送风低回风模式，用餐期间风口直吹使人感到不适。因此需对空调系统进行改造，具体改造措施见表 4-16。

改造后，在调试及会议期间未出现结露现象，且国宴厅用餐期间无吹风感，改造效果良好。

表 4-16 厦门金砖峰会主会场节能改造措施

（表格来源：作者自绘）

改造建筑类型	会场
建筑所属气候 / 气候区	夏热冬暖地区
原有空调系统	压缩式冷水机组空调
原系统问题	连廊及前厅时常出现结露现象，国宴厅风口直吹
空调系统改造形式	☐源端改造　☐输送端改造　☑末端改造　☑运行策略改造
空调系统改造措施	末端改造：（1）采用温控型防结露风口 （2）调试国宴厅风口风速 运行策略改造：风口设置电动阀

4.2.3.5 案例汇总

空调系统节能改造可以大幅度降低校园能耗，本书汇总了部分高校以及典型建筑的空调系统改造案例，见表4-17，为校园空调系统设计和改造提供参考。

表 4-17 空调系统改造案例

（表格来源：作者自绘）

序号	项目名称	建筑类型	所属气候、气候区	改造类型
1	大连理工大学发动机实验室空调系统改造	学校	严寒地区	源端改造 运行策略改造
2	郑州大学体育馆空调系统改造	学校	寒冷地区	源端改造 末端改造
3	北京文化商厦空调系统改造	办公楼	寒冷地区	输送端改造 末端改造
4	南开大学法学院空调系统改造	学校	寒冷地区	源端改造
5	同济大学文远楼空调系统改造	学校	夏热冬冷地区	源端改造 末端改造 运行策略改造
6	重庆大学空调系统改造	学校	夏热冬冷地区	运行策略改造
7	江南大学教学楼空调系统改造	学校	夏热冬冷地区	运行策略改造
8	同济大学实验室空调系统改造	学校	夏热冬冷地区	源端改造
9	广东水利电力职业技术学院图书馆空调系统改造	学校	夏热冬暖地区	输送端改造 运行策略改造
10	厦门金砖峰会主会场空调系统改造	会场	夏热冬暖地区	输送端改造 末端改造

4.3 新风系统

4.3.1 新风系统类型及工作原理

新风系统通过引入室外新鲜空气、排放室内空气以及对空气中相关参数的调控，来保证使用区域空气质量，为使用人群提供一个舒适和健康的室内环境。新风系统一般由新风机、风管系统、过滤器、回风系统等组成，能够有效调节室内湿度、温度、气味，并实现节能减排效果。

根据输送新风方式不同，新风系统可划分为单向流和双向流；按通风目的可分为换气、通风、温度调节以及室内空气净化等；按动力所处的位置可分为集中式和分散式；按通风区域大小可以划分为整体通风、局部通风；按布设方式可分为中央式新风和单体式新风，如图 4-19所示。以下通过布设方式详述不同类型新风系统工作原理。

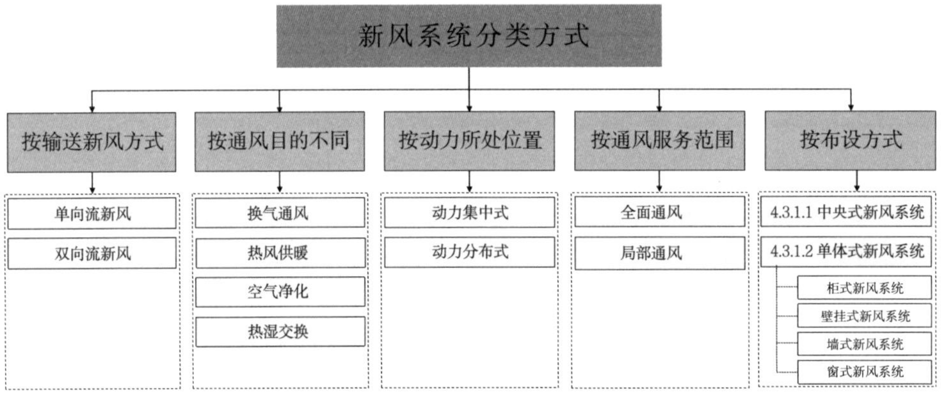

图 4-19 新风系统分类方式汇总图（图片来源：作者自绘）

4.3.1.1 中央式新风系统

工作原理：中央式新风机系统称管道式新风系统或集中式新风系统。集中一处设置若干台新风机组，室外新风经机组处理后汇合经同一主风管分配至各层送入各处使用空间。系统运行时，室外空气经过过滤器进行过滤。在换热端新风与室内回风进行能量交换，最后通过新风口输送到室内。室内的污染空气经过回风口有组织地流向新风机。室外新风在完成能量交换后直接排出室外，不再参与室内空气循环，从而达到改善室内空气品质的目的。

在安装过程中，根据使用区域的需求的特征，需要布置进风口、管道、排风口。管道的布置合理有助于维持空气流动速率，从而提高通风换气效率，实现一个机组为多个使用空间提供新鲜空气的功能。然而，这也会对设备主机的功率需求提出较高要求，且工作时产生的噪声也相对较大。

4.3.1.2 单体式新风系统

单体式新风系统的主体结构与中央式相似，包括进风设施和排风设施。新风产品类型多样，包括立柜式、壁挂式、墙式和窗式。目前，市场上常见的单体式新风产品是立柜式和壁挂式新风机，而窗式和墙式新风机数量较少。

1）柜式新风系统

工作原理：柜式新风系统通过电机驱动风扇旋转，将室外空气吸入系统内部。室外空气经过新风过滤器进行过滤，去除其中的粉尘、颗粒物等杂质。经过换热器与室内回风进行热量交换。根据实际需要，热交换后空气可能需要进行加热或冷却处理，以适应室内温度要求。最后，处理后的室外空气通过管道输送到室内，提供优质室内空气。

柜式新风系统的主要系统组成包括以下内容。①风扇和电机：用于吸入室外空气、循环空气和排出室内污浊空气的动力装置。②新风过滤器：过滤室外空气中的颗粒物和污染物，提供洁净的新鲜空气。③换热器：用于实现室内回风与室外新风的热量及湿度交换，提高能源利用效率。④加热冷却设备：对经过换热器的新风根据室内需求进行加热冷却处理。⑤控制系统：用于控制新风系统的运行、温度调节、湿度调节等功能。⑥管道：输送新风和排出室内空气。

2）壁挂式新风系统

工作原理：壁挂式新风系统通常分为单向送风和双向换气两种类型。单向送风模式利用风机将室外新风引入室内，造成室内压强比室外大，这样就强制促使室内空气通过门窗缝隙排出，实现室内外空气流动。而双向换气模式则是通过风机将室外空气引入室内，同时排出室内废气，以保持室内空气的清新。壁挂式新风系统一般安装在外墙，由净化结构、控制模块和风机组成，可能还包含除湿和换热装置。

3）墙式新风系统

工作原理：系统工作时（如图4-20所示），首先进入排风模式，风扇运转将室内空气排出，同时排出气体中的热量被传递至蓄热体中。在排风结束后，风扇反向旋转，

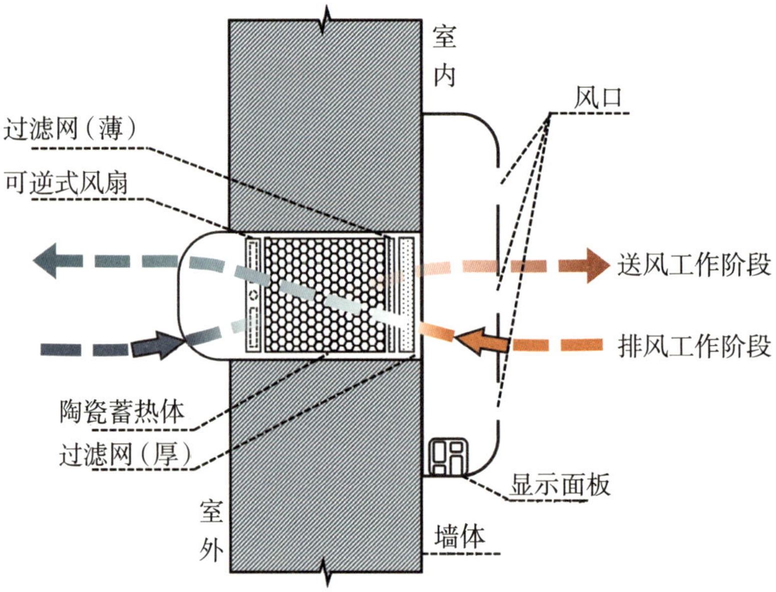

图 4-20　墙式新风系统原理图（图片来源：作者自绘）

把室外新鲜空气吸入系统。室外空气经过蓄热体，带走储存的热量后，经过净化处理后输入室内。目前墙式新风机包括单风道式和双风道式两种。

4）窗式新风系统

工作原理：通过电机驱动风扇旋转，将室外新风输送到循环系统，经过新风过滤器进行过滤和净化后，被输送到使用区域，同时将室内空气排出室外。窗式新风系统通过在门窗原有的玻璃位置或者在建筑物墙体上安装通风器，在不需开启窗户的情况下实现通风换气，持续保持室内空气的清新。相较于开窗通风，窗式通风器具有减少室内热量损失、节能的优点。窗式新风系统主要系统组成包括以下内容。①外壳：安装在窗户上，具有适配窗户的设计，可以与窗户密封连接以防止室外空气倒流；②风扇和电机：用于吸入室外新风和排出室内污浊空气；③新风过滤器：过滤室外空气中的颗粒物和污染物，提供洁净新鲜空气；④控制系统：用于控制新风系统的运行和调节风量；⑤排风口：将室内污浊空气排出室外。

4.3.2 节能改造技术措施

由于新风运行能耗在校园总能源消耗中所占比例较大，针对如何减小校园新风能耗这一问题，可以对源端、输送端、末端以及运行策略进行改造，使能耗降低，而对传统校园通风系统还要考虑增加合适的新风系统。

4.3.2.1 单体式新风系统

传统学校新风系统通常采用单一能源，并使用一次性能源为新风系统提供能量。近年来，随着对能源短缺、环境污染和气候变化等问题的关注，人们对新型可再生能源的研发和应用越来越重视。风能、太阳能和地热能等可再生能源逐渐成为新风系统的主要热源之一。这些可再生能源具有巨大的潜力，不仅能够为新风系统提供稳定可靠的能源供应，还能有效减少对传统能源的依赖，降低能源消耗和环境污染。通过充分利用这些资源，可以实现能源的可持续利用，推动建筑行业向更加环保、节能的方向发展，为建设更加可持续的社会作出贡献。

校园新风系统可以通过以下方式对新风进行加热或冷却。①空调系统：通过空调设备中的加热器或制冷器，可以控制新风温度。②换热器：换热器是将新风与室内废弃空气或其他能量源进行热交换的装置。③热泵系统：该系统利用低温热能源通过热泵循环方式，将热能转移到新风中，实现加热或冷却作用。④太阳能新风预处理利用光伏组件废热来加热水或空气。

以上是常见的校园新风系统对新风加热或冷却的方式。具体选择哪种方式，需要考虑校园建筑特点、气候条件和能源资源等因素，并综合考虑其节能效果、经济成本和环境影响等方面，作出合理选择。

a.空调系统对新风进行预处理。

空调系统是一种常见的对新风进行加热或冷却的方式。通过空调设备中的加热器或制冷器，可以控制新风温度。在冬季，加热器将新风加热至适宜温度；在夏季，制冷器则将新风冷却至舒适温度。这种方式可以实现精确温度控制，并且适用于大范围新风处理。

b.换热技术对新风进行预处理。

换热器是将新风与室内废弃空气或其他能量源进行热交换的装置。通过换热器，可以利用室内废弃空气中的热能为新风加热，或者利用其他能源如太阳能进行加热。这种方式具有节能的优势，可以减少能源消耗。

1）回收排气热量技术选取

①排风热回收技术。新风与排放的室内

空气在换热器中进行显热交换或全热交换，使新风根据室内温度要求进行加热或制冷，从而减少室内空调负荷。对于只能从排放出来的室内空气中回收热量的装置，一般称为显热回收风机。既能回收排放气体显热又能回收排气潜热的设备称为总热回收风机，具有较高的能量回收率，但初始投资和维护成本较高。

②蒸发冷却热回收技术。新风系统中的蒸发冷却热回收技术是一种利用水蒸发来降低空气温度并回收能量的技术。这种技术通常用于改善室内空气质量，提高能源利用效率。基本工作原理是通过一系列湿度控制和换热过程来实现的。在这种系统中，空气首先经过一种湿润介质（如湿润的填料或蒸发器），通过蒸发过程，水分从介质中蒸发到空气中，从而降低空气的温度。随后，冷却后的空气被送入室内，提供舒适的环境。而在热回收方面，这种系统通常采用换热器来回收排出室外的空气中的热量，然后用于预热进入系统的新鲜空气。这种方式可以减少系统的能源消耗，并提高系统的效率。

③排风热泵热回收技术。与上述被动式热回收系统相比，热泵热回收系统主动从排出气体中吸取热量并与新风进行热量和湿度交换处理。这种主动的运行模式使得经过处理的新鲜空气不仅能满足室内的热量和湿度要求，还能抵消一部分室内空调负荷。Fracastoro G V等人基于多次仿真结果，从能量角度进行分析计算，得出热泵余热回收系统极为有利的结论。在某些情况下，热泵废热回收的效率也高于地源热泵。此外，热泵余热回收系统的平均季节能效系数和经济性较高，可显著降低一次能源需求。

2）利用可再生能源进行换热

①土壤源换热。室外空气在冬季从地下吸收热量或者在夏季向土壤传递热量，达到

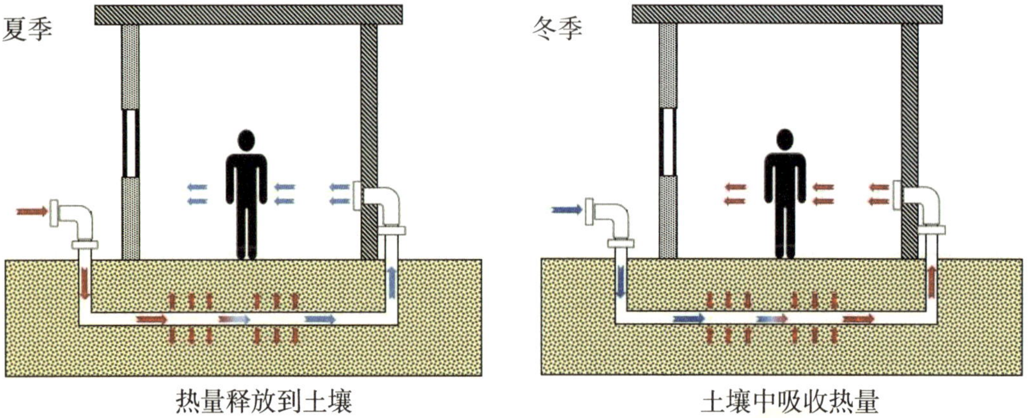

图4-21　土壤源换热介绍图（图片来源：作者自绘）

被动制冷或被动制热的效果。如图4-21所示，夏季室外热风在风机作用下流入地下管路。管道冷却空气并将热量传递给土壤，然后将新鲜空气送入室内。在冬季，室外空气的温度低于土壤温度，因此地下土壤的热量可以加热新鲜空气，以减少新鲜空气带来的空调负荷。

②太阳能换热。适用于冬季，主要利用光伏板发电后的残余热量来对新风进行预热，这样减少了建筑新风处理所需的能耗。由于太阳辐射强度随时间的变化而变化，利用光伏热系统对室内新风进行加热时，新风的热增益波动较大。

3）热泵系统新风预处理

热泵系统是一种高效节能的新风加热或冷却方式。该系统利用低温热能源（如地热、空气等）通过热泵循环方式，将热能转移到新风中，实现加热或冷却作用。热泵系统能够在一定程度上回收废弃能量，提高能源利用效率。

4.3.2.3 末端节能改造技术措施

校园新风系统末端改造是指对校园内新风系统的末端设备进行升级和改造，以提高室内空气质量和减少能耗。在进行校园新风系统末端改造时，可以考虑以下几个方面。

（1）**风口设计和布局。**根据校园建筑结构和空间需求，合理设计新风系统的风口布局。风口的大小、型号和数量要与房间的面积、高度和人员密度相匹配，以保证新鲜空气的均匀分布。

（2）**安装风口调节装置。**安装可调节的风口装置，如可调节风速的风机盘管、可调节角度的风口等。通过调节风口的开度和方向，可以控制送风的温度、湿度和风速，以满足不同房间的舒适需求。

（3）**过滤器替换和升级。**新风系统内的过滤器具有过滤空气中灰尘、微粒和细菌的功能。定期更换过滤器，选用高效的过滤材料，能有效改善室内空气质量以及减少设备能耗[54]。

（4）**控制系统升级。**对新风系统末端控制系统进行升级，采用智能化监测设备和传感器，实时监测室内相关参数，并根据监测数据进行自动调节和控制，以实现舒适性和节能效果最大化。

总之，校园新风系统末端改造需要根据不同房间的需求和功能进行具体设计和施工，通过合理布局、设备升级和智能控制，提高室内空气质量，为校园师生创造一个健康和舒适的室内环境。

4.3.2.4 运行策略

校园新风系统运行策略改造是指对现有的校园新风系统的运行方式和策略进行改善和优化，以提高其运行效率、节能降耗和提高室内空气质量。在进行校园新风系统运行策略改造时，可以考虑以下几个方面。

（1）**运行时间调整。**根据不同时段的人员密集程度和室内外环境变化情况，合理调整新风系统运行时间。可以设置定时开启和关闭新风系统，以在需要通风换气的时段开启，并在人员稀少或环境适宜的时段关闭，以达到节能效果。

（2）**智能控制技术应用。**引入智能控制技术，通过传感器实时监测室内外相关参数，根据监测数据控制新风系统。例如，在室内温度过高时增加新风系统风速，或者在浓度超过设定值时提高换气频率，以在保证室内空气质量的同时节约能源。

（3）**风速和风量调节。**根据不同房间的功能和使用需求，合理调节新风系统的风速和风量。例如，对于人员密集的教室和办公室，可以提高新风系统的风速和增加风量，以满足更高的通风需求；而对于低人员密度的走廊和储藏室，可以适当降低风速和减少风量，风量减少在一定程度上影响了风机的功率能耗，起到了节能效果。

（4）**运行模式切换。**针对不同季节和天气条件，调整新风系统运行模式来提高系统效能。例如，在夏季炎热时，可以采用全新风模式，将室外新鲜空气直接送至室内，减少新风系统的负荷和能耗；而在冬季寒冷时，可以采用部分循环模式，将一部分室内空气中的热量回收和再利用，提升能源使用率。

通过对校园新风系统运行策略的改造和优化来提升能源使用效率，达到节能目的，并提供一个健康和舒适的室内空气环境。同时，合理的运行策略也有助于减少对环境的负荷，实现可持续发展的目标。

4.3.2.5 增加合适的新风系统

对于没有安装新风系统的校园建筑，可以直接增加新风系统，用来提高室内的空气质量。同时，新风系统将室外的新鲜空气输送到使用空间，增加室内能耗负载，而排出的室内空气中热量也没有被利用，造成能量的浪费。因此，增加合适的新风系统很重要。

市面上机组型号、形式、功能各种各样，针对校园建筑各种不同需求有不同选择方法，一般从建筑面积和使用人数、空气质量要求、设计方案、能源效率、噪声控制、排放标准几个方面进行选择。根据建筑面积和使用人数需要确定新风系统机组新风量。一般来说，校园建筑相对较大，人口密集，因此需要确保机组新风量足够满足人员需求；空气质量要求需根据校园建筑具体情况，如教室、办公室、图书馆等使用场所空气质量要求，选择适合处理方式和过滤器；设计方案需根据校园建筑空间布局和结构特点，选择适合机组类型，如集中式或分散式新风系统、单体式新风系统；能源效率需考虑机组能耗与效率，选择符合能源节约标准产品；噪声控制。对于学习和工作环境场所，如教室和图书馆，需要选择低噪声新风系统机组，确保室内静谧舒适；排放标准方面需确保新风系统机组符合排放标准，避免对环境造成污染。

此外，还需考虑供应商的信誉度以及售后服务支持等因素，选择可靠的供应商和品牌，以确保新风系统机组质量和稳定性。最好在选择之前咨询专业的建筑工程师或空调工程师获取专业意见，以确定最合适的机组选择方案。

4.3.3 节能改造应用案例

4.3.3.1 教室新风系统改造应用案例——天津市朱唐庄中学教学楼节能改造

工程概述：天津市朱唐庄中学占地35 000平方米，总建筑面积9 000平方米左右，包括2001年建成的教学楼。学校共有66名教职员工，14个教学班，学生人数为600人。现对教学楼普通教室进行新风系统改造。

改进措施：该校的教学楼中普通教室均新安装带有热回收功能的新风系统来改善室内空气质量。每个教室都配备了独立控制的新风系统，使用者可根据需要在控制面板上进行风量调节。新风从教室前端的进风口进入，室内空气则通过教室后面的排风口排出。热交换器和通风管路布置在走廊的顶部，而教室和走廊采用吸音板吊顶，巧妙地隐藏了各种管道和线路。具体建筑改造信息见表4-18。

表 4-18 天津市朱唐庄中学教学楼技能改造信息

（表格来源：作者自绘）

改造建筑类型	教学楼
项目背景	教学楼面积：6 000 m²，14 个教学班，学生 600 人
原有新风系统	无
新风系统改造形式	☑ 源端　☐ 输送端　☐ 末端　☐ 运行策略
改造技术	增加热回收新风系统

4.3.3.2 办公室新风系统改造应用案例——北京某办公楼新风系统改造

工程概述：该建筑位于北京，地上共有12层。该建筑采用室内机加新风系统的多联机空调系统。现在由于办公楼的布局和功能区域发生了较大变化，原有的新风空调系统无法满足现有使用空间的新风需求，因需要对该建筑的新风空调系统进行改造。

改造措施：原本仅安装通风机部分功能区域将增加新风换气机。对于输送端改造将用走廊集中回风替代新风系统的回风管道，而送风管道将调整为回风管道。改造中增加的新风空调风管将不再采用玻璃钢风管，而是改用环保且使用时间更长的镀锌钢板风管。具体建筑改造信息见表4-19。

表 4-19 北京某办公楼新风系统改造信息

（表格来源：作者自绘）

改造建筑类型	办公楼
项目背景	建筑面积：43 940 m²，建筑层高：12 层
原有新风系统	空调室内机加新风系统
新风系统改造形式	☑ 源端　☑ 输送端　☐ 末端　☑ 运行策略
改造措施	1. 增加新风换气机 2. 走廊集中回风 3. 管道替换

4.3.3.3 实验室新风系统改造应用案例——同济大学化学实验室通风系统改造与节能

工程概况：同济大学化学科学与工程学院（以下简称“化学学院”）承担本校化学教学及科研工作，实验楼由4个区域组成，具体建筑包括教学实验室、科研实验室、仪器分析实验室、教学实验室和办公室，实验楼建筑面积8 000平方米。

本次改造前实验室共有98台各类型定风量排风柜，实验室总排风量约为147 000 m^3/h。实验室无机械补风系统，通过自然补风方式来满足实验室新风需求，因此实验室负压大、温湿度等舒适性较差。

改造措施：通过对原排风系统优化设计和整体改造、更换248台各类型暴露控制设备（其中排风柜152台）、新增新风系统、变风量控制系统及自控系统等改造，全面提升硬件设施条件，改善教学与科研实验环境。实验室的风量控制系统由排风柜的风量调节、实验室的气压控制以及风机的变频调节3个部分组成。这一风量控制系统的应用目的在于提高排风柜和实验室的安全性，同时实现节能减排的目标。本项目中，排风柜采用了基于位移传感器和文丘里型蝶阀的风量调节方式，而实验室的气压控制则采用了余风量控制和压差监测的方法，既提高了实验室的安全性，又增加了压差监测的可视性。同时，风机采用了定静压变频控制方式。实现了在保证安全前提下最大程度地节能减排。具体建筑改造信息见表4-20。

表 4-20 同济大学化学实验室通风系统改造信息

（表格来源：作者自绘）

改造建筑类型	化学实验室
项目背景	实验楼建筑面积：8 000 m^2 框架结构：20 世纪 70 年代到 90 年代
原有新风系统	1. 定量排风柜 2. 自然补风
新风系统改造形式	☑ 源端 ☐ 输送端 ☐ 末端 ☑ 运行策略
改造措施	1. 增加新风系统 2. 变风量控制系统

4.3.3.4 体育馆新风系统改造应用案例——某高校体育馆中央空调新风系统改造

工程概况：某高校的体育馆总建筑面积为4 500平方米，主体部分为一层大空间，分为综合馆和网球馆，其他用于教学和科研。原通风系统：一层大空间为全空气系统。地下使用空间采用风机盘管加新风系统。夏季使用中央空调全空气系统时，空气质量无法满足教学需求。原有的定频系统无法进行风量调节控制，能耗较高。现新风系统管道上没有比例调节阀，无法根据室内外空气变化调节新风和回风的混合比例，导致能耗不合理。

改造措施：用变频风冷式制冷机组替换屋顶上老旧的两台风冷式制冷机组来实现能源的高效利用。对新风机组进行变频调节改造，实现自动化控制。在减少风量损耗的前提下，为机组前端加装过滤设备，以实现空气净化的目标。为地下室训练场地加装全热回收式新风机，以补充室外新风和排气中的热量利用。在空气输送管网上增加比例调节阀，根据室内外空气变化调节新风和回风的混合比例。具体建筑改造信息见表4-21。

表 4-21 某高校体育馆中央空调新风系统改造信息

（表格来源：作者自绘）

改造建筑类型	体育馆
项目背景	总建筑面积：4 563 m^2 一层：综合馆和网球馆 五层：科研用房
原有新风系统	全空气空调 + 风机盘管加新风系统
新风系统改造形式	☑ 源端　☐ 输送端　☐ 末端　☑ 运行策略
改造措施	1. 更换制冷机组　2. 变频调速改造　3. 增加新风系统　4. 增加调节阀

4.3.3.5 图书馆新风系统改造应用案例——湖北省地区某图书馆新风系统改造

工程概况：湖北省某图书馆的总建筑面积3万多平方米，其中空调覆盖的面积为27 000平方米左右。建筑包括地下1层和地上9层。原通风系统：地下层的报告厅和地上1至5层使用定风量全空气系统，而6至9层的阅览室则采用吊式空气处理机组。办公区域使用风机盘管结合新风系统。室外新鲜空气主要通过空气处理机组或吊式新风机组引入建筑内部。而其他使用空间则使用了分体空调。

本次改造方案：将新风系统的定频运行方式改为变频，同时在排风管中安装温度传感器，控制器根据传感器检测温度与设定值的比较来调节新风系统的运行频率。在新风管道上增加风阀，在冬季和夏季根据传感器调节电动风阀的开合大小。具体信息见表4-22。

表 4-22 湖北省地区某图书馆新风系统改造信息

（表格来源：作者自绘）

改造建筑类型	图书馆
项目背景	总建筑面积 30 850 m^2，建筑总高度 46.8 m，地下 1 层地上 9 层
原有新风系统	风机盘管 + 新风机组（吊顶式和卧 / 立式）+ 定风量全空气系统
新风系统改造形式	☐ 源端 ☐ 输送端 ☑ 末端 ☑ 运行策略
改造措施	1. 定频改为变频运行 2. 增加电动二通阀及相应温控器

4.3.3.6 其他借鉴项目

1）沈阳建筑大学中德节能示范中心项目

沈阳建筑大学中德节能示范中心项目新风采用地道风系统，通过地埋管根据室内温度需求对新风进行预冷和预热，并且采用热回收新风机组，将室内排放气体中的冷热量与室外新鲜空气进一步交换，以此减少新风的制冷制热能耗。

2）河北省建筑科技研发中心“中德被动式低能耗建筑示范工程”

本项目为了节能，使用两台带预冷、热和再冷、热模式的新风机组，分别布置于负一层和楼顶，为建筑供给新风。两个新风系统均采用变频功能，根据室内传感器监测的二氧化碳浓度自动控制运行模式以及调节风量大小。由土壤源热泵系统中的地埋管换热进行新风的预冷或预热。根据室内运行工况，控制预冷、热和再冷、热的运行模式。

4.3.3.7 案例改造措施及产品汇总

该部分总结了部分校园新风系统设计和改造案例以及其他建筑类型新风系统改造措施，针对校园不同建筑类型改造，主要从源端、输送端、末端以及运行策略进行升级改造。同时，列举不同产品新风系统并对比它们的优缺点，为在校园新风系统设计和改造中，更好地选择新风系统提供参考。

1）新风系统改造案例措施汇总

近年来，校园新风系统改造已经成为许多学校关注的焦点。通过对以往的校园新风系统改造案例的总结，为之后的校园新风改造提供一定的意见。具体内容可以参考表 4-23。

表 4-23 案例改造信息汇总

（表格来源：作者自绘）

序号	项目名称	建筑类型	原新风系统	改造类型
1	天津市朱唐庄中学教学楼节能改造	教室	无	热回收新风系统
2	北京某办公楼新风系统改造	办公室	空调室内机加新风系统	1. 增加新风换气机 2. 走廊集中回风 3. 管道替换
3	同济大学化学实验室通风系统改造与节能	实验室	排风柜 + 自然补风	1. 增加新风系统 2. 变风量控制系统
4	某高校体育馆中央空调新风系统改造	体育场	全空气空调 + 风机盘管加新风系统	1. 更换制冷机组 2. 变频调速改造 3. 增加新风系统 4. 增加调节阀
5	湖北省地区某图书馆新风系统改造	图书馆	风机盘管 + 新风机组 + 卧 / 立式空气处理机组	1. 定频改为变频运行 2. 风机盘管增加电动二通阀及相应温控器
6	沈阳建筑大学中德节能示范中心项目	—	—	1. 地道风系统 2. 热回收型新风机组
7	河北省建筑科技研发中心建筑示范工程	—	—	1. 变频和自控功能 2. 地源换热新风处理

2）新风产品对比分析

通过对中央式新风系统和单体式新风系统进行综合对比，为选择适合的校园新风系统提供参考。具体内容包括：风量、价格控制方式、设备体积、安装特点以及优缺点等。详细内容参考表 4-24 中的内容。

表 4-24 新风系产品对比

（表格来源：作者自绘）

分类	中央式新风系统	单体式新风系统			
名称	中央式新风系统	柜式新风	壁挂式新风	墙式新风	窗式新风
风量	风量大且稳定	风量大且稳定	风量适中	风量较小	风量较小
价格	10 000 元以上	10 000 元左右	5 000 元左右	1 000 元左右	1 000 元左右
控制方法	控制面板为主，APP 为辅	遥控器、APP 及设备端控制	遥控器、APP 及设备端控制	遥控器和设备端控制为主	设备端控制为主
设备体积	体量大	体量大	体量较小	体量小	体量小
安装	管道铺设	无须管道铺设	无须管道铺设	无须管道铺设	无须管道铺设
换热效率	高	高	低	低	低
优点概括	风量较大且稳定，热交换效率高	热交换效率高，除尘彻底，不需铺设管道	风量稳定，热交换效率高，不需铺设管道	对墙体无伤体积小，不需要管道，功耗较低	体积小，不需要管道、打孔，对墙体无伤
缺点概括	需要管道铺设，管道易积聚污物，工作噪声较大等	体积较大，占据较大室内空间，噪声大，静电除尘产生臭氧	占据较大室内空间，噪声大，对安装位置要求高	功率和体积限制导致风量不高，现有设备间歇式工作，风向不稳定	安装位置局限较大，对安装位置、窗户类型要求高，风向单一

4.4 热水系统节能改造

4.4.1 热水系统类型及工作原理

热水供应系统确保用户按时获得符合设计要求的热水。根据供应范围可分为局部、集中和区域热水系统；按系统是否敞开可分为闭式和开式系统；按管网循环方式可分为全循环、半循环和不循环系统；按循环动力可分为自然和机械循环方式；按热源类型可分为太阳能、热泵、锅炉、电和燃气系统（如图4-22所示）。以下以热源类型分类为例详述不同类型热水系统的工作原理。

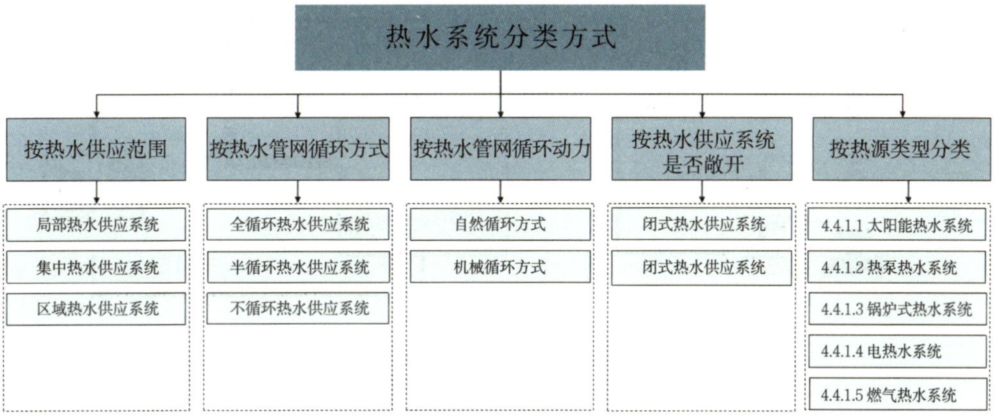

图4-22 热水系统分类方式汇总图（图片来源：作者自绘）

4.4.1.1 太阳能热水系统

太阳能集热器表面采用高吸收率的材料，将太阳辐射转化为热能。随着集热器温度的上升，热量传递给内部的工质。同时，部分热量向周围散发；集热器中的工作介质（水或其他介质）被加热后，通过连接管路中的工作介质（水或封闭循环的其他循环介质），将热量输送到储热水箱，具体系统概述和工作原理参考4.1.2。如储热水箱为用户水箱，输送来的热量加热水箱中的水并储存下来，供用户使用；如储热水箱为中间换热水箱，该水箱作为热交换器使用，由集热器输送来的热量在中间换热水箱中与至用户储热水箱的循环工作介质进行热交换，再通过至用户储热水箱的循环工作介质将热量输送到用户储热水箱，加热其中的水，供用户使用。用户储热水箱的热水通过供水循环的连接管路，将热水输送到洗浴设备、洗涤设备等各个用水点[62]，如图 4-23所示。

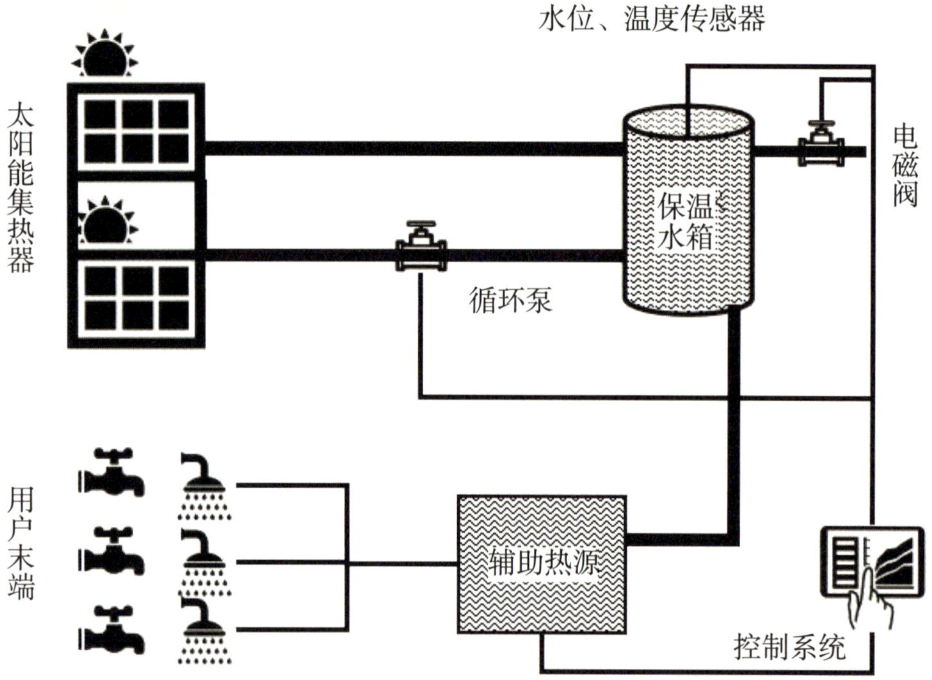

图4-23 太阳能热水系统示意图（图片来源：作者自绘）

1）太阳能集热器

太阳能集热器是太阳热水系统中将太阳能转化为热能的装置，包括平板型和真空管集热器和聚光型集热器。

①平板集热器。平板形状的非聚光型太阳能集热器。主要由透明盖板、涂有选择吸收性涂层的吸热板、保温材料隔热层、导热介质进出连接管（集管）和外壳等几部分组成。真空管集热器通常采用玻璃管，管壁与吸热体之间有真空空间。

②聚光集热器。包括槽式、碟式、塔式以及菲涅尔式太阳能集热器。槽式集热器是一种利用反射镜将太阳能聚焦到吸热管上的集热器。它由吸热管和反射镜组成。反射镜将太阳能反射到吸热管上，吸热管内的液体通过吸热转化为热能。槽式集热器通常用于集中发电和工业加热领域。蝶式集热器是一种利用太阳能产生热能的设备。它由一个中央反射器和两个聚光器组成，可以将太阳能集中到一个小区域内。聚光器将太阳能反射到

中央反射器上，再反射到吸热管上，将太阳能转化为热能。蝶式集热器通常用于供暖和工业加热领域。塔式集热器是一种利用太阳能产生热能的设备。它由一个高塔和多个平行排列的镜子组成。镜子会跟随太阳的运动而调整太阳能的反射方向，将太阳能反射到高塔上的吸热器上。塔式集热器通常用于集中发电和工业加热领域。菲涅尔集热器是一种利用菲涅尔透镜将太阳能聚焦到吸热管上的集热器。它由大面积的聚光镜和吸热管组成。聚光镜将太阳能聚焦到吸热管上，吸热管内的液体吸收太阳能并转化为热能。菲涅尔集热器通常用于供暖和工业加热领域。

2）储热水箱

储热水箱是太阳能热水系统中储存热水的装置，通过保温水箱把集热器加热过的水储存起来。按材质分为不锈钢水箱、碳钢水箱、玻璃钢预制水箱等。

a.不锈钢水箱。不锈钢水箱在太阳能热水系统中具有广泛的应用。它们适用于各种户外环境、特殊环境下以及对水质要求较高的场景。由于不锈钢具有优异的抗腐蚀性能和抗锈能力，因此非常适合长期暴露在室外环境中使用。这些水箱在设计上考虑了耐用性和稳定性，并且能够有效地储存和保护热水。它们通常采用高品质的不锈钢材料制成，具有良好的密封性和耐用性，能够长期稳定地运行。

b.碳钢水箱。碳钢水箱通常经过热镀锌防腐处理，通常具有较厚的壁厚，这使得它们具有适中的强度、耐用性和保温性，并且成本相对较低，是许多项目选择的经济实用的选项。由于碳钢水箱能够在不同环境条件下稳定运行，因此在各种工程中得到了广泛应用。

c.玻璃钢预制水箱。玻璃钢预制水箱采用玻璃钢材料制成。相比于传统材料，玻璃钢具有高硬度但轻质，易于加工，且不生锈、不腐蚀，无须涂漆。在性能、用途和寿命等方面，玻璃钢预制水箱明显优于传统的水箱制品。这种水箱因其材料特性，常用于各种场合，包括工业、商业、农业以及居民生活等领域。其优异的耐候性和耐用性使其成为许多项目的首选，尤其适用于需要长期使用且需要抗腐蚀的环境。

3）输送管路

输送管路的设计和连接方式对太阳能系统的性能至关重要，因此需要合理安排管道系统，确保连接正确，以确保整个系统能够达到最佳的工作状态。对于直接供应生活热水的管路和配件宜采用不锈钢管或铜管等，在确保水质安全的同时减少热量损失。此外，其他走水装置的材质应与建筑给水管路的材质相兼容，以避免因材料不匹配而导致的腐蚀或热损失问题。通过合理选择和设计连接管路，可以确保太阳能系统的稳定运行和高效工作，为用户提供持续稳定的热水供应。

4）辅助能源系统

太阳能热水系统的备用加热来自各种传统能源类型，作为太阳能热水系统的补充。这些备用加热系统在连续阴雨天气或其他特殊供热需求下发挥作用，当太阳能系统无法满足需求时启动，以确保系统热水能够随时供应。备用热源通常需要具备稳定、随时可用的特性。辅助热源的类型多种多样，其中电辅热是太阳能热水系统的常见辅助热源。通过合理选择和配置不同类型的辅助热源，可以提高系统的灵活性和可靠性，确保在各种情况下都能够稳定地供应热水，满足用户的需求。

5）控制系统

控制系统是太阳能热水系统的组成部分。控制系统的主要功能包括但不限于以下方面。①温差循环。根据集热器和水箱之间的温差，调节水的循环以实现最佳的热水供应效果。②强制循环。在特定情况下，强制启动循环以确保系统的稳定运行。③定温出水。根据用户需求设定一个热水的出水温度。④电加热。在太阳能供热不足或其他情况下，通过电加热设备提供热水。⑤自动上水。根据水箱水位自动进行补水。⑥定时加热防冻循环。根据预设的时间进行加热，以防止系统结冰。⑦高温度保护。当水温超出安全范围时，自动启动保护机制。⑧排空功能。定期排空系统中的空气，保证系统运行畅通。⑨远程控制。通过互联网等方式，实现对系统的远程监控和控制。通过这些功能的合理配置和使用，控制系统可以确保太阳能热水系统的稳定运行和高效利用，提供可靠的热水供应。

4.4.1.2 热泵热水系统

地源热泵系统主要由热泵机组、换热器和用户末端3个部分组成。地热源是一个广义的概念，不仅包括土壤，也包括与土壤接触的地表水、地下水部分，根据其采用的地热源种类不同，可以分为土壤源热泵系统和水源热泵系统，水源热泵系统又包括地下源热泵系统及地表水源热泵系统，各类系统介绍如下。

1）土壤源热泵系统

地埋管地源热泵系统包括换热器、热泵机组和用户末端，具体系统概述和工作原理参考4.1.2。热水首先通过循环泵的作用不断地循环，与地下岩土体进行热交换。在这个过程中，水中的热量通过蒸发器传递给换热工质。与此同时，自来水吸收来自换热工质的热量而逐渐被加热到温度设定值，最后被泵入保温水箱。在热水箱中，经过保温处理后的热水被输送到热水供应管网。通过这一系列的热交换和输送过程，系统能够稳定地提供温度适宜的生活热水。这种供水系统既能够利用地下的稳定温度进行热交换，又能够保证自来水的加热和供应，在保证供水质量的同时，实现了节能和环保的目标。如图4-24所示。

地埋管换热器在我国大部分夏热冬冷地区效果最为适宜。特别是在地下100米内没有坚硬地层，并且存在保水性良好的砂土层，这种条件更有利于土壤源热泵系统的实施和运行。此外，也需要具备合适的地埋管换热器布置面积，以确保系统的高效

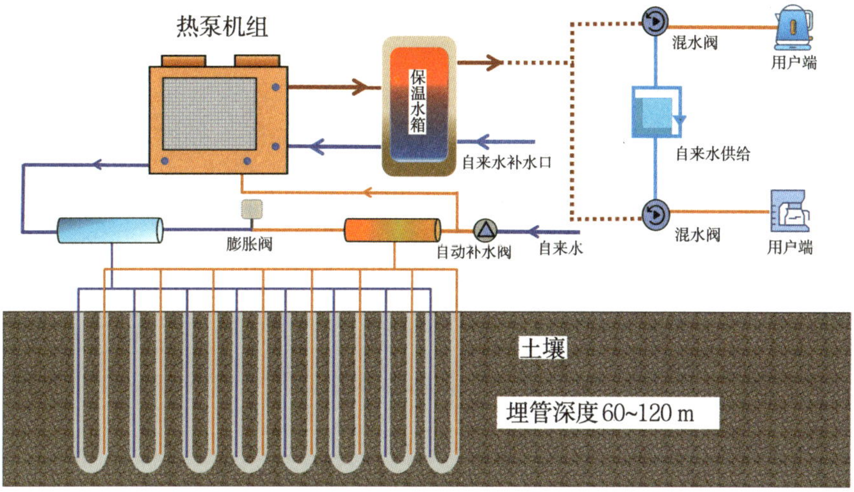

图4-24 地埋管地源热泵系统示意图（图片来源：作者自绘）

运行和热量交换，但不能一味追求增大地埋管换热器面积，而减少换热器之间的间距，这样不仅不会提高效率，反而会降低换热器的效果。

2）地下水源热泵系统

地下水源热泵系统包括开式和闭式，具体系统概述和工作原理参考4.1.1。地下水供应到热泵机组，通过换热器实现热量交换，然后将热水储存到保温水箱中，最终通过管网输送到各个用水终端。优点是简便易行和为用户提供生活热水。但一般适用于地下水源丰富的地方。使用该系统需要遵守当地地下水资源管理部门的管理规定，以确保对地下水资源的合理利用和保护。如图4–25所示。

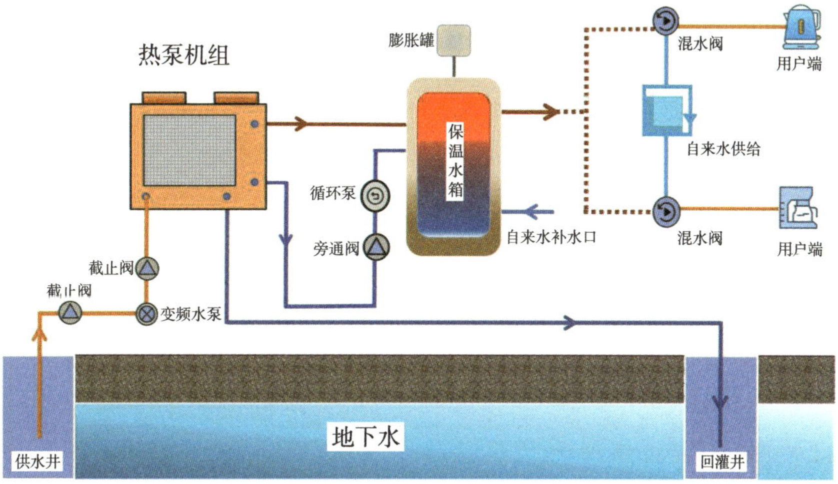

图4-25 地下水源热泵系统示意图（图片来源：作者自绘）

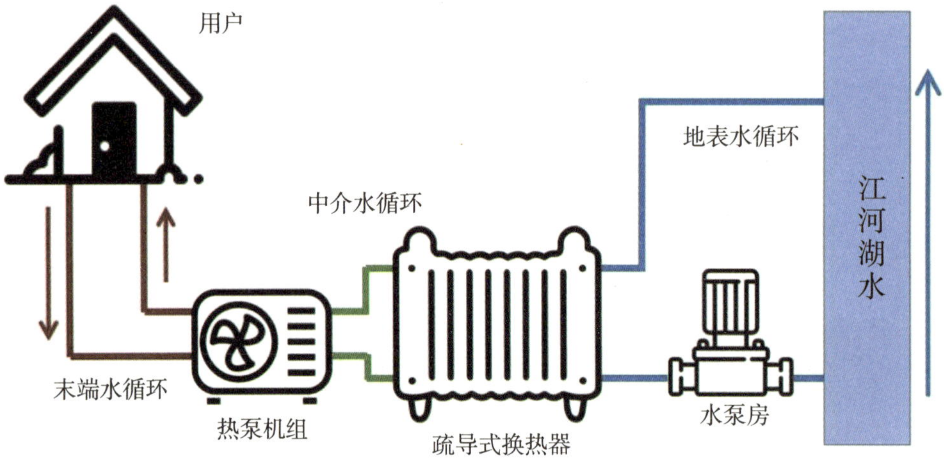

图4-26 地表水源热泵系统示意图（图片来源：作者自绘）

3）地表水源热泵系统

地表水源热泵系统采用热交换器。这种系统的热源是地表水，包括池塘、江河或海洋等。用多并联的塑料管组成地表水热交换器与地表水进行热量传递（图4-26）。这种系统简便易行，初期投资低，适用于需要低温热源的场合。然而，地表水源热泵需要一定的水资源，因此宜设置在水域较为发达的区域或建筑物周边有天然水源，这样可以直接利用水源供能。

4）空气源热泵热水系统

首先空气源热泵中的压缩机将空气中的热量转移到热泵循环剂（一种特殊的制冷剂）中，然后通过换热器将这个热量传递给热水。之后，热泵循环剂通过膨胀阀进入蒸发器，使其温度降低，然后循环回到压缩机，重新开始循环。如图4-27所示。交换热量后的热水被储存在保温水箱中，再由输送管道输送至末端装置。主要部件有空气源热泵、循环水泵、电磁阀、保温水箱以及连接管路等。

空气源热泵系统具有适用范围广、结构简单、安装方便、运行成本低、环保效益好等特点。空气源热泵系统适用性强，全天候运行且不受恶劣天气影响，节能效果显著。在我国南方，特别是长江中、下游地区，已得到广泛应用。

空气源热泵系统存在热量利用低、制热效果差以及结霜等问题。在选择空气源热泵系统时，需要考虑当地的气候条件和环境特点，合理评估其优缺点，确保系统能够在适宜的地区和条件下发挥最佳效果。同时，对于冬季结霜问题，也需要采取相应的措施和技术手段来解决，以提高系统的稳定性和节能性。

5）污水源热泵热水系统

污水源热泵系统通过热泵技术回收污水中的低温热能。整个系统包括分污水循环、中介循环和末端循环。在热泵机组内

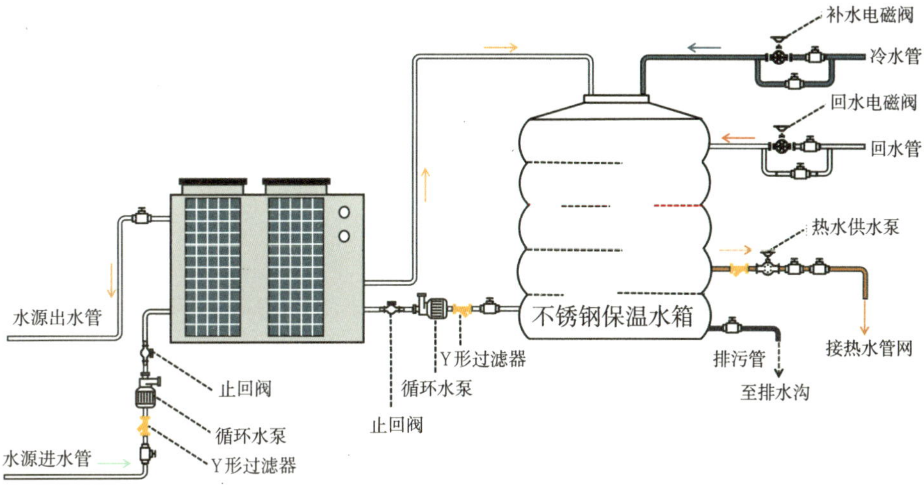

图4-27 空气源热泵热水系统示意图（图片来源：作者自绘）

部，还有一个热泵工质（例如氟利昂）的循环。系统的主要设备包括污水泵、疏导式换热器、中介泵、热泵机组。如图4-28所示。

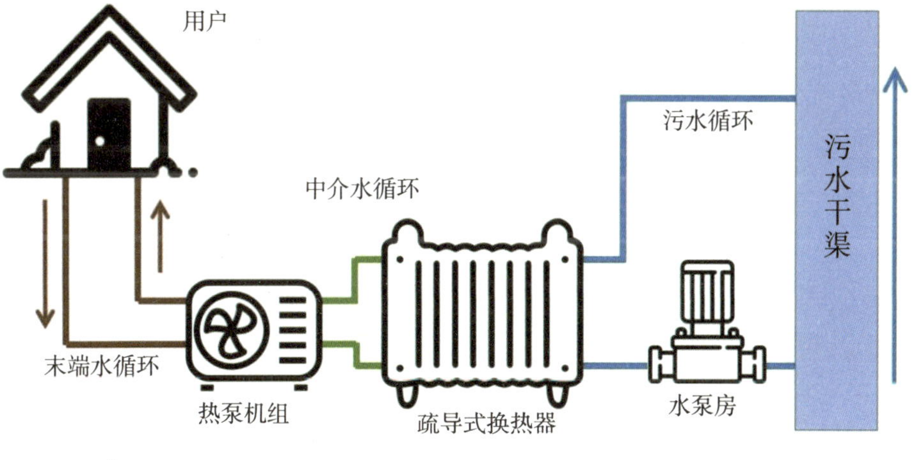

图4-28 污水源热泵热水系统示意图（图片来源：作者自绘）

4.4.1.3 锅炉式热水系统

锅炉式集中热水系统通过锅炉将水加热到一定温度，通过管道输送至不同的水龙头，供应热水。锅炉通常使用燃煤、燃油、燃气或其他可燃燃料进行燃烧产生热能，具体内容参考4.1.1。燃烧产生的热能通过锅炉壳体中的传热管传递给水，使水加热。加热后的水被输送至不同的用水点。

4.4.1.4 电热水系统

电热水系统通过电能将水加热到设定温度，然后通过管道输送至不同的水龙头来供应热水。系统通常包括一个电加热器，将电能转换为热能以加热水。加热后的水储存在保温水箱中，最后经过管道输送至各个用水点。主要分为储水式、即热式和速热式3种类型。①储水式电热水器。预先将水加热并存储在保温水箱中，以备随时需要。②即热式电热水器。短时间内将水温加热到需要的温度。③速热式电热水器。采用小水箱和大功率加热设备相结合，使得水温更加稳定且加热速度快。这些电热水器类型各有特点，可以根据使用需求和场景选择最适合的类型。

4.4.1.5 燃气热水系统

燃气热水系统通过燃气燃烧产生的热能将水加热到温度设定值，然后通过管道输送到各个用户末端。燃气热水系统通常包括一个燃气热水炉，燃气在燃气热水炉中燃烧产生热能，通过传热器，将水加热。加热后的水经过管道输送至各个用水点，如图4-29所示。

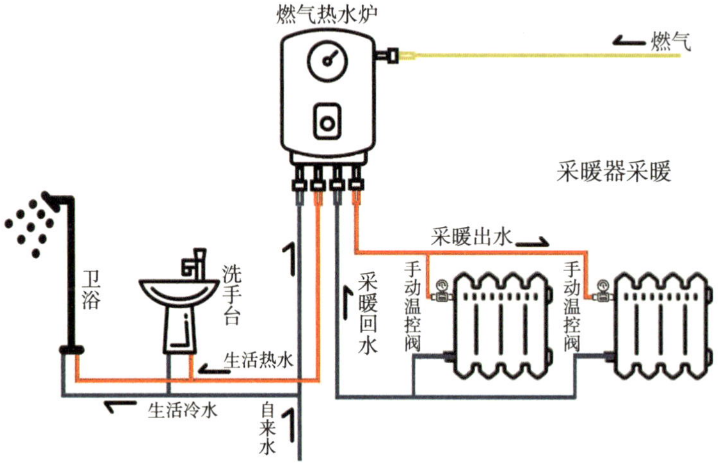

图4-29 燃气热水系统示意图（图片来源：作者自绘）

4.4.2 节能改造技术措施

由于热水系统负荷在校园建筑负荷中所占比例较大，主要包括：对热源的利用效率低、在管路中热的损失高以及不科学的热水系统运行策略。针对如何减小校园热水系统能耗这一问题，可以对热水系统的源端和输送端进行节能改造以及通过运行策略优化，使整个系统能耗降低。

4.4.2.1 源端节能改造策略

目前，校园中的热水系统主要有太阳能热水、锅炉集中热水以及热泵热水系统等，针对不同的热水系统源端有特定的改造策略。太阳能热水系统主要从提升集热器对太阳光吸收效率方面考虑，包括：集热器种类、太阳能集热器布置、集热器连接以及增加集热器面积。热泵热水系统主要从优化选取低温热源、合理选取驱动能源以及热泵机组高效化方面考虑。传统锅炉改造主要是用清洁能源替代传统能源和利用锅炉运行中产生的余热。

1）太阳能热水系统源端节能改造

在实际工程中，若预计的集热器面积超过了可利用的屋顶面积，必须根据可用屋顶面积重新设计集热器的布置。这可能需要采取多种措施来确保满足最低热水保证率要求。例如，可以采用调整集热器的朝向，了改变类型和连接方式，增加串联数量，或者调整倾斜角度等方法。这些措施可以根据具体情况进行灵活调整，以实现最佳效果。通过这些方式的调整和优化，可以最大程度地利用现有的屋顶空间，确保集热器的有效性和系统的稳定性。

a. 太阳能集热器布置。

安装太阳能集热器需要考虑集热器的倾角和朝向。一般来说，太阳能集热器会有最佳的设置范围，以获得最大的日照能量。至于集热器的倾角设计一般是在当地纬度正负10° 范围内。这样的设置可以最大程度地利用太阳的辐射能，提高太阳能集热器的效率。

b. 集热系统集热器的连接。

集热器之间的连接方式对系统的流量分配和换热效率影响很大。因此，在设计过程中，需要特别注意集热器的连接组合方式。这涉及如何安排集热器之间的管道连接、循环方式以及流体的分配等方面，以确保系统运行稳定且换热效率最大化。

目前，集热器的连接方式主要有3种。首先是串联连接，即将多个集热器依次连接在同一管路上，形成串联结构。其次是并联连接，即将多个集热器并列连接在同一管路上，形成并联结构。最后是混合连接，即将串联和并联连接方式相结合，以满足特定的系统需求。

c.增加集热器面积。

对于屋面条件较差的情况，如南北向结构或不规则形状的屋面，集热器的位置受到了较多限制。这种情况下，可以考虑调整集热器的朝向和连接方式以最大化利用屋面面积。这样的调整可以优化集热器的布局，确保太阳能系统的效率和性能达到最佳状态。

2）热泵热水系统源端节能改造

热泵热水系统源端改造主要包括以下3个部分。

a.优化选取低温热源。在考虑优化选择低温热源时，需要综合考虑学校周边资源情况，选用适宜的热源。空气、地下水、地表水、污水、废水和土壤等是常见的低温热源。选择不同的低温热源将对热泵系统的运行特性和经济性产生显著影响，主要取决于热源温度与供热温度之间的温差。为确保热泵系统平稳高效运行，需要满足以下条件：供热温度与可获得热源的温度之间的温差应尽可能小，可提高系统能效；低温热源温度应尽量提高，以提高系统热效率；同时需解决低温热源的蓄热问题，确保系统在不同季节和使用需求下稳定可靠。

b.合理选取驱动能源。在选择热泵的驱动能源时，需要综合考虑驱动设备所需的高位能源。目前主要采用电能作为驱动能源。在考虑热泵的驱动能源时，可采用变频电动机，以此来实现负载调节、改善热泵部分负载特性以及减小启动电流等，从而提升热泵的节能性。也应当留意使用燃料动力发动机来驱动热泵更具合理性。通过热回收系统将发动机损失的热量纳入供热系统，可以显著提高热泵系统一次能源的利用效率，实现更好的节能效果和环保效益。

c.热泵机组的高效化。在工程设计中，通常用热泵机组的能效比来评定其能耗情况。能效比越大，说明机组在提供同等热量的情况下，机组的能耗越低。不同的热泵机组能效比大小不一。因此，在选择热泵机组时，需要进行比较，以选取性能更优的机组。

3）锅炉热水系统源端节能改造

校园中，对仍然使用传统能源燃烧获得热量的锅炉热水系统进行整体的替换，主要包括太阳能热水系统、热泵热水系统以及多热源耦合热水系统，而对有改造价值的锅炉或者是比较新型的锅炉可以进行相应的改造，主要包括用清洁能源作为燃料、余热回收技术以及增加锅炉节能器。

随着气候变化、环境污染以及能源短缺等问题愈发凸显，越来越多的新型和清洁能源投入使用。用清洁能源代替传统能源是锅炉热水系统改造的重要方式，清洁能源主要有天然气、电力、轻柴油和生物质燃料等，就目前形势看，天然气、电力资源因其热转换效率高、转换速度快，应用比重不断提高。

利用余热回收技术和增加锅炉节能器也

是一种主要的锅炉改造方式。燃气锅炉在排放烟气时会排出含有水蒸气的烟气，其中蕴含许多未被利用的潜热。这使得显热损失较大，同时排烟温度也较高。如果考虑使用冷凝型燃气锅炉节能器，能够解决这一问题。这种节能器安装在锅炉的排烟管道中，能回收烟气能量，有效降低燃料消耗。

4）其他清洁能源作为热源

除了校园常用的太阳能和地源热作为热源外，还有很多清洁能源可以作为热源。具体情况需要结合校园周边的资源，在条件允许的情况下可以使用一些其他的清洁能源。

5）辅助热源选择

单独使用某一种清洁能源作为热源很难达到供热需求。比如在阴天时，太阳能热水系统不能够发挥作用，导致供应热水温度无法满足需求。因此，需要搭配辅热源来进一步加热，使热水达到设定温度。

常用辅助热源主要有电热水器和燃气热水器。目前国内校园热水改造主要采用多热源配合使用，例如浙江大学竺可桢国际教育学院大楼以空气源作为主热源，电热水器作为辅热。郑州大学太阳能热水系统项目以太阳能为主热源，以空气源和电热水系统为辅热对热水进一步加热来达到设定温度。

4.4.2.2 输送段节能改造策略

1）输送端布置

在安装水箱时，合理安排系统布局，使集热器、水箱、用热水点和冷水供水点之间的距离尽可能缩短，从而减少管路热损失，减少加热所需的能耗，降低工程成本。一般分为前后布局、左右布局以及上下布局，根据工程需求选择合适的布局方式。

太阳能系统效率受输送管网布置影响很大。一般太阳能热水系统的管网布设包括同程和异程两种方式。同程管路可以实现系统流量均匀分配，确保系统高效运行，但通常会增加集管长度，从而提高能源消耗成本。异程管路系统中，若管线长度差距较大，需要安装平衡阀等其他调节设备来进行流量调节。

2）提升输送端保温性能

保温水箱用来存储集热器产生的热水，一般由内胆、保温层和外壳组成，要具有很好的保温效果，以减少热损失来降低系统能源消耗。保温层有的材料种类很多，其中以聚氨酯发泡材料的保温效果最佳。

管道的保温设计包括选用主要保温材料、确定保温厚度和设计保温结构。设计手册中详细说明了多种不同的保温结构方式。计算机使用非线性方程组的方法来求解热力管道的经济保温厚度。由上可知，对于管道保温设计、结构和保温厚度都进行了相关设计，这里不再论述，重点和难点就在于保温材料选择。

目前，工程中使用的管道保温材料种类繁多，涵盖了多种传统和新型材料。传统材料如矿渣棉、泡沫混凝土和蛭石等，而新型材料如岩棉、超细玻璃棉和聚氨酯泡沫塑料等正在逐渐得到应用。在选择保温材料时，我们需要综合考虑性能和价格，以获取性价比最高的材料。因此，详细了解常用保温材料的性能特点和价格是十分重要的。只有这样，才能在工程中作出明智的选择，用尽可能少的投资取得尽可能好的保温效果。

4.4.2.3 通过运行策略减少能耗和热损失

1）根据用水时间段控制

定时补水和定时供水是热水系统中的两种重要功能。定时补水确保在预设的时间段内，系统会自动将水箱补充至设定的水位，而其他时间段则会持续监测水位。当水位低于设定值时，系统将自动进行补水，保证水箱始终处于适当的水位，以确保供暖系统的正常运行。而定时供水则是指在特定的时间段内向用户提供热水，而在其余时间段则停止供水，以节省能源。当太阳能无法满足水温要求或集中水箱中的水温低于设定的保证水温时，系统将启动辅助加热设备，对水箱中的热水进行二次加热。一旦水温达到最低设定值或者上升到最低用水温度值，加热设备将会关闭，以保持系统的稳定运行。通过这样的定时供水模式，系统能够更加高效地管理能源消耗，减少不必要的能源浪费，从而达到节能减排的目的。

2）根据使用者对温度的需求控制

定温进水是太阳能热水系统中的主要循环方式，控制参数是集热器出水口的温度。一旦出水口温度达到设定值，定温进水泵启动，将冷水注入集热器，送热水进水箱。当出水口温度降至设定值时，定温进水泵停止，完成热水采集。定温供水是设定水箱温度，当集热系统无法满足用水需求时，辅助热源启动。水箱温度低于预设值时，辅助热源运行，直到水箱温度达到设定温度。通过比较定温供水温度设定值，可以了解系统能耗情况，设定温度越低，能耗越高。

温差循环是另一循环方式，当集热水箱水满并且出水口温度与水箱中水温差大于预设值时，温差循环泵启动。它将低温热水抽入集热器，将高温热水压入水箱，实现热能的有效循环利用。

4.4.3 节能改造应用案例

4.4.3.1 严寒地区改造应用案例——牡丹江师范学院热水系统改造

改造前：根据国家环保要求取消燃煤锅炉，牡丹江师范学院现需对游泳馆热水系统进行改造，该次改造要满足馆内使用人群洗澡需求，每个沐浴一天的用水量为24平方米，本次改造同时也要对国际教育学院部分热水系统进行改造。

改造措施：为解决游泳馆沐浴和泳池加热以及国际教育学院的部分用水问题，根据用水量需求，选用低温空气源热泵机组加电辅热系统，可以充分保证热水温度和水量。超低温空气源热泵实现了在寒冷天气下仍能提供稳定且舒适的热水，可为北方校园热水系统改造和合计提供一个解决方案。热水改造信息见表4-25。

表 4-25 牡丹江师范学院热水系统改造信息

（表格来源：作者自绘）

牡丹江师范学院	
建筑所属气候区	严寒地区
改造建筑类型	游泳馆 + 国际教育学院
热水改造需求	游泳馆——70 个沐浴 + 游泳池热水 国际教育学院——沐浴用水
原有热水系统	燃煤锅炉
热水系统改造形式	☑ 源端改造 □ 输送端改造 □ 运行策略改造
改造技术	游泳馆：30 台超低温空气源热泵 国际教育学院：2 台超低温空气源热泵
所用设备	32 台美的空气源热泵机组
节能效果	—

4.4.3.2 寒冷地区改造应用案例——郑州大学太阳能热水系统项目

改造前：郑州大学东校区占地面积51公顷，建筑面积近11万平方米，有在校生约5 000人。所有宿舍没有独立卫浴，需要到公共浴室洗浴，学生洗浴条件和环境较差；同时原洗浴热水采用天然气锅炉提供热源，成本高，不环保。

改造措施：本系统综合应用了太阳能集热系统、超低温高效热泵辅助加热系统及电加热辅助加热系统及智能控制系统、远程监控与服务系统、恒温恒压供水系统及智能节水控制系统等。系统集热方式采用定温分时步进式进水方式，太阳能优先，指定时间段内保证热水箱达到指定水位，如果太阳能不足则用热泵补足，电辅加热作为备用，当水箱水位满箱之后，热水存储时间过长而出现水温下降后，会自行启动循环泵，并使其热泵进行补热，保证热水箱的热水温度恒定，整个系统在制热时只需启动电动阀，不用水泵，以达到最大限度的节能效果。具体热水改造信息见表4-26。

表 4-26 郑州大学太阳能热水系统项目改造信息

（表格来源：作者自绘）

郑州大学	
建筑所属气候区	寒冷地区
改造建筑类型	教室宿舍
热水改造需求	满足全校 5 000 人沐浴需求
原有热水系统	天然气锅炉
热水系统改造形式	☑ 源端改造　□ 输送端改造　☑ 运行策略改造
改造技术	智能控制系统、远程监控与服务系统，恒温恒压供水系统及智能节水控制系统
所用设备	32 台美的空气源热泵机组
节能效果	节能高达 80% 以上

4.4.3.3 夏热冬冷地区改造应用案例——宁波奉化区莼湖镇初中

改造前：宁波地区太阳能资源处于丰富区到贫乏区的过渡带，因此具有较好的太阳能利用潜力。为了解决教师的热水需求，同时建造低能耗、低运行成本的节能型建筑，该校在教师公寓楼安装太阳能热水系统。

改造措施：主要采用了全玻璃真空管式太阳能集热器，这种集热器具有成本低、吸热效率高、发射效率低的优势。真空管的夹层保温性能良好，吸热层的圆柱形设计能够自然跟踪太阳的运动轨迹，因此只要有太阳辐射，真空集热管就能正常工作，全年可稳定供应热水。为了最大程度地接受太阳辐射，设计安装太阳能集热器的倾斜角为30°，同时前后集热器的距离不能太近，避免集热器之间的遮挡影响太阳能利用的效率。为了保证宿舍全天有热水使用，采用了电加热作为辅助加热措施。当阴雨天导致太阳能无法提供一定温度需求的热水时，电加热系统将启动，确保宿舍的热水温度达到设定值。这一措施保证了热水供应的稳定性和系统的能源利用率，为教师们提供了舒适的生活环境。具体热水改造信息见表4-27。

表 4-27 宁波奉化区莼湖镇初中改造信息

（表格来源：作者自绘）

宁波奉化区莼湖镇初中	
建筑所属气候区	夏热冬冷地区
改造建筑类型	教师公寓楼
改造需求	保证宿舍 24 小时生活热水供应
原有热水系统	—
热水系统改造形式	☑ 源端改造　☐ 输送端改造　☐ 运行策略改造
改造技术	全玻璃真空管型集热器
建筑设备	32 台美的空气源热泵机组
节能效果	—

4.4.3.4 夏热冬暖改造应用地区案例——广州白云仲恺新校区 A 栋学生公寓热水系统工程设计

工程概况：位于广州市白云区的仲恺新校区某学生宿舍，总建筑面积约为18 000 m^2，共有6层。首层设有饭堂、商店、书店等功能，其他则为学生宿舍，每个宿舍都有独立的卫生间和浴室，每个浴室有一个沐浴设备。

采用空气源热泵热水系统，主机位于顶层。白天运行制备热水，将满足用水需求的热水存储在保温水箱中，供水时由供水泵从水箱向用户末端供水。选用空气源热泵热水机组，配备全蓄热方式的蓄热水箱，采用不锈钢材质进行保温。制备热水时，通过出水温度来控制闸阀进行自来水补给，当温度高于一定程度时，系统会启动保护措施并停机。当蓄热水箱中的液位信号器发出信号时，主机与循环泵会停止运行，标志着热水制备过程的完成。具体热水改造信息见表4-28。

表 4-28 广州白云仲恺新校区 A 栋学生公寓热水系统工程设计信息

（表格来源：作者自绘）

广州白云仲恺新校区	
建筑所属气候区	夏热冬暖
改造建筑类型	学生公寓
热水改造需求	满足全年沐浴热水
原有热水系统	—
热水系统改造形式	☑ 源端改造　☑ 输送端改造　☑ 运行策略改造
改造技术	1. 空气源热泵 2. 水箱和管道的保温 3. 运行策略 4. 热泵机组选型
所用设备	—
节能效果	该系统一天耗电量为 871.2 千瓦时

4.4.3.5 温和地区热水系统应用案例——云南省曲靖市第一中学新校区双能源耦合热水系统建设

改造前：很多该地区的学校仅采用太阳能供热水，导致在夏天会出现水温过高、热水过烫的情况；冬季遇到阴雨等极端天气，又会出现热水不够用、温度上不去的问题，热水的舒适性得不到保障。

改造措施：结合当地气候条件，根据学校热水消耗量多且用水时间段不集中的特点，同时兼顾舒适和节能的需求，为其定制了空气源热泵+太阳能集热器的双能源耦合热水系统方案，共计选用25套10匹直热式热泵热水机组、1 000真空管太阳能。每套热泵热水机组分布式安装在用户末端附近，简化了热水供应管网的布设，能有效削弱热水在输送管道中的热量损失，进一步节省运行能耗。热水改造信息见表4-29。

表 4-29 云南省曲靖市第一中学新校区双能源耦合热水系统建设信息

（表格来源：作者自绘）

云南省曲靖市第一中学新校区	
建筑所属气候区	温和地区
改造建筑类型	2 栋学生宿舍和 1 栋教师宿舍
热水改造需求	满足近 3 000 名学生和 150 名教师的 24 小时生活热水洗浴
原有热水系统	太阳能供热水
热水系统改造形式	☑ 源端改造　☐ 输送端改造　☐ 运行策略改造
改造技术	空气源热泵 + 太阳能集热器
所用设备	25 台空气源热泵 +1 000 真空管太阳能
节能效果	—

4.4.3.6 案例改造信息汇总表

近年来，校园热水系统改造已经成为许多学校关注的焦点。通过对以往的校园热水系统改造案例的总结，为之后的校园热水改造提供一定的意见。具体内容可以参考表 4-30。

表 4-30 案例改造信息汇总表

序号	项目名称	所属气候区	改造前	改造技术
1	牡丹江师范学院热水系统改造	严寒地区	燃煤锅炉	超低温空气能热泵
2	郑州大学太阳能热水系统项目	寒冷地区	天然气锅炉	太阳能热水 + 空气源热泵 + 电热水
3	浙江大学竺可桢国际教育学院大楼	夏热冬冷	容积式电热水器	空气源热泵 + 电热水 + 锅炉备用
4	宁波奉化区莼湖镇初中教师宿舍	夏热冬冷	—	太阳能热水 + 电辅热 集热器种类、距离、倾角优化
5	浙江大学紫金港校区	夏热冬冷	燃气锅炉	太阳能热水 + 能源塔热泵
6	同济大学学生宿舍	夏热冬冷	—	太阳能热水 + 废水余热
7	深圳平湖外国语学校	夏热冬暖	—	太阳能热水 + 空气源热泵
8	广州白云仲恺新校区 A 栋学生公寓热水系统工程设计	夏热冬暖	—	空气源热泵 水箱和管道的保温 运行策略 热泵机组选型
9	云南省曲靖市第一中学新校区双能源耦合热水系统建设	温和地区	太阳能供水	太阳能热水 + 空气源热泵

4.5 本章小结

本章主要对校园供热、空调、通风、热水系统现状以及各系统组成及工作原理进行概述。现高校能源系统均面临系统陈旧、能耗高、运维管理条件差、可再生能源利用率低等一系列问题。因此本章提出源端、输送端、末端及运行策略类节能改造措施，寻找适合各能源系统的改造方式并列举高校改造案例，为高校能源系统设计及节能改造提供参考。在各能源系统改造中，优先采用将原有能源系统替换为能耗低、污染低的可再生能源系统的方式，例如太阳能系统、空气源热泵系统以及地源热泵系统等多种利用形式。此外，智能化能源管控系统也必不可少，以自动化管控方式代替人工管控方式，在提高能源系统运行效率的同时避免人力消耗。本章上述对已有供暖通风空气调节与生活用热水系统的节能改造措施与技术的全面介绍，可为不同气候区不同类型校园的供能系统改造提供理论参考。

[1] 周健，李晓源，邓一荣. 碳中和实践进展、实现路径与展望 [J]. 环境监测管理与技术，2023, 35(2): 8-11.

[2] 马启俊. 基于模糊PID的导热油锅炉温度控制系统的研究与应用 [D]，青岛：中国石油大学（华东），2018.

[3] 朱俊军，王建平，郭全，等. 水冷预混真空热水锅炉在北京某小区锅炉低氮改造中的应用 [J]. 区域供热，2018(4): 58-60，78.

[4]毛洪钧，李悦宁，林应超，等. 生物质锅炉氮氧化物排放控制技术研究进展 [J]. 工程科学学报，2019, 41(1): 1-11.

[5] 孔祥强. 冷热电联供 [M]. 北京：国防工业出版社，2011.

[6] 黄治军. 多种可再生能源渗透场景下的热电联产系统优化 [J]. 热能动力工程，2023, 38(4): 121-130.

[7] 张军. 空气源热泵供热技术及应用 [M]. 北京：化学工业出版社，2021.

[8] 吴荣华，刘志斌，马广兴，等. 热泵供热供冷工程 [M]. 山东：中国海洋大学出版社，2016.

[9] JEON J-S, LEE S-R, KIM M-J. A modified mathematical model for spiral coil-type horizontal ground heat exchangers [J]. Energy, 2018, 152: 732-43.

[10] 朱宁，李继民，王新红，等. 太阳能供热采暖技术 [M]. 北京：中国电力出版社，2017.

[11] 贾英洲. 太阳能供暖系统设计与安装 [M]. 北京：人民邮电出版社，2011.

[12] ALEKSANDR S, 赵金玲. 俄罗斯核能供热技术发展与现状分析 [J]. 区域供热，2019(5): 126-132.

[13] MIR ó L, BR ü CKNER S, CABEZA L F. Mapping and discussing Industrial Waste Heat (IWH) potentials for different countries [J]. Renewable and sustainable energy reviews, 2015, 51: 847-855.

[14] 孙方田，杨昊原，付林，等. 基于压缩式换热的低温工业余热供热系统运行特性及应用 [J]. 太阳能

学报, 2018, 39(6): 1495-1501.

[15] 沈祥智,吴金星. 工业及电厂锅炉节能技术 [M]. 北京: 化学工业出版社, 2013.

[16] 车得福,刘银河. 供热锅炉及其系统节能 [M]. 北京: 机械工业出版社, 2008.

[17] 国家电网公司营销部. 能效管理与节能技术 [M]. 北京: 中国电力出版社, 2011.

[18] 姚震. 中国石油大学东营校区供热系统改造及运行优化 [D]. 青岛: 中国石油大学(华东), 2016.

[19] SAMIRA A, NURMAMMAD M. Multi-disciplinary energy auditing of educational buildings in azerbaijan: case study at a university campus [J]. IFAC-PapersOnLine, 2018, 51(30): 311-315.

[20] 王云霞. 基于合同能源管理的某高校供热系统整体节能改造案例 [J]. 区域供热, 2020(4): 101-104, 109.

[21] 王晓英, 周鑫磊, 崔萍. 某高校既有供热系统节能改造案例分析 [J]. 区域供热, 2019(2): 33-42.

[22] 屈利娟. 大学生活区供热系统综合节能改造案例分析 [J]. 建设科技, 2015(24): 42-45.

[23] 张文平, 闫文鑫. 以节约型校园为起点, 推进高校绿色校园建设——以北京科技大学为例 [J]. 高校后勤研究, 2020(7): 52-54.

[24] 崔红等. 空调用制冷技术 [M]. 北京: 北京理工大学出版社, 2017.

[25] 王伟等. 空气源热泵技术与应用 [M]. 北京: 中国建筑工业出版社, 2017.

[26] 季悦. 空调一次泵变流量系统节能性分析 [D]. 沈阳: 沈阳建筑大学, 2017.

[27] 陈玉魁. 磁悬浮冷水机组优化运行调节策略节能运行工程案例研究 [J]. 暖通空调, 2023, 53(2): 171-176.

[28] 钱漾漾, 魏庆芃, 邓杰文, 等. 磁悬浮变频离心式冷水机组能效实测研究 [J]. 暖通空调, 2018, 48(4): 114-119.

[29] 陈萨如拉, 常甜馨, 杨洋, 等. 热激活建筑系统研究进展 [J]. 科技导报, 2022, 40(22): 55-65.

[30] FAWAIER M, BOKOR B. Dynamic insulation systems of building envelopes: a review [J]. Energy and buildings, 2022, 270: 112268.

[31] 赵梓杰. 严寒地区某发动机试验室空调系统防冻改造技术研究 [D]. 大连: 大连理工大学, 2021.

[32] 卢彬. 某高校体育馆空调系统测试与改造研究 [D]. 郑州: 郑州大学, 2020.

[33] 刘艳华. 暖通空调节能技术 [M]. 北京: 机械工业出版社, 2015.

[34] 邓志均. 广东某高校图书馆中央空调系统节能优化研究 [J]. 课程教育研究, 2016(17): 2.

[35] 吴建平. 国际高端会议场馆空调系统设计——2017厦门金砖峰会主会场空调改造工程 [J]. 福建建筑, 2018(2): 98-102.

[36] 夏本明,曹同成,段辉,等. 上海某大学实验室改造项目暖通空调系统设计 [J]. 暖通空调, 2023, 53(1): 66-71.

[37] 朱海滨,都学敏,孙杨,等. 新风系统形式及其应用分析 [J]. 制冷与空调, 2022, 22(4): 24-28.

[38] 彭辉. 中央式新风净化系统优化策略研究 [D]. 沈阳: 沈阳建筑大学, 2019.

[39] 张阳阳. 智能全屋新风系统设计研究 [D]. 广州: 华南理工大学, 2020.

[40] 蔡立群. 壁挂式新风净化系统专利技术综述 [J]. 河南科技, 2018(18): 58-60.

[41] 张宇欣. 严寒地区新型空气源热泵新风机组性能研究 [D]. 哈尔滨: 哈尔滨工业大学, 2021.

[42] 张烨琳. 光伏光热-热电热回收新风系统的性能模拟与优化研究 [D]. 长沙: 湖南大学, 2018.

[43] JUSTO A M, LIU P, MATHISEN H M, et al. Review of heat/energy recovery exchangers for use in ZEBs in cold climate countries [J]. Building and environment, 2015, 84: 228-237.

[44] FRACASTORO G V, SERRAINO M. Energy analyses of buildings equipped with exhaust air heat pumps (EAHP) [J]. Energy and buildings, 2010, 42(8): 1283-1289.

[45] 杨林,张亮,张勇. 新风量损失影响因素研究与分析 [J]. 家电科技, 2022(S1): 633-636.

[46] 董长进. 基于疫情中小学教室通风系统分析 [J]. 洁净与空调技术, 2022(2): 41-47

[47] 高丽颖,徐征,刘畅湘. 中小学校新风系统节能运行策略分析 [J]. 暖通空调, 2022, 52(S2): 205-208.

[48] 黄凌洁,卫军峰,白志艳. 分户式住宅新风系统电气控制探讨 [J]. 中国住宅设施, 2022(06): 21-22.

[49] KANG S-H, KIM H-J, CHO Y-H. A study

on the control method of single duct VAV terminal unit through the determination of proper minimum air flow [J]. Energy and buildings, 2014, 69: 464-472.

[50] 耿启龙. 变风量空调系统智能控制技术和运用 [J]. 科技创新与应用, 2021,11(22): 157-159.

[51] 苗莉娜. 半集中式空调系统的变新风量设计研究 [D]. 大连: 大连理工大学, 2021.

[52] 段辉,曹同成,夏本明,等. 高校化学实验室通风系统改造与节能研究 [J]. 实验技术与管理, 2023, 40(5): 190-195.

[53] 史震,朱晓立,董建波. 试析某高校体育馆中央空调新风系统改造应用 [J]. 应用能源技术, 2022(2): 42-45.

[54] 叶丽影. 阳能热水系统工程常见问题案例分析与应对 [M]. 北京: 机械工业出版社, 2019: 2-8.

[55] 李国柱,王帅,黄凯良,等. 太阳能集热器种类与集热性能提升技术研究进展 [J]. 科技导报, 2022, 40(24): 50-63.

[56] 颜凯,盛国刚. 太阳能热水系统工程设计及案例 [M]. 北京: 中国电力出版社, 2018: 68-75.

[57] 喜文华,骆进. 热泵技术及其理论基础[M]. 北京: 科学出版社, 2015: 10-18.

[58] 张昌. 热泵技术与应用 [M]. 北京: 机械工业出版社, 2019: 4-15.

[59] 郭嘉羽. 太阳能热水系统使用模式与优化运行的研究 [D]. 北京: 北京建筑大学, 2017.

第五章 零碳校园可再生能源供给技术与方案

随着全球经济及人口快速增长，以二氧化碳、甲烷等为代表的温室气体排放量在21世纪猛增，导致生态环境系统遭到严重破坏，也引发了人们对能源使用的日益关注。基于2018年政府间气候变化专门委员会发布的《全球升温1.5 ℃特别报告》，实现零碳排放的目标意味着必须朝着符合1.5 ℃升温目标的气候变化减缓路径迈进。在2020年9月22日举行的第七十五届联合国大会上，中国国家主席习近平宣布了中国的双碳政策，这标志着中国在应对气候变化方面迈出了积极的步伐。为了实现这一目标，可再生能源的使用至关重要。

在三大碳排放和能耗部门中，建筑部门因其高碳排放和高能耗特点备受关注。其中，校园能源消耗随着学校数量与人数的增多而呈现极速增长态势。例如美国每年仅大学的温室气体排放量就占社会总排放量的2%。因此，在以大、中、小学及职业院校为代表的校园区域内实现碳中和目标是实现国家双碳战略目标的重要着力点。净零能耗建筑（Net-Zero Energy Building, NZEB）概念近年来被广泛讨论，NZEB是指建筑物每年所使用的能源总和小于或等于现场产生的可再生能源总和。如图5-1所示，零碳校园在具体实施过程中与NZEB实施路径在多领域中具有相似部分，可从低碳规划策略、建筑运行减碳路

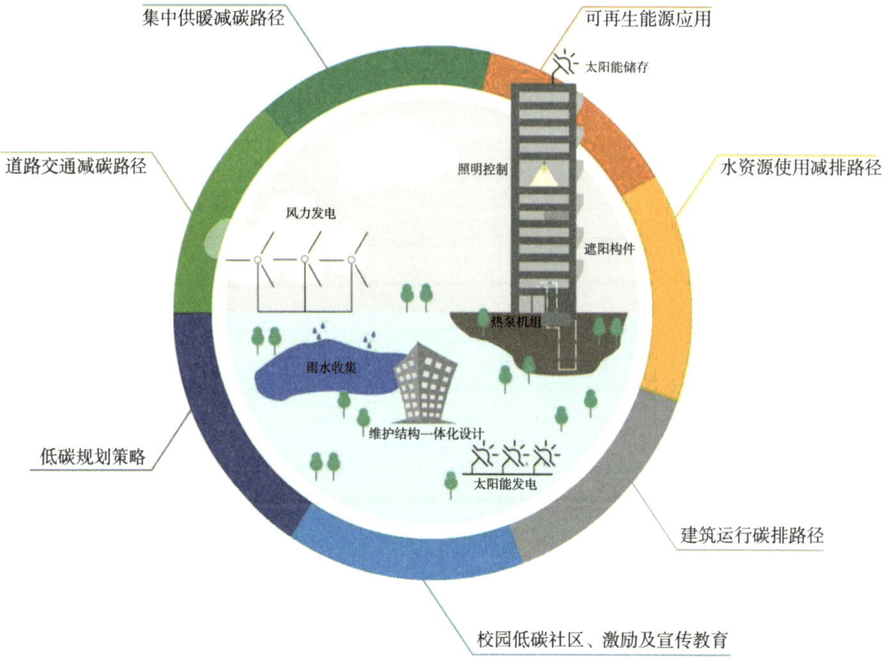

图5-1 零碳校园技术路径（作者自绘）

径、水资源使用减排路径、集中供暖减碳路径、道路交通减碳路径、可再生能源利用、校园低碳社区、激励及宣传教育等路径着力。同时，还应考虑购买国家认证的减排额度以帮助某些校园完成零碳建设与运行目标。受地理气候、社会经济、文化认知等多种因素影响，零碳校园实施技术路径目前没有严格规定，其具体的实施措施应当因地制宜并进行具体分析。

在零碳校园实施过程中，必须提升“零碳转型、能源转型、数字化转型”三元转型核心能力，以推动智慧能源体系建设，其中包括“能源流、碳流、信息流与价值流”四流的融合。在主要减碳路径方面：①需实施校园碳排放量的采集、计量和核算，实现能源消耗和碳排放的实时动态监测和分析，通过减碳、碳汇和大数据等手段构建零碳校园可持续能源体系，降低校园建筑运营能耗；②通过采用屋顶光伏、光伏幕墙、节能环保材料、热泵技术、储能技术、智慧暖通空调系统、智慧照明系统和智慧楼宇控制系统等措施，提升校园能源自给率，打造零碳和负碳校园建筑（群）；③利用综合能源服务商提供的一站式零碳能源服务，包括电、冷、热、气等，并充分利用周边工业园区的余热/余冷资源，降低校园能耗强度和碳排放强度。

零碳校园是以可再生能源为主要供应来源并将碳排放降至极低甚至为零的一种可持续校园发展理念。未来零碳校园可再生能源供应体系可划分为三类，包括：校园场地内可再生能源供应模式、校园场地外可再生能源供应模式以及校园场地内外多能互补协同供应模式。其中，校园场地内再生能源供应涉及在校园建筑中应用可再生能源以提供电力和热能。在此过程中，可以通过智能能源管理系统优化能源使用，同时最大程度利用自然资源以减少整个校园对传统能源的依赖。同时，校园开放空地或停车场等也可用于安装太阳能光伏、光热或风力发电设施，如此可增加可再生能源总量并进一步推动实现零碳校园目标。校园场地外可再生能源供应是指零碳校园也可利用校园周边可再生能源资源帮助实现校园碳中和目标，如购买来自当地可再生能源发电厂的电力。最后，在校园内外多能互补协同供应方面，零碳校园建设当然也可以利用校园内外不同类型的可再生能源相互补充，以确保取得更加优化和更加持续稳定的可再生能源供应。综合以上三方面努力，朝着零碳校园目标建设的未来校园将为学生提供一个可持续发展的学习和生活环境。本章中有关零碳校园可再生能源供给技术与方案框架如图5-2所示，包含部分可再生能源供给技术的零碳校园可再生能源替代总体方案如图5-3所示。

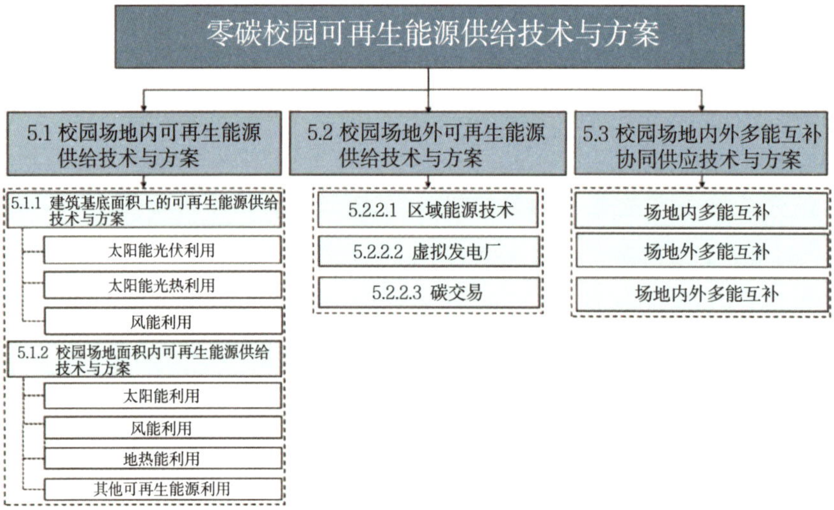

图 5-2 零碳校园可再生能源供给技术与方案框架（作者自绘）

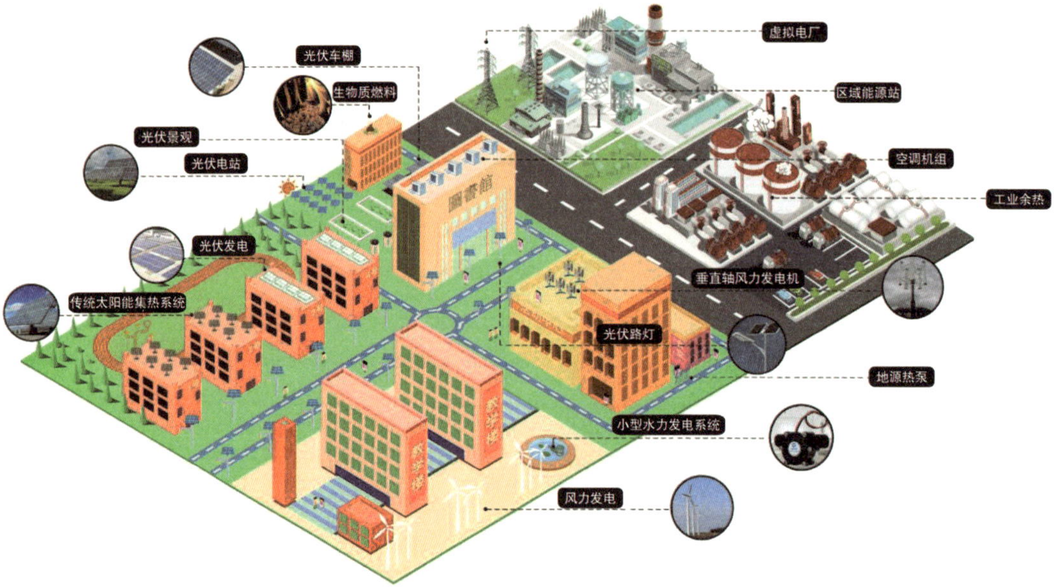

图 5-3 零碳校园可再生能源替代总体方案示意（作者自绘）

5.1 校园场地内可再生能源供给技术与方案

零碳校园场地内可再生能源供给模式是指在校园内使用100%的可再生能源来满足校园能源需求并以实现零碳排放目标。这意味着校园不再依赖于化石燃料等高碳能源，而是通过可再生能源技术来供应所需的电力、热能和其他能源。

5.1.1 建筑基底面积上的可再生能源供给技术与方案

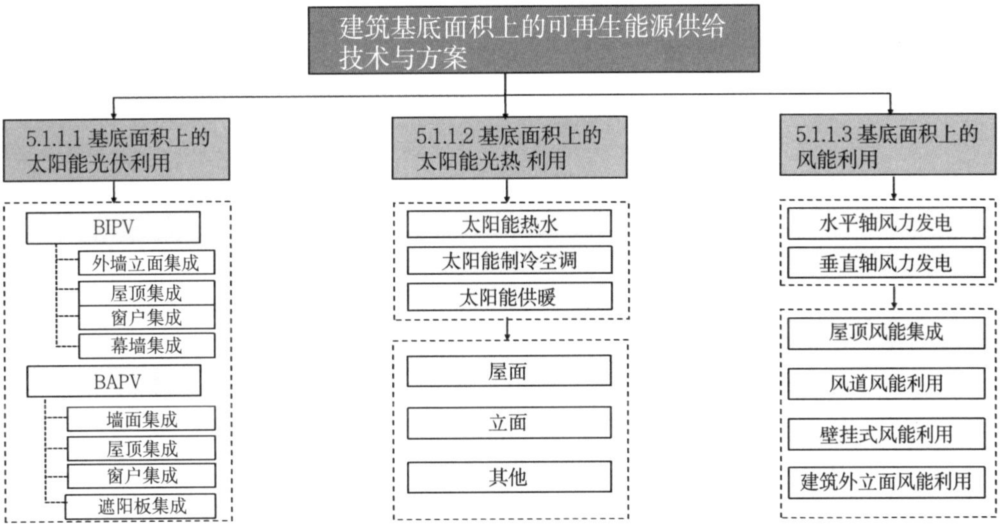

图5-4 建筑基底面积上的可再生能源供给技术与方案框架（作者自绘）

5.1.1.1 基底面积上的太阳能光伏利用

1）概述

校园建筑基底面积上的太阳能光伏发电是对在校园各类型建筑基底面积上进行太阳能光电转换利用的各种技术的总称。其中，光伏发电组件主要包括太阳能电池板、控制器和逆变器，而发电原理则是利用半导体界面的光生伏特效应将光能转换为电能。光伏发电技术的太阳能光伏组件能够与教学建筑、图书馆、学生公寓等建筑单体的结构构件如屋顶、墙体、幕墙部分集成，实现电能的生产与供给。

光伏发电主要利用半导体的光电效应原理进行光与电的转化，其基础原理在于金属包含的电子不断吸收外部的光子并克服金属原子内部库仑力做功的过程。在纯硅元素中分别加入具有5个和3个外层电子的原子，使其形成P与N型的半导体，由于原子外侧电子数量不同，因此在两者之间能够形成一定的电势差，当P/N结合时就形成了太阳能电池，电流则从电子少的P型流向电子较多的N型。

2）按照光伏发电技术与建筑的集成方式分类

光伏建筑一体化（Building Integrated Photovoltaic，BIPV）BIPV是指把光伏产品集成到建筑上的一种技术，是光伏与建筑的深度融合，即“光伏建筑一体化”。它不仅能发电，还可以作为建材成为建筑配件，增加建筑美感。BIPV技术实现了建筑与光伏发电的无缝结合，充分利用建筑物的表面来产生电力，同时保持建筑的功能和美观。

建筑附加光伏（Building Attached Photovoltaic，BAPV）主要指在现有建筑上安装的太阳能光伏发电系统。该系统是一种将光伏产品作为建筑的附属部分安装到屋顶或幕墙上的一种光伏发电系统，又称“安装型”太阳能光伏建筑。该集成形式的主要功能是发电，不会削弱、破坏或者改变建筑功能属性。BAPV技术将光伏发电设备附加安装在建筑主体结构外部，使建筑物能够同时充当建筑结构和电力发电系统，能够实现能源的可再生利用。

3）按照光伏电池类型分类

a.硅太阳能电池。

硅太阳能电池是指以硅为基体材料的太阳能电池。硅太阳能电池通常由多个硅薄片（wafer）组成，硅薄片在制造过程中通过掺杂结构设计和电极连接等步骤来实现电能的生成。硅太阳能电池通过光生电效应，将太阳光中的光子吸收并激发硅中的电子，产生电流。这些电流经过电池内部的电场分布和电极导线，最后形成直流电以便直接使用。硅太阳能电池需要完全钝化硅表面并保持材料的高品质水平才能够提升光电转化效率。按照结晶形态硅太阳能电池可分为单晶硅、多晶硅和非晶硅太阳能电池。

· 单晶硅太阳能电池

单晶硅太阳能电池以高纯的单晶硅棒作为原料，且目前技术成熟稳定。单晶硅太阳能电池在结构形式、工艺技术、应用方面均已定型。相对于多晶硅和非晶硅太阳电池，单晶硅太阳能电池光电转换效率能够达到15%~24%左右，光电转换效率与技术属性均是最成熟的。由于外表面的钢化玻璃与防水树脂的封装，其使用寿命可延长15~25年。因此单晶硅太阳能电池能够广泛应用于各种光伏系统，包括住宅和商业太阳能电站，及便携式充电设备等。

· 多晶硅太阳能电池

多晶硅太阳能电池具备单晶硅与非晶硅薄膜太阳能电池的优点，因此具有使用时间长、制备流程少、转化率高的特点。多晶硅太阳能电池不仅制造成本较低，而且效率衰减缓慢，但由于晶体结构不均匀，导致其效率仅为17%~19.8%。从制作成本上讲，该类型的电池制造技术难度低，原材料易获取，制备所需能耗低，相比单晶硅太阳能电池制备成本较低，因此能够得到大量发展。此外，其使用寿命短于单晶硅太阳能电池。多晶硅太阳能电池应用场景众多，包括住宅和商业太阳能系统以及户外照明和充电设备等。尽管其转换效率较低，但多晶硅太阳能电池仍然是一种可靠和经济实惠的选择，适用场景众多。

· 非晶硅薄膜太阳能电池

非晶硅薄膜太阳能电池是一种以非晶硅化合物为基本组成的薄膜太阳能电池。该电池主要以非晶硅（a-Si，无定形）作为光电转换层，该材料具有非晶无定形的结构，相较于单/多晶体硅材料具有制备方便、流程简单、重量较轻、初始投资少、弱光响应好、耐高温等优点。但其缺点也较为突出（使用期限短、衰减速度快、转化效率低），因此，非晶硅薄膜太阳能电池通常用于低功率应用和特定的光伏应用场景。

b. 多元化合物薄膜太阳能电池。

多元化合物薄膜太阳能电池是一种新型的光伏电池技术，采用多种元素的化合物材料构成薄膜层，将太阳能光子能量转换为电能。使用材料不同于传统太阳能电池所使用的硅元素，而是利用化合物制造。如铜铟镓硒和铜锌锡硫等。这些化合物材料具有光电转换效率高和吸收光谱范围广的特点，因此该类型电池能够改善光照不足条件下的光电转化效率。新型无机多元化合物薄膜太阳能电池材料主要包括铜铟镓硒薄膜太阳能电池（Copper Indium Gallium Selenide，CIGS）、铜锌锡硫薄膜太阳能电池（Copper Zinc Tin Sulfide，CZTS）、铅钙钛矿薄膜太阳能电池（Lead Calcium Titanate, PCT）和铋钼薄膜太阳能电池（Bismuth Molybdate, Bi-Mo）等。

· 铜铟镓硒薄膜太阳能电池

铜铟镓硒薄膜太阳能电池（CIGS）是一种薄膜太阳能电池技术。该电池利用铜、铟、镓和硒等元素组成的化合物层来吸收太阳能，并将其转化为电能。其具有高效的光电转换效率、较高的光吸收能力以及较好的适应性和稳定性。它可以通过薄膜形式制备在灵活的基底上，适用于各种应用场景。此外，铜铟镓硒材料相对丰富，制造工艺相对简单，具有潜在的商业化应用前景。然而，CIGS的制备和性能优化仍面临挑战，需要进一步的研究和发展来提高其效率、稳定性和可靠性。

· 铜锌锡硫薄膜太阳能电池

铜锌锡硫薄膜太阳能电池（CZTS）是一种新型的薄膜太阳能电池技术。其利用内部元素组成的化合物层来吸收太阳能，并将其转化为电能。CZTS具有广泛的光吸收范围、良好的光电转换效率和较低的制造成本等优点。此外，该技术使用的材料相对丰富和环保，对环境的影响较小。然而，目前CZTS的效率还相对较低，需要进一步的研究和改进来提高其性能和稳定性，以实现商业化应用。

·铅钙钛矿薄膜太阳能电池

PCT是一种基于铅钙钛矿材料的薄膜太阳能电池技术。该材料具有优异的光电性能和光吸收能力，可以将太阳光转化为电能。PCT在材料制备和器件结构方面都有不断的研究和改进，以提高其光电转换效率和稳定性。其技术具有成本低、材料丰富、可大面积制备等优势，被广泛认为是下一代高效、低成本的薄膜太阳能电池之一。然而，目前仍需进一步研究和优化以实现商业化应用。

·铋钼薄膜太阳能电池

铋钼薄膜太阳能电池（Bi-Mo）是一种基于铋钼酸盐化合物的薄膜太阳能电池技术。该电池利用铋钼酸盐化合物在光照下的光电转换能力，将太阳能转化为电能。Bi-Mo具有光吸收范围宽、光电转换效率高以及材料制备成本低等优点。此外，铋钼酸盐材料具有较好的光稳定性和电化学稳定性，使得Bi-Mo具备潜力应用于可再生能源领域。然而，目前Bi-Mo的研究还处于初级阶段，需要进一步的研究和优化以提高其效率和稳定性，以实现商业化应用。

c.聚合物多层修饰电极型太阳能电池。

聚合物多层修饰电极型太阳能电池（Polymer Multilayer Modified Electrode Solar Cells，PMMESC）利用聚合物多层修饰电极的结构来提高太阳能电池的光电转换效率和稳定性。通过在电极表面沉积多层不同功能的聚合物薄膜，可以实现光吸收、光电转换和电子传输等关键过程的优化。PMMESC具有制备简单、成本低廉、柔性可弯曲等优点，可以应用于可穿戴设备、柔性电子产品和光伏建筑等领域。然而，该技术仍面临一些挑战，例如聚合物的选择、层间相互作用、稳定性等方面的问题需要进一步研究和优化。

d.纳米晶太阳能电池。

纳米晶太阳能电池（Nanocrystalline Solar Cells，NCSSC）是采用纳米晶体，如二氧化钛（TiO_2）、氧化锌（ZnO）等作为光电转换材料的一种太阳能电池。其利用纳米晶材料较大的比表面积和量子尺寸效应的特殊性质增强光吸收能力和电荷传输效率，提高了太阳能电池的效率和性能。NCSSC制备简单，成本低，工艺简单，性能稳定，转换效率稳定在10%以上，制作成本仅为硅太阳电池的1/5~1/10，寿命可达到20年以上。其可应用于可穿戴设备、便携式电子产品和户外充电等领域。然而，NCSSC仍面临一些挑战，如稳定性、效率提升和材料选择等方面的问题需要进一步研究和改进。

e.有机太阳能电池。

有机太阳能电池（Organic Solar Cells，OSC）也称为聚合物太阳能电池（Polymer Solar Cells），是一种利用有机材料作为光吸收层和电荷传输层的太阳能电池技术。主要是以具有光敏性质的有机物作为半导体的材料，通过光伏效应而产生电压形成电流，实现太阳能发电的效果。OSC的优点包括制备工艺简单、成本较低、可制备在柔性基底上、宽波长吸收范围和良好的光电转换效率。

然而，与传统硅基太阳能电池相比，有机太阳能电池的效率仍然相对较低，且在产电稳定性方面仍面临挑战。因此，目前的研究主要集中在提高OSC的效率、稳定性和可扩展性，并探索新型有机材料和界面工程等领域的创新。此外，其可应用于可穿戴电子产品、柔性电子设备、户外充电和建筑集成等领域。

f.塑料太阳能电池。

塑料太阳能电池（Plastic Solar Cells，PSC），也称为有机聚合物太阳能电池（Organic Polymer Solar Cells），是一种利用塑料材料作为光吸收层和电荷传输层的太阳能电池技术。

PSC具有制备工艺简单、成本低廉、可制备在柔性基底上、轻薄可弯曲等优点。然而，与传统硅基太阳能电池相比，PSC效率仍然相对较低，且在长期稳定性和耐久性方面仍面临挑战。目前研究主要集中在提高PSC的效率、稳定性和可扩展性，并寻求新的材料和技术的突破方面。此外，其可应用于例如可穿戴电子产品、柔性电子设备、户外充电和便携式电子设备等领域。

g.染料敏化太阳能电池。

染料敏化太阳能电池，是将一种色素附着在TiO_2粒子上，然后浸泡在一种电解液中。色素受到光的照射，生成自由电子和空穴。自由电子被TiO_2吸收，从电极流出进入外电路，再经过用电器，流入电解液，最后回到色素。染料敏化太阳能电池的制造成本很低，这使它具有很强的竞争力。它的能量转换效率为12%左右。

（4）应用评估

a.总体评价。

BIPV和BAPV是太阳能发电技术在建筑领域的应用形式。它们将太阳能电池板整合到建筑物的外墙、屋顶或其他结构中，实现建筑外观与太阳能发电的结合，在可再生能源领域具有广阔的潜力。在零碳校园中BIPV和BAPV应用前景广泛。在新建校园内多采用BIPV形式在建筑外立面、屋顶以及其他建筑构件上作为太阳能光伏组件与建筑主体集成。原有校园建筑改建，可采用BAPV的形式，在建筑的墙面、屋顶、窗户、遮阳板等位置采用外部附加安装的方式与建筑主体联系。以下对这两种技术的可再生能源需求、技术经济性、技术发展趋势和潜力、社会环境效益、市场需求和发展趋势、建筑市场适应性进行更详细的评价。

· 可再生能源需求

随着全球对可再生能源需求的不断增加，BIPV和BAPV技术成为满足建筑行业能源需求的理想选择。建筑作为能源消耗的重要领域，对可再生能源的需求日益迫切。BIPV和BAPV技术能够将太阳能转化为电能，为建筑提供清洁、可再生的能源供应，满足建筑自给自足的能源需求，减少对传统能源的依赖。BIPV和BAPV技术的主要能源资源是太阳能。基于太阳能的特点，两种技术均具有广泛的适用性和可持续性。

· 技术经济性

BIPV和BAPV技术的经济性逐渐提高。

同时，BIPV和BAPV技术的应用可以降低建筑的能源成本，增加长期经济收益。虽然初始投资较高，但随着时间的推移和能源成本的上升，BIPV和BAPV技术将变得越来越具有竞争力和经济可行性。

此外，各国政府积极推动可再生能源的发展，并出台鼓励政策和激励措施，如太阳能补贴、税收减免和优惠贷款等，以推动建筑行业采用BIPV和BAPV技术。同时，随着能源成本的上升和环境意识的增强，建筑业主和开发商将更加倾向于采用BIPV和BAPV技术，从长期经济效益和环境效益中受益。

·技术发展趋势和潜力

BIPV和BAPV技术的发展仍在持续的创新和改进中。当前的研究重点包括提高太阳能电池的转换效率、改善材料的耐久性和稳定性、提升集成度和美观性以及降低制造成本。在太阳能电池方面，研究人员正致力于开发新型的高效电池材料和结构，以提高太阳能电池的转换效率。一些新兴的材料和技术，如钙钛矿太阳能电池和有机太阳能电池，被认为具有较高的潜力和发展前景。此外，通过优化电池的设计和工艺，可以进一步提高电池的性能和稳定性。与此同时，BIPV和BAPV技术的集成度和美观性也是当前的研究重点。研究人员正在开发更灵活、轻薄的太阳能电池材料和结构，以适应不同类型建筑的需求，并提高集成度和美观性。这将有助于推动BIPV和BAPV技术在建筑行业实现更高效的能源转换和更广泛的应用。

·社会环境效益

BIPV和BAPV技术在社会环境方面具有多重效益。首先，该技术可以显著减少温室气体的排放，降低建筑行业对传统能源的需求，有助于应对气候变化和减缓全球变暖。根据国际能源署的数据，采用BIPV和BAPV技术的建筑减少了对化石燃料的依赖，从而降低了温室气体排放，减少了对气候变化的负面影响。

其次，BIPV和BAPV技术的应用可以降低空气污染，改善环境质量和人们的健康状况。传统能源的燃烧会产生大量的污染物，如二氧化碳、氮氧化物和颗粒物等，对空气和水资源造成严重影响。BIPV和BAPV技术的无污染特性有助于改善环境质量，减少空气污染和健康问题的发生。

此外，BIPV和BAPV技术的推广还可以提高能源安全性，减少对有限化石燃料的需求。太阳能是一种无限可再生的能源，不受地理位置的限制，能够为建筑提供可靠的能源供应，减少对传统能源的依赖。这有助于降低能源供应的风险，提高能源的可持续性和安全性。

·市场需求和发展趋势

BIPV和BAPV技术的市场需求正不断增长。随着可持续建筑和绿色能源的推动，越来越多的建筑希望采用BIPV和BAPV技术，以减少对传统电网的依赖并降低能源成本。同时，政府的政策支持和鼓励也为BIPV和BAPV技术的市场发展提供了重要动力。

据市场研究机构的数据显示，BIPV和BAPV技术的市场规模呈现快速增长的趋势。建筑业主越来越重视可持续性和能源效率，对BIPV和BAPV技术的需求不断增加。在一些国家和地区，政府出台了多项政策和法规，要求建筑业主在新建筑和改造项目中采用BIPV和BAPV技术。同时，一些金融机构也提供贷款和资金支持，以促进BIPV和BAPV技术的推广和应用。

随着技术的不断进步和市场需求的增长，BIPV和BAPV技术有望在可再生能源和建筑领域发挥重要作用，推动可持续发展。行业中的一些关键参与者，如太阳能电池制造商、建筑设计师和开发商等，也在不断创新和合作，推动BIPV和BAPV技术的市场应用。

· 建筑市场适应性

BIPV和BAPV技术具有广泛的建筑市场适应性。它们可以灵活地集成到各种建筑类型中，包括商业建筑、住宅建筑、公共建筑和工业建筑等。无论是新建筑还是现有建筑的改造，BIPV和BAPV技术都可以通过在建筑外墙、屋顶、窗户和遮阳结构等部位集成太阳能电池板，为建筑提供可再生能源解决方案。

BIPV和BAPV技术的灵活性使其能够适应不同的建筑需求。同时，两者技术的集成度和美观性不断提高，使其与建筑的整体设计相匹配，不影响建筑的外观和美感，这将进一步推动BIPV和BAPV技术在建筑行业的广泛应用。

综上所述，BIPV和BAPV技术在可再生能源领域具有广泛的应用潜力。两种技术满足了建筑行业对可再生能源的需求，具有经济可行性和社会环境效益。随着技术的不断进步和市场需求的增长，BIPV和BAPV技术有望在可再生能源和建筑领域发挥重要作用以推动可持续发展。同时，建筑业主、政府和研究机构应继续加强合作，推动BIPV和BAPV技术的发展，共同构建绿色、可持续的未来。

b.技术方案对比。

BIPV和BAPV技术在可再生能源领域具有广泛的应用潜力，两者之间存在差异。以下从美观性、能源自给自足、技术复杂性、空间利用、使用期限、后期维修、初始投资与投资回报周期7个层面进行对比。

· 美观性

BIPV技术在建筑集成方面具有明显的优势。其将太阳能电池板整合到建筑的结构中，且可以根据建筑的需求进行定制，使建筑物呈现出更具创意和吸引力的外观。能够提供更好的美观性和设计灵活性。BIPV模块可以与建筑外观融为一体，无须使用额外装置或支架，更加整洁和一体化。

BAPV技术相对于BIPV技术在美观性方面可能存在一定的局限性。由于BAPV技术模块需附加在建筑表面，可能会对建筑物的外观造成一定的影响，使得建筑物整体的美观度较低。此外，BAPV模块需要额外的安装装置或支架，对建筑外观的完整性和一致性有一定影响。

·能源自给自足

BIPV技术将太阳能电池板整合到建筑结构中，可更有效地利用建筑表面进行能源生产，可最大程度地提高能源自给自足能力，减少对外部电力的依赖。

BAPV技术相对于BIPV技术在能源自给自足方面可能存在一定的局限性。由于BAPV模块是附加在建筑表面，无法充分利用建筑表面进行能源生产，能源自给自足能力较低。

·技术复杂性

BIPV技术相对较复杂，涉及建筑设计、建造和电气工程等多个领域的专业知识。需要与建筑师、设计师和施工团队密切合作，确保电池板的整合和安装与建筑的设计和结构相协调。

BAPV技术相对较简单，安装过程较为直接，但仍需要专业的安装和电气工程知识。但相对于BIPV技术而言，技术复杂性较低。

·空间利用

BIPV技术可以充分利用建筑表面，将太阳能电池板整合到建筑元素中，如屋顶、立面、窗户等，最大限度地利用建筑表面空间进行能源生产。

BAPV技术需要额外的安装装置或支架，因此对于建筑表面的利用相对较少，通常在墙壁、阳台等位置安装，无法充分利用建筑的全部表面空间。

·使用期限

由于BIPV模块是与建筑结构一体化的，其使用期限通常与建筑物的寿命相近，可达数十年。

BAPV模块的使用期限取决于模块本身的质量和制造工艺，一般可达15至25年。需要注意的是，BAPV模块的寿命可能会受到安装质量和环境因素的影响，因此适当的维护和保养对于延长模块的使用寿命至关重要。

·后期维修

由于BIPV模块是与建筑结构一体化的，维修和更换需要更多的工作和成本，可能涉及拆除部分建筑结构，以便对模块进行维修或更换。这增加了维修的复杂性和成本。

BAPV模块的维修和更换相对较为方便，可单独处理模块，不会对建筑结构产生影响。这使得维修过程更加简便和经济。

·初始投资与投资回报周期

BIPV技术的初始投资较高，由于需要将太阳能电池板整合到建筑结构中，需要在设计和建造阶段进行相应的规划和投入。这包括专业的设计和工程费用，以及与建筑师和施工团队的密切合作。此外，BIPV技术的投资回报周期相对较长，需要更长的时间才能实现投资回报。

BAPV技术的初始投资相对较低，由于太阳能电池板是附加在建筑表面的，无须在设计和建造阶段进行大规模的整合和调整，安装过程相对简单，投资成本较低。此外，BAPV技术的投资回报周期相对较短，能更快地实现投资回报。

综上所述，BIPV和BAPV技术在可再生能源领域具有广泛的应用潜力，具备美观、能源自给自足、便于空间利用等优点。然而，它们也存在一些缺点，如初始投资较高、技术复杂和影响外观。随着技术的进步和市场需求的增长，这些技术的优势将不断强化，缺点也有望得到改善。PV系统优缺点对比分析见表5-1。

表5-1 PV系统优缺点对比分析

优缺点对比分析					
分类	使用年限	外观	屋面受力	防水性能	运营维护
BIPV	50年及以上	整体性强	结构清晰	自主防水	安装难度大
BAPV	10~20年	整体性差	容易影响结构	屋面排水	安装简单

5）利用方法

a.光伏建筑一体化。

·外墙立面集成

该集成方式是将太阳能电池板直接集成到建筑的竖直立面上，将建筑的立面转化为太阳能发电装置，为建筑提供可再生能源。

美国苹果总部位于加利福尼亚的Apple Park采用了BIPV技术。整个建筑的屋顶覆盖了大量的太阳能电池板，实现了可再生能源的发电，并为办公楼和其他设施供电。德国弗赖堡大学的SolarLeaf项目利用BIPV技术，在建筑物的外墙上安装了光合作用薄膜，实现了太阳能的收集和光合作用，为建筑物提供了自主的能源供应。在零碳校园中可应用于高层教学建筑，与建筑外墙集成实现自主发电。

·屋顶集成

屋顶是常见的太阳能电池板安装位置，可充分利用建筑的屋顶面积进行太阳能的收集和发电。该集成方式将太阳能电池板直接安装在建筑屋顶上，与建筑的屋面紧密结合。该集成方式可以实现高发电效率，且不会占用建筑的额外空间，在建筑屋顶的美观性和空间利用方面具有优势，同时也实现了可再生能源的生产。

丹麦的“Copenhagen International School”项目在建筑屋顶安装了太阳能电池板，为学校提供了可再生能源，并且在能源自给自足方面取得了很好的效果。在零碳校园中可应用于教学建筑、食堂、体育馆的屋面部分集成。

·窗户集成

该集成方式是将太阳能电池板集成到建筑物的窗户或幕墙系统中，使其成为建筑立面的一部分。可以在玻璃层中放置一层太阳能板，实现光电转化。这种集成方式既满足了建筑立面的美观性要求，又实现了太阳能的收集和利用。

中国的“中国石油天然气股份有限公司总部大楼”项目将太阳能电池板集成到建筑

的玻璃幕墙上，使建筑具有高度的透明度和能源自给自足性。

·遮阳板集成

该集成方式将太阳能电池板集成到建筑的遮阳板或阳台栏杆等位置，实现太阳能发电和遮阳功能的双重效益。这种集成方式在阳光充足的地区尤其有优势，可以利用遮阳板的面积收集更多的太阳能。

韩国首尔的“S-LEC Solar Film”项目将太阳能电池板集成到建筑的遮阳板中，为建筑提供了可再生能源，同时提供了舒适的室内遮阳效果。

·玻璃幕墙

该集成方式将太阳能电池板集成到建筑幕墙，以框架结构为基础，将太阳能板利用抓手与之固定，实现采光、遮阳与发电三重功能。这种集成方式减少了材料损耗并且能够为建筑提供足够的能源。

玻璃幕墙能够与光伏系统集成的面积相对较少。玻璃幕墙虽然有通透、采光与美学方面的优点，但也会导致建筑内部一次能源消耗增加。由于幕墙可见度较高，因此结合玻璃幕墙系统改进主要在于提升光伏系统接受太阳辐射强度与相应系统构件的隐藏，以达到美观的效果。

·集成设备电源照明

该集成方式通常采用LED（Light Emitting Diode）技术，LED照明具有高效节能、长寿命、环保等优点。通过将LED灯具与太阳能电池板集成在一起，可以实现照明系统的可再生能源供应。

b.建筑附加光伏。

·墙面附着

该集成方式将太阳能电池板直接贴附在建筑物的墙面上。这种集成方式适用于大面积的墙面，例如高楼大厦、商业建筑等。太阳能电池板可以通过特殊的胶黏剂或支架系统固定在墙面上，形成一个连续的太阳能发电装置。该集成方式在外观设计上具有很大的灵活性，可以根据建筑风格和需求定制太阳能电池板的形状、颜色和排列方式。

美国亚利桑那州的亚利桑那大学的ENR2建筑项目采用了墙面附着型BAPV技术，墙面上安装了太阳能电池板，实现了可再生能源的发电和建筑外观的美化。

·屋顶附着

该集成方式将太阳能电池板安装在建筑的屋顶上，利用屋顶的宽阔面积进行太阳能的收集和发电。太阳能电池板可以通过支架或固定系统安装在屋顶上，与屋面形成一体化的太阳能发电系统。该集成方式具有较高的发电效率，并且不会占用建筑的额外空间，建筑类型广泛。

英国伦敦的The Crystal建筑采用屋顶附着的BAPV技术，屋顶上安装了太阳能电池板，为建筑提供了可再生能源供应，并且与建筑的现代化设计相得益彰。

·窗户附着

该集成方式将太阳能电池板附着在建筑的窗户上，实现透明的太阳能发电。在保持建筑外观整洁的同时，能够收集太阳能并为建筑供电。太阳能电池板可以以透明的形式覆盖在窗户表面，利用阳光的能量转化为电能。这种集成方式适用于各种建筑类型，特别是办公楼、商业建筑和高层建筑。

美国加州的Alcatraz岛上的Alcatraz Island Visitor Center的窗户上安装了透明的太阳能电池板，为建筑提供了可再生能源，并保持了建筑的历史特色。

· 遮阳板附着

该集成方式将太阳能电池板集成到建筑的遮阳板或阳台栏杆等位置。这种集成方式是在遮阳板上安装太阳能电池板，不仅可以实现遮阳功能，还可以将太阳能转化为电能进行发电。该集成方式常见于公共建筑、停车场等场所，可以利用遮阳板的面积收集更多的太阳能。例如日本东京的Roppongi Hills Mori Tower的遮阳板集成了太阳能电池板，为建筑提供了部分可再生能源，并为室内提供舒适的遮阳效果。

（6）案例应用

案例应用对比见表5-2。

a. 英国诺丁汉大学朱比利校区光伏建筑一体化实践。

英国诺丁汉大学的整个校园都是使用可再生的材料及能源建设而成的，而且基本做到了零排放，是世界绿色校园的典范。其中朱比利校区的光伏建筑一体化项目在全校区中占有重要的地位，该校区总建筑面积达到41 000平方米，包括学生宿舍、教学楼、资源中心以及办公楼等建筑，能同时满足2 500多名师生的需求。该校区的光伏建筑一体化系统主要集中在教育学院、计算机科学学院、管理学院的建筑屋顶上。为尽量降低校园能耗，将自然光更多地引入到这些建筑中，该校区屋顶的光伏电池板并不是传统的光伏电池板，而是采用了透光性玻璃太阳能光伏组件，共计256块光伏面板，分别安装在总面积为450平方米的屋顶上。这种做法十分值得我们借鉴学习，在校园建设中应充分考虑到未来建筑的能耗问题，在每个细节上都体现出绿色校园的理念见。表5-3。

表5-2 案例应用对比

案例总结					
序号	项目名称	建筑类型	所属气候、气候区	RE 种类	与建筑集成方式
1	英国诺丁汉大学朱比利校区	学校	温带海洋性气候	太阳能	BIPV
2	清华大学校园光伏建筑	学校	寒冷地区	太阳能	BIPV
3	香港理工大学校园光伏建筑	学校	夏热冬暖地区	太阳能	BIPV
4	青海科技馆屋顶光伏建筑	博物馆	年严寒地区	太阳能	BAPV

表 5-3 英国诺丁汉大学朱比利校区光伏建筑性能

英国诺丁汉大学朱比利校区光伏建筑一体化实践	
项目建筑类型	教学类建筑
项目所属气候 / 气候区	温带海洋性气候
太阳能利用形式	☑ 光伏发电 □ 光热利用 □ 光化利用
与建筑集成方式	☑ BIPV □ BAPV
装机容量 /kW	61
光伏面板安装位置	建筑外墙、屋面
光伏面板安装面积 /m^2	450
其他	—

b.清华大学校园光伏建筑一体化实践。

在国内，清华大学校园里的光伏建筑一体化实践是一个非常有代表性的例子。

清华大学超低能耗楼坐落于清华大学校园东区，是校园绿色建筑的科研基地，总建筑面积约有2 930 m^2，整栋建筑共有5层：地下一层，地上四层，地下部分为试验和设备用房，地上部分为办公和展示用房，其中开放地展示了各种高新技术产品，汇集了各种国际上科学研究的最新成果，建设尽可能减少不可再生资源的消耗，尽可能利用可再生资源，减少污染环境的因素，营造健康、舒适、和谐的工作空间和生活空间。超低能耗楼的太阳能光伏组件主要安装在南立面上，采用的是单晶硅光电玻璃，其面积大约为30 m^2，峰值发电在5 kW左右。为不影响室内自然光的射入，光电玻璃安装在结构夹层外侧，并与单元式双层皮幕墙结合组成光电幕墙，这是一种新型功能性的建筑幕墙，属于更先进的光伏建筑一体化技术。光电幕墙所发电力被用来实现玻璃幕墙开启扇和遮阳百叶的自动化开启，使得建筑整体更加智能化。见表5-4。

c.香港理工大学校园光伏建筑一体化实践。

香港理工大学光伏建筑一体化建设是一个

表 5-4 清华大学校园光伏建筑性能

清华大学校园光伏建筑一体化实践	
项目建筑类型	教学类建筑
项目所属气候 / 气候区	亚热带季风气候
太阳能利用形式	☑ 光伏发电 □ 光热利用 □ 光化利用
与建筑集成方式	☑ BIPV □ BAPV
装机容量 /kW	5
光伏面板安装位置	建筑幕墙
光伏面板安装面积 /m^2	30
其他	建筑面积 2 930 m^2

在高校中应用光伏建筑一体化的先驱。香港理工大学校园光伏一体化项目是中国香港的第一个光伏项目。整个光伏系统的设计安装在香港理工大学的校园的邵逸夫楼上，采用100多块多晶硅光伏板，主要安装在建筑物的屋顶上和建筑物的外墙上。该建筑在东、南、西3个方向的立面与屋顶分别安装了20、22、18、40 块光伏板，独立电池板的额定功率均可达到170 W以上且建筑内部的照明1/2的用能均可由外立面与屋顶立面的光伏组件提供见表5-5。

表 5-5 香港理工大学校园光伏建筑一体化性能

香港理工大学校园光伏建筑一体化实践	
项目建筑类型	教学类建筑
项目所属气候 / 气候区	亚热带季风气候
太阳能利用形式	☑ 光伏发电 □ 光热利用 □ 光化利用
与建筑集成方式	☑ BIPV □ BAPV
装机容量 /kW	175
光伏面板安装位置	建筑外墙、屋面
光伏面板安装面积 /m^2	250

d. 青海科技馆屋顶建筑附加光伏设计。

由于在青海科技馆屋顶采用BAPV的形式进行附加安装，以及考虑与技术上的可行性，所以因地制宜地利用压型钢板屋面突出的金属装饰条作为结构支撑，将光伏组件固定在双金属条中间的屋面之上并预先计算控制阴影区域以及建筑各部位的形状以实现光伏组件与建筑的发电效率最大化。同时，以两种色彩的光伏组件相间拼贴在建筑屋顶立面，形成了交错的韵律，在建筑美学方面也得到了显著的提升。从发电效率计算，该BAPV系统共安装单晶硅组件640余块，总安装功率超过110 kW，安装面积达到820 m^2且分为8组光伏阵列，每组阵列利用直流集线箱与逆变器将直流电转化为适用性更广泛的交流电。见表5-6。

表 5-6 青海科技馆屋顶建筑附加光伏设计性能

青海科技馆屋顶建筑附加光伏设计	
项目建筑类型	教学类建筑
项目所属气候 / 气候区	亚热带疾风性气候
太阳能利用形式	☑ 光伏发电 □ 光热利用 □ 光化利用
与建筑集成方式	□ BIPV ☑ BAPV
装机容量 /kW	118.585
光伏面板安装位置	建筑屋面
光伏面板安装面积 /m^2	820

5.1.1.2 基底面积上的太阳能光热利用

1）概述

校园建筑基底面积上的太阳能光热技术主要是指在校园各类型建筑基底面积上进行太阳光热转换利用的各种技术总称，其主要是将太阳能辐射能转化为热能并进一步用于建筑供暖、热水供应以及热发电等方面。太阳能热利用的基本原理是通过太阳能集热器收集太阳辐射能，然后将其转换为热能，以满足各种用途的需求。根据温度范围的不同，太阳能热利用可分为低温（<100 ℃）、中温（100~500 ℃）和高温（>500 ℃）利用。在低温太阳能热利用中，常见的应用包括太阳能热水系统、太阳能温室等，用于家庭热水供应、农业温室加热等。中温太阳能热利用通常涉及太阳能热水系统、太阳能空调等，可用于工业生产过程中的加热、空调系统的供暖等。而高温太阳能热利用则涉及太阳能发电系统、太阳能工业加热等，可以实现高温下的电力产生和工业生产过程中的加热需求。这些不同温度范围的太阳能热利用形式，为各个领域提供了清洁、可再生的能源解决方案。在校园建筑中采用太阳能光热转换利用是一种高效且清洁的可再生能源利用方式，在零碳校园建设和推广中具有广阔的应用前景。太阳能热的不同利用形式包括太阳能热水系统、太阳能制冷空调系统和太阳能供暖系统三类。

a. 太阳能热水系统。

太阳能热水系统是一种利用太阳能将水加热的系统，通常由多个组件组成。这些组件包括太阳能集热器，它们用于吸收太阳能并将其转化为热能；热水贮存箱，用于储存被加热的水；水泵，用于将热水从集热器输送到贮存箱或热水使用点；管道连接，将热水从集热器输送到贮存箱和使用点之间；支架，用于支撑和安装太阳能集热器的结构；控制系统，用于监测和调节系统的运行；以及必要时使用的辅助能源，例如电能或燃气，在太阳能不足时提供加热能力。这些组件共同工作，使太阳能热水系统能够高效地利用太阳能来加热水供应。

b. 太阳能制冷空调系统。

太阳能制冷空调系统：将太阳能利用与制冷技术相结合，实现绿色、高效制冷。主要有两种技术路径：光电转换和光热转换。系统利用多面镜子将太阳光聚焦在管道上，加热水，然后用热水启动冷却器，供应冷水给空调机，制造冷气。这种系统环保、节能，是建筑节能的可持续解决方案。

c. 太阳能供暖系统。

太阳能供暖系统利用太阳能集热器将太阳辐射转化为热能，通过液体传热介质输送至室内。系统包括集热器、储热水箱、循环泵、传热管道和散热装置。集热器吸收太阳辐射，将热能传输至液体介质。循环泵将加热液体送至室内传热器，释放热能至室内空间，提供舒适室内环境。该系统具有环保、经济实用和可持续发展等优势，受到广泛应用。根据运行方式和部件的不同，太阳能供暖技术可分为主动式和被动式两种形式。在被动系统中，建筑构件用于收集太阳能。在主动系统中，太阳能集热器、储热罐、输配电装置和供热终端组合在一起形成循环系统。

2）应用评估

a. 总体评价。

目前，太阳能热水系统仍然是太阳能光热利用技术的主要应用形式，其新增装机量占比达86%。而太阳能供暖及太阳能制冷空调系统的新增装机量比例约为8%，与上一年的5%相比有显著增长。这表明太阳能热水应用已接近饱和状态。为了满足进一步的节能减碳需求，技术研发与推广应用的重心逐渐从太阳能热水转向太阳能供热采暖及空调领域。

太阳能光热技术在建筑中的应用主要有3种形式：太阳能热水系统、太阳能供暖系统和太阳能制冷空调系统。这些系统利用太阳能的热量，满足建筑物的热水、供暖和制冷需求。太阳能热水系统通过太阳能集热器收集太阳辐射，将其转化为热能用于加热水；太阳能供暖系统利用太阳能集热器将太阳辐射转化为热能供给供暖；太阳能制冷空调系统则结合太阳能和制冷机组，利用太阳能的热能驱动制冷机进行制冷。

这些太阳能光热技术的应用为建筑物提供了清洁、可再生的能源来源，有助于减少对传统能源的依赖，降低能源消耗，同时也为建筑节能和环境保护作出了贡献。根据市场需求潜力、技术经济性、技术发展趋势和潜力、社会环境效益以及建筑市场适应性等方面的评价如下。

· 市场需求潜力

随着对可再生能源需求的不断增长，太阳能热水系统、太阳能制冷空调系统和太阳能供暖系统具有巨大的潜力。在校园中，在学生宿舍等建筑上可大规模推广应用。太阳能制冷空调技术的不断发展和成本的下降将增加其在商业建筑、住宅和工业用途的应用。由于气候炎热地区的高校制冷需求增加，太阳能制冷空调将成为一个有吸引力的替代选择。政府对可再生能源技术的支持将促进太阳能制冷空调技术和太阳能供暖系统的市场需求潜力。政策和补贴措施可以鼓励消费者和企业采用太阳能供暖系统。这些系统利用太阳能作为可再生能源，满足人们对热水、采暖和空调的需求，有助于减少校园建筑对传统能源的需求。

· 技术经济性

太阳能系统具有技术和经济优势。太阳能热水器系统操作简便，全自动运行，无须专人看管，安全可靠，无噪声、污染、漏电等风险。太阳能制冷空调系统与太阳能供暖、热水结合，季节匹配性好，全年实现太阳能综合利用，但成本较高。大型太阳能供暖系统主要在太阳能资源丰富的地区应用，以政府投资为主，高校采用太阳能供暖技术经济效益良好。随着技术进步和成本降低，系统建设和运行成本逐渐降低，能源消耗减少、运行成本下降可带来显著经济效益。

·技术发展趋势和潜力

太阳能热水系统、太阳能制冷空调系统和太阳能供暖系统在技术发展方面呈现出良好的趋势和潜力。在太阳能热水系统方面，当前的研究重点之一是提升集热器的效率。举例来说，中国科学技术大学已经构建了一种采用冰蓄冷技术的离网光伏直驱制冷系统。这项技术通过在太阳能发电的同时利用冰蓄冷技术，实现了制冷需求的满足，为实现太阳能制冷系统的高效运行提供了新的途径。至于太阳能供暖系统，研究重点之一是集热场的设计方法。杜晓羽等人针对太阳能供暖系统中可能存在的局部过热问题，建立了集热场热性能的数学模型，以探索更有效的集热场设计方案，提高太阳能供暖系统的性能和稳定性。新材料、改进的集热器设计和智能控制系统的应用将进一步增强系统的可靠性和效能。

·社会环境效益

太阳能热水系统、太阳能制冷空调系统和太阳能供暖系统在社会环境效益方面具有显著优势。其利用清洁、可再生的能源，减少对化石燃料的依赖，降低温室气体排放和环境污染。通过推广和应用系统，可实现可持续发展和环境保护的目标。校园作为为社会输送人才的机构，合理使用各种以太阳能光热利用为代表的绿色节能技术，将零碳理念融入学校教育及技术创新体系，推动碳中和有关人才培养和科技创新，实现校园可持续发展，并具有良好的社会效益。

·建筑市场适应性

太阳能热水系统、太阳能制冷空调系统和太阳能供暖系统在建筑市场中具有广泛的适应性。其适用于不同类型建筑，包括住宅、商业建筑和工业设施等。由于系统可与建筑物集成，与建筑设计和结构相结合，提供整体的能源解决方案。

综上所述，太阳能热水系统、太阳能制冷空调系统和太阳能供暖系统在以上6个方面都具备良好的评价。它们为可再生能源发展和建筑节能提供了可行且具有前景的解决方案。不同系统在我国不同地区有其使用效率的差异，各高校应当根据当地地理气候条件合理搭配选择合适的技术，使太阳能光热利用达到最高效的使用情景。

b.技术方案对比。

从美观性、能源自给自足、技术复杂性、空间利用、使用期限、后期维修和初始投资与投资回报周期等7个层面来对比太阳能热水系统、太阳能制冷空调系统和太阳能供暖系统。

·美观性

太阳能热水系统可以通过合理的设计和安装，将太阳能集热器与建筑外观相协调，减少对建筑美观性的影响。太阳能制冷空调系统集热器的尺寸相对较大，可能对建筑外观产生一定的影响。在太阳能供暖系统方面，通过集热器的合理安装和与建筑的有机结合，可以减少对建筑美观性的影响。

·能源自给自足

太阳能热水系统在充足的日照条件下，可实现较高的能源自给自足程度，减少对传统能源的依赖。太阳能制冷空调系统通过太阳能供热驱动制冷循环，实现一定的能源自给自足。太阳能供暖系统依赖于太阳能集热器产生的热能，也可在一定程度上实现能源自给自足。

·技术复杂性

太阳能热水系统相对较简单，技术复杂性较低，安装和维护相对容易。太阳能制冷空调系统由于涉及制冷循环和温度控制等复杂技术，需要专业技术支持。太阳能供暖系统则相对复杂，需要考虑集热器的安装、热媒循环系统的设计和控制等技术要求。

·空间利用

太阳能热水系统集热器通常安装在屋顶上，空间利用率相对较小。太阳能制冷空调系统需要空间安装集热器和相关设备，会占据一定的面积，太阳能供暖系统集热器的安装也需一定空间。因此这两个系统需考虑空间利用的因素。

·使用期限

太阳能热水系统一般具有超过10年的使用寿命。太阳能制冷空调系统通常可使用15年以上。太阳能供暖系统通常可使用20年以上。

·后期维修

太阳能热水系统后期维修相对较简单，一般维护工作主要包括定期清洗和检查。太阳能制冷空调系统需要定期检查制冷循环和控制系统等，并进行维护保养。太阳能供暖系统的后期维护主要包括集热器的清洗、泵和管道的检查等。

·初始投资与投资回报周期

太阳能热水系统初始投资较低，投资回报周期相对较短，可在几年内回收投资。太阳能制冷空调系统初始投资较高，投资回报周期较长，需要更长时间才能回收投资。太阳能供暖系统初始投资较高，投资回报周期相对较长，需要几年到十几年的时间来回收投资。

值得注意的是，上述对比是一般性的评价，实际情况会受到具体系统的规模、技术水平、设计质量和安装条件等因素的影响。各学校应根据实际情况进行综合评估和决策。不同太阳能光热利用技术优缺点对比分析见表5-7。

表 5-7 不同太阳能光热利用技术优缺点对比分析

优缺点对比分析						
分类	使用年限	外观	空间利用	技术复杂性	初始投资与投资回报周期	运营维护
太阳能热水系统	10年及以上	整体性强	空间利用性好	简单	几年内	简便
太阳能制冷空调系统	15年及以上	整体性强	空间利用性差	简单	几年到几十年	较复杂
太阳能供暖系统	20年及以上	整体性强	空间利用性差	简单	几年到几十年	较复杂

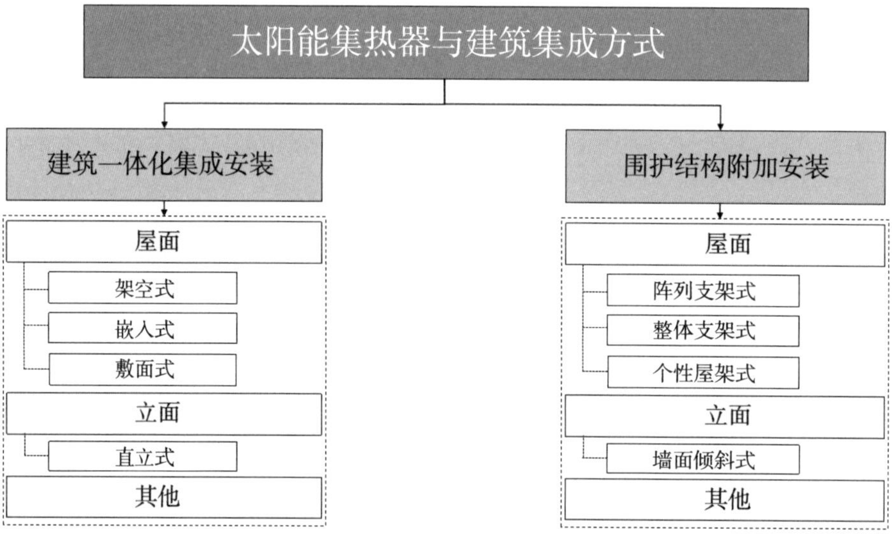

图5-5 集热器与建筑集成方式（作者自绘）

3）利用方法

根据太阳能热建筑一体化（Building Integrated Solar Thermal，BIST）这一概念以及集热器与建筑集成方法的差异，可将集热器与建筑的集成方法分为围护结构附加安装和建筑一体化集成安装两大类。具体分类方法如图5-5所示。

a.建筑一体化集成安装。

·屋面

坡屋顶是最易与太阳能集热器整合的建筑之一，不同风格、颜色、质地和坡度的屋顶能丰富建筑外观。校园建筑多样，屋顶造型丰富，可选集成方式较多。相较于平屋顶，坡屋顶可利用面积较小，施工技术更为复杂。为了实现太阳能集热器与坡屋顶的协调一致，宜将其顺坡架空或镶嵌；在建筑设计中，需要充分考虑最佳接受太阳光的角度，通常在当地的纬度范围内调整，以确保太阳能集热器能够最大程度地吸收太阳辐射。此外，在设置太阳能集热器时，需要特别注意荷载对屋顶结构的影响，同时要确保集热器具备足够的抗风雪能力，以应对不同的气候条件和天气变化。在安装太阳能设备后，还需要做好保温防水处理，以确保设备在各种天气条件下的正常运行，并且要安排合适的检修设施，以确保设备的安全和可靠性。根据屋面和集热器关系，常见安装形式有架空式、嵌入式和敷面式3种。

①架空式。

常见的太阳能集热器与坡屋顶结合方法是将集热器支架预先埋设在主体结构中，再与支架一起安装在屋顶上。在安装过程中需注意屋面排水，以确保雨水不会影响集热器安全和正常使用。

②嵌入式。

嵌入式安装是利用屋顶立面的防水保温层将集热器完全覆盖。使用此方式进行安装有利于外立面与设备集成且能够达到较高的美学效果，但是需要高技术支持。由于此种安装方式需要将设备与防水保温层直接贴合，因此在构件连接处容易发生漏水与热桥效应，会对设备造成不利影响且容易导致雨水在集热器积存。

③敷面式。

敷面式集热器位于屋面稍高位置，通过预埋杆件与屋面结合。相比于原有屋面，其对保温防水影响较小，但需注意排水。

· 立面

在与建筑集成的方法上，围护结构一体化集成的形式一般为直立式，直立式集热器与墙壁贴合，能够美化建筑外观，呈现出优美的视觉效果。然而，其缺点在于可能会降低集热效率。在安装储水箱和集热器之间的管线时，需要注意避免管线外露对视觉造成的影响，尽可能缩短管线长度，以提高集热效率。

· 其他

在建筑物的阳台上也存在着围护结构一体化集成形式的安装方法，直立式的集热器可以选择挂在阳台栏板上，也可以嵌入其中，具体取决于阳台的设计形式。阳台栏板材料不同，集热器与之结合后的效果也会有所不同。此外，太阳能集热器直接成为阳台栏板的一部分，起到了维护结构的作用，实现了太阳能热水器与建筑的整合。这种做法不仅满足了集热器的功能需求，还丰富了建筑的外观，增强了建筑的造型美感。整体一体化程度最高，同时也更便于维护和检修。

与立面集成方法类似，在女儿墙上的集热器也有与建筑一体化集成的安装方法，主要为直立式安装。

b.围护结构附加安装。

· 屋面

在平屋顶安装太阳能热水器是一种简单的方法，不需要考虑特殊的朝向角度。确保每天至少4小时的日照时间，需要避免屋顶上的管井和楼梯间遮挡集热器。

除了以上几种设计原则外，在平屋顶上布置太阳能热水器还有以下几种常见的形式。

①阵列式支架。

阵列式支架是平屋顶安装太阳能集热器最常见的方法，具有安装方便、易操作的特点。

②整体支架式。

整体支架式的做法是在建筑屋顶上提前安装大量带有基座的支架，这些支架可以采用金属或混凝土材料制成，但前提是要根据当地情况事先调整好倾角。

③个性屋架式。

个性屋架通常指的是独特的悬挑结构，悬挑通常位于建筑物的顶部或侧面，具有外观装饰、建筑构造理念和特定的功能结构。

表 5-8 案例应用对比

案例总结					
序号	项目名称	建筑类型	所属气候、气候区	RE 种类	与建筑集成方式
1	长沙市麓山国际实验学校	学校	夏热冬冷地区	太阳能	集热器附加安装
2	中国科学技术大学太阳能示范办公楼	学校	夏热冬冷地区	太阳能	集热器一体化集成
3	西安建筑科技大学草堂校区	学校	寒冷地区	太阳能	集热器附加安装、集热器一体化集成

·立面

在与建筑的集成方法上，附加安装法主要为倾斜式，倾斜式由于倾角与太阳纬度呈一定的关系，所以集热效率会更高，但会牺牲一定的美观效果。

·其他

以阳台为例，它是建筑中最显著、最具灵活性的构件之一，因此也是发挥美学优势最大化的理想地点。太阳能集热器能够以类似于建筑外围护结构的形式安装在建筑的阳台栏板或栏杆上，其通常是倾斜安装的，具体取决于阳台的设计形式。由于阳台栏板的材料各不相同，集热器与之结合后的立面效果也会有所不同。

相比于将太阳能集热器安装在平屋顶上，安装在女儿墙上的做法更为可靠，因为它可以为建筑整体造型风格增添色彩。主要的安装方法包括挑檐和悬挂。

利用真空管式集热器替代格栅的设计是一种创新的方法，因为真空管的肌理与木质或金属格栅相似。在这种设计中，空调外部是一定面积的真空管集热器，内侧底部安装空调外挂机。这种设计不仅营造出有机的立面效果，还创造了一个小型的微环境，有助于延长集热系统和空调外挂机的使用寿命。

4）案例应用对比

案例应用对比见表5-8。

a. 长沙市麓山国际实验学校。

长沙市麓山国际实验学校成立于1993年，由长沙市人民政府批准，长沙市教育局直接创办，集小学、初中、高中于一体，是一所寄宿制学校。学校秉承“学校国有、校长负责、经费自筹、办学自主”的理念，致力于提供优质教育资源和全面素质培养。学校地理位置优越，位于北纬28.2°，东经112.9°，设有一座10层学生宿舍楼，可容纳2 160名学生。

五星太阳能公司为该校设计并安装了太阳能与空气源热泵热水系统，满足日常热水需求，兼顾能源利用效率和环保。太阳能集热器以30°倾角安装在平屋顶上，捕获阳光转化为热能，总产量86.4 吨，可满足学生需求。系统还采用空气源热泵辅助加热，利用周围空气热能，将其转化为热水。

610块太阳能集热器分成13个阵列区，配备4套太阳能温差强制循环系统和2个40立方米储热水箱，设计合理高效，可保证各种天气条件下的稳定运行。

高校太阳能热水系统设计需结合实际工程情况进行具体分析，确定最合理、最优的方案。长沙市麓山国际实验学校建筑性能见表5-9。

表5-9 长沙市麓山国际实验学校建筑性能

长沙市麓山国际实验学校	
项目建筑类型	教学类建筑
项目所属气候 / 气候区	夏热冬冷地区
太阳能利用形式	☑ 太阳能热水　☐ 太阳能空调　☐ 太阳能供暖
与建筑集成方式	☑ 附加安装　☐ 一体化集成
集热器种类	☐ 真空管　☑ 平板　☐ 聚光
集热器安装位置	屋顶
集热器安装面积 /m^2	60
其他	应结合辅助热源和储热水箱

b. 中国科学技术大学太阳能示范办公楼。

中国科学技术大学（USTC）太阳能示范办公楼总建筑面积265.6平方米，共两层，一层建筑面积167平方米，二层建筑面积不足100平方米，层高3.3米。该建筑采用了多项太阳能技术，包括太阳能光热和光电技术。

主要构件为太阳能集热器，用途包括采暖、制冷、发电和生活热水供应。位置分为坡屋面、墙面和场地旁边。南北房间采用不同太阳能技术供暖，南向房间用被动式双效集热器，北向房间用主动式双效集热器，提高了太阳能利用率。多项低成本太阳能技术降低了建筑能耗，具有一定经济效益。见表5-10。

表5-10 中国科技大学太阳能示范办公楼建筑性能

中国科学技术大学太阳能示范办公楼	
项目建筑类型	办公类建筑
项目所属气候 / 气候区	夏热冬冷地区
太阳能利用形式	☑ 太阳能热水　☐ 太阳能空调　☐ 太阳能供暖
与建筑集成方式	☐ 附加安装　☑ 一体化集成
集热器种类	☐ 真空管　☑ 平板　☐ 聚光
集热器安装位置	屋顶、立面
集热器安装面积 /m^2	115.3
其他	本案例为多技术综合利用

c. 西安建筑科技大学草堂校区。

草堂校区的太阳能热水系统位于南山书院和紫阁书院。南山书院包括12栋宿舍楼、3栋学子之家、1栋食堂和1栋办公楼，总建筑面积约118 542.4平方米。学生洗浴中心设于4号学子之家地上两层，地下一层，共有346个淋浴喷头，每日下午16:00至21:00开放。地下设备用房包括150吨供热水箱。东北角的太阳能集热器安装在7号、8号和12号宿舍楼坡屋面，总面积1 856平方米，水箱容量分别为24升和18升。

紫阁书院拥有14栋宿舍楼、6栋学子之家、1栋学生食堂和1栋大学生活动中心。学生洗浴中心设于2号学子之家，拥有386个淋浴喷头，每日开放5小时。地下设备用房设有160吨水箱和常压燃气锅炉。3号、5号和4号宿舍楼坡屋面安装了太阳能集热器，总面积约2 595平方米，水箱容量分别为30升和12升。见表5-11。

表5-11 西安建筑科技大学草堂校区学生宿舍建筑性能表

西安建筑科技大学草堂校区	
项目建筑类型	教学类建筑
项目所属气候/气候区	寒冷地区
太阳能利用形式	☑ 太阳能热水 ☐ 太阳能空调 ☐ 太阳能供暖
与建筑集成方式	☑ 附加安装 ☑ 一体化集成
集热器种类	☐ 真空管 ☑ 平板 ☐ 聚光
集热器安装位置	屋顶、立面
集热器安装面积/m^2	1 903
其他	辅助热源为常压燃气锅炉

5.1.1.3 基底面积上的风能利用

1）概述

校园建筑基底面积上的风力发电是指在校园各类型建筑基底面积上进行风力发电的各种技术的总称，其主要是将风的动能通过各种形式的风力发电机转化为电能。这些系统通常采用小型或中型风力发电系统，可满足校园建筑能耗的一部分或全部电力需求。风力发电是将风的动能转化为机械能，进而再将机械能转化为电能的过程。其基本原理是通过风力驱动风车叶片旋转，然后利用增速机提高旋转速度，最终激发发电机发电。根据风车技术的原理，即使是微风，3 m/s的风速也足以启动发电机。风力发电机根据技术类别通常分为水平轴风力发电机和垂直轴风力发电机。

a.水平轴风力发电机。

水平轴风力机（Horizontal Axis Wind Turbines，HAWT）就是风轮轴基本上平行于风向的风力机。是目前应用最广泛的风力发电机类型。它们的主轴水平放置，旋转的风扇叶片垂直于主轴。水平轴风力发电机通常具有较高的功率输出和较高的效率。

b.垂直轴风力发电机。

垂直轴风力机（Vertical Axis Wind Turbines，VAWT）就是风轮轴垂直于风向的风力机。垂直轴风力发电机的主轴垂直放置，旋转的风扇叶片平行于主轴。垂直轴风力发电机在一些特定场景下具有优势，例如低风速环境或无须朝向风的灵活性的应用场景。

2）应用评估

a.总体评价。

随着技术的进一步改进和市场需求的变化，两种类型的风力发电机都在可再生能源领域发挥重要作用。尤其是新建的校园，其地理位置一般远离城市中心，周边区域下垫面较为平整，风力资源相对丰富，采用风力发电技术可以拥有良好的经济和环境效益。以下根据可再生能源需求、技术经济性、技术发展趋势和潜力、社会环境效益以及建筑市场适应性5个方面进行评价。

· 市场需求潜力

水平轴风力发电和垂直轴风力发电都属于可再生能源的一种，它们利用风能来产生电力。根据IEA数据显示，全球仅陆上风力发电装机容量就从2010年的不到178 GW猛增到了2022年的858 GW，预计到2027年这一数字将会达到1 345.4 GW。随着对可再生能源需求的增加，这两种风电技术需求都将不断增长。

· 技术经济性

水平轴风力发电目前是更成熟和广泛应用的技术，因此在经济性方面具有优势。垂直轴风力发电技术较晚，其成本和经济效益仍在发展中。目前以垂直轴H型风力发电机为代表的垂直轴风力发电技术已经在部分城市地区推广使用，总体来看水平轴风力发电在经济性方面更具竞争力。

·技术发展趋势和潜力

水平轴风力发电技术已经经过多年的发展和改进，技术成熟度较高。随着计算流体力学（CFD）技术的不断发展，现在可以利用该技术计算小扰动速势方程、欧拉方程，甚至更加复杂的N-S方程。CFD已经具备模拟动态复杂外形气流流动的能力，这为垂直轴风力发电机的研究提供了基础。然而，由于传统水平轴风力发电机叶片具有非等截面结构的特殊限制，目前仍然无法利用CFD方法进行设计和计算，只能靠大量的经验来设计。垂直轴风力发电技术仍处于发展阶段，但它具有一些先天优势，如更适合在城市和低风速地区使用，以及更低的噪声和视觉影响。随着技术进一步改进，垂直轴风力发电有潜力成为一种更有竞争力的选择。

·社会环境效益

由于水平轴风力发电和垂直轴风力发电都是利用风能来产生电力，它们在减少温室气体排放和环境污染方面都具有显著的优势。两种风电技术都可以帮助减少对化石燃料的依赖，推动可持续能源发展，并降低对环境的不良影响。

·建筑市场适应性

水平轴风力发电通常需要较大的空地和特定的安装环境，因此在建筑市场上的适应性较有限。垂直轴风力发电基于其设计特点，更容易适应城市环境和建筑物，例如可以安装在建筑物的屋顶上。因此，在某些场景下，垂直轴风力发电更适合建筑市场的需求。

综合来看，水平轴风力发电在技术成熟度、经济性和市场应用方面具有优势。然而，垂直轴风力发电在一些特定场景下具有独特的优势，如适应城市环境和低风速地区。在校园建筑上使用风力发电技术应当结合不同风力发电机组的优缺点，综合考虑各项因素。

b.技术方案对比。

从美观性、能源自给自足、技术复杂性、空间利用、使用期限、后期维修和初始投资与投资回报周期等7个层面来对比水平轴风力发电和垂直轴风力发电。

·美观性

水平轴风力发电通常具有较大的旋转桨叶，对建筑和城市界面的外观影响较大。相比之下，垂直轴风力发电通常具有较小的尺寸和更紧凑的结构，对景观影响较小，并存在着多种与建筑集成的方式，可能更适合在城市和人口密集地区使用，包括校园建筑。

·能源自给自足

水平轴风力发电和垂直轴风力发电都可以实现能源自给自足。它们利用风能产生电力，可以为当地使用提供可再生的能源来源。然而目前在各自最适合的运行环境下，水平轴风力发电技术的发电效率相对较高，而垂直轴风力发电技术的优势在于不需要对准风向即可运作，两项技术的运行应视实际情况判定。

·技术复杂性

水平轴风力发电技术相对成熟，已经有较多的实际应用和技术经验。其技术复杂性较高，需要更精确的风向控制和系统调整。水平轴风力发电技术的一些主要缺点包括低等级风区（风速低于6 m/s）效率低下，巨型叶片的制造、运输和安装，叶片结冰以及塔装发电机的维护成本较高。相比之下，垂直轴风力发电技术相对较新，技术复杂性较低，结构也更加简单，容易实现简化和模块化。

· 空间利用

水平轴风力发电通常需要较大的空地来安装，因为它们的旋转桨叶需要具有足够的间距来避免相互干扰。相比之下，垂直轴风力发电的结构更紧凑，更适合在有限的空间内安装，例如在建筑物的屋顶上。瑞典浮式风电技术公司SeaTwirl发布了一份白皮书，由SeaTwirl委托曼彻斯特大学研究员Pablo Ouro博士编写，详细论述了垂直轴风力发电机在有限海域内的巨大优势。当前，许多国家都在研究提高海上风电场的功率密度，以减少对海洋环境的影响。因此，在理想的风能环境下，垂直轴风力发电机在最大限度缩小空间利用方面具有巨大潜力。

· 使用期限

水平轴风力发电和垂直轴风力发电的使用期限一般取决于设备的质量和维护情况。一般而言，水平轴风力发电设备的使用寿命较长，可以达到20年或更长。垂直轴风力发电技术还相对较新，尚未有大规模实际应用，因此其使用期限尚待实践验证，根据部分生产厂家的数据，一般也为20年左右。

· 后期维修

水平轴风力发电通常需要定期的维护和保养，包括旋转桨叶的检查和更换等。垂直轴风力发电由于其结构相对简化，维护工作可能相对较少。然而，具体的维修需求还取决于设备的质量和使用条件。

· 初始投资与投资回报周期

水平轴风力发电的初始投资较高，需要大规模的风力发电场来实现经济规模。由于其具有较高成熟度和广泛应用，水平轴风力发电的投资回报周期相对较短，一般为几年到十几年。垂直轴风力发电技术的初始投资较低，可以适用于小型和分散式应用。然而，由于其相对较新的技术和市场应用较少，垂直轴风力发电的投资回报周期可能较长。

综合来看，水平轴风力发电在技术成熟度、投资回报周期和使用期限方面具有优势，但在美观性和空间利用等方面存在一些局限性。垂直轴风力发电则更加美观和节省空间，但技术成熟度和投资回报周期仍需进一步发展和验证。具体选择应根据实际需求、环境条件和经济因素进行综合考虑。从校园建筑的角度来考虑，垂直轴风力发电机相比小型的水平轴风力发电机在发电效率、风能利用率和经济性上都更具优势，与校园建筑的契合程度更好；大型的水平轴风力发电机虽然经济效益高，但占地面积巨大且无法与建筑集成设计。不同风电技术优缺点对比分析见表5-12。

表 5-12 不同风电技术优缺点对比分析

优缺点对比分析						
分类	使用年限	外观	空间利用	技术复杂性	初始投资与投资回报周期	运营维护
水平轴风力发电机	20 年及以上	整体性差	空间利用性差	简单	几年到十几年	较复杂
垂直轴风力发电机	20 年及以上	整体性强	空间利用性好	复杂	较长	简便

3）利用方法

a. 建筑屋顶风能利用。

建筑屋顶位置适合安装风力发电机，因为该处风力大，环境干扰少。风力机应离屋顶一定距离，以避开檐口处的涡流区。该技术方法是将风力发电机组安装在建筑物的屋顶上。这样的系统通常使用小型风力发电机组，如垂直轴风力发电机或小型水平轴风力发电机。屋顶风力发电系统可以利用建筑物的高度和结构来捕捉风能，为建筑物供应部分电力需求。

b. 建筑风道风能利用。

在建筑物中心的开口处，风力会集中并增强，导致产生强劲的“穿堂风”效应，这种情况非常适合安装定向式风力发电机。同时加设架空层对屋顶风能收集也有帮助，不仅大大降低风力机可安装的高度，还可显著提高风速比。

c. 建筑壁挂式风能利用。

该集成方式将风力发电机组直接安装在建筑物的外墙上。该系统通常使用垂直轴风力发电机，其设计紧凑且安装便捷。系统适用于一些有风资源但屋顶空间有限的建筑物，如高层、低层建筑或建筑物周边有高墙的场所。

d. 建筑外立面风能利用。

该集成方式将风力发电机组嵌入到建筑物的外立面设计中。风力发电机组可以被集成到建筑物的外墙或立面装饰元素中，如立面板、幕墙或遮阳板等。这种系统既能满足建筑外立面的装饰需求，又能利用风能发电。

表 5-13 案例应用对比

案例总结					
序号	项目名称	建筑类型	所属气候、气候区	RE 种类	与建筑集成方式
1	上海中心大厦	超高层建筑	夏热冬冷地区	风能	建筑屋顶
2	上海天山路新元昌青年公寓 3 kW 垂直轴风力发电机项目	办公楼	夏热冬冷地区	风能	建筑屋顶
3	巴林世界贸易中心（BWTC）	超高层建筑	热带沙漠气候	风能	建筑风道

4）案例应用对比

案例应用对比见表5-13。

a. 上海中心大厦。

上海中心大厦坐落于上海陆家嘴金融贸易区，是一座地标性的巨型高层建筑，兴建于2008年11月29日，竣工于2016年3月12日，是中国乃至世界上排名第三的高楼。该建筑荣获了“绿色三星”设计标识认证和美国绿色建筑委员会颁发的LEED白金级认证。为了实现可持续发展，该建筑引入了垂直轴转子的涡轮发电机，屋顶外幕墙上集成了270台500 W的风力发电机，每年可产生118.9 万kW·h的绿色电力。这一设计将风力发电设施融入超高层建筑的结构中，与建筑外观和整体设计相协调，形成了一体化的效果。在校园建筑中，类似的设计可以应用于钟楼等高层或标志性建筑，以提升校园整体形象，尽管投资成本较高。见表5-14。

表 5-14 上海中心大厦建筑性能

上海中心大厦	
项目建筑类型	办公类建筑
项目所属气候 / 气候区	夏热冬冷地区
装机容量 /kW	135
风力发电机种类	☐ 水平轴 ☑ 垂直轴
风力发电机安装位置	☑ 建筑屋顶 ☐ 建筑风道 ☐ 其他（挂壁、外立面）

b. 上海天山路新元昌青年公寓3 kW垂直轴风力发电机项目。

2014年9月中旬，一家上海公司启动了上海天山路新元昌青年公寓3 kW垂直轴风力发电机项目，这标志着国内首个风力发电与建筑一体化的项目的启动。该项目在实测启动风速为2.2 m/s的条件下开始，与太阳能光伏电池共同供电，开创了上海市区建筑采用风光互补系统供电的先例。

这个项目的启动标志着中国在风能与建筑一体化方面取得了重要进展。通过在建筑物上安装风力发电机，利用建筑物的高度和风力资源，实现了风能的利用。与此同时，结合太阳能光伏电池的应用，实现了风光互补，提高了能源利用效率，为城市建筑的绿色能源供应提供了新的思路和范例。在此之前，垂直轴风力发电机主要用于特殊通信领域，但到了2006年年底，开始正式进入常规民用市场，成为中小型风力发电机的发展方向。

该案例集成在建筑屋顶部位，适合一般校园建筑使用，技术简便成熟，对建筑的外观影响不大，并且可与屋顶光伏系统并网实现多能互补，具有一定可行性。见表5-15。

表 5-15 上海天山路新元昌青年公寓建筑性能表

上海天山路新元昌青年公寓 3 kW 垂直轴风力发电机项目	
项目建筑类型	居住类建筑
项目所属气候 / 气候区	夏热冬冷地区
装机容量 /kW	3
风力发电机种类	□水平轴　☑垂直轴
风力发电机安装位置	☑建筑屋顶　□建筑风道　□其他（挂壁、外立面）

c.巴林世界贸易中心（BWTC）

巴林世界贸易中心2008年竣工，可能是世界最早建成和投入使用的风力发电建筑。巴林世界贸易中心是一座高240 m（787英尺）、双子塔结构的建筑物。大楼位于巴林首都麦纳麦的费萨尔国王大道，可以一览无遗地欣赏巴林湾景色。

建筑师Atkins在2座高240 m的三角形大厦之间，设计了3台直径29 m的水平轴风力发电机。喇叭口式的建筑布局有利于接收和强化来自波斯湾的海风。3台风力机发电量预计能够提供大厦11%~15%的所需电力。见表5-16。

表 5-16 巴林世界贸易中心（BWTC）建筑性能表

巴林世界贸易中心（BWTC）	
项目建筑类型	办公类建筑
项目所属气候 / 气候区	热带沙漠气候
装机容量 /kW	140
风力发电机种类	□水平轴　☑垂直轴
风力发电机安装位置	□建筑屋顶　☑建筑风道　□其他（挂壁、外立面）

5.1.2 校园场地面积内可再生能源供给技术与方案

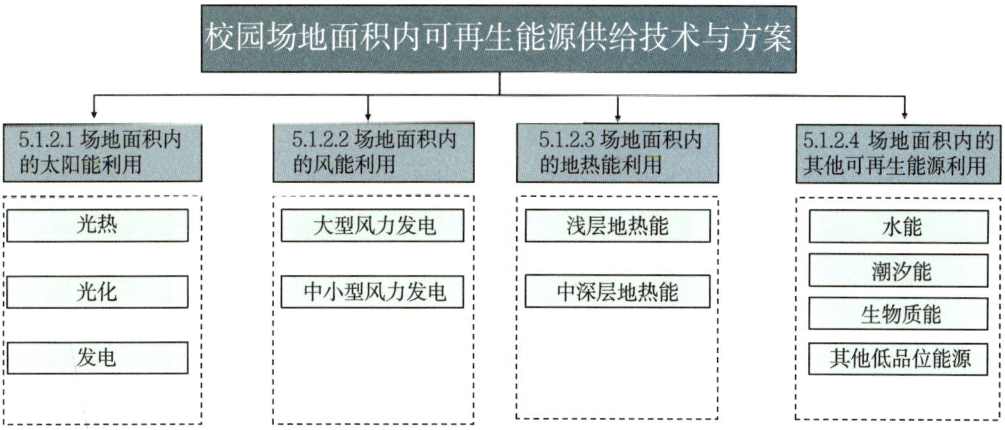

图 5-6 校园场地面积内供给技术与方案图（作者自绘）

5.1.2.1 场地面积内的太阳能利用

1）概述

校园场地上的太阳能利用是零碳校园建设中的重要组成部分。利用太阳能可以实现电力和热能的供应，同时减少对传统能源的依赖，降低碳排放。校园内部除建筑基底面积外的空余场地可以为太阳能的收集与利用提供一定空间。与校园建筑基底面积上的太阳能利用相比，校园场地上的太阳能利用主要的特点包括安装、功能用途、空间利用3个方面。校园场地上的太阳能利用通常是指在开放场地、停车棚、篮球场等地方安装太阳能光伏板或太阳能集热器，利用这些场地的空间来捕捉太阳能。在用途方面，校园场地上的太阳能利用主要用于电力和热能的供应，如光伏发电系统、太阳能热水器和太阳能光热系统等。这些设施可以为学校建筑和设施提供电力、热水和供暖等需求。而校园建筑基底面积上的太阳能利用也是为了提供电力和热能，但其主要集中在建筑屋顶和墙面，用于满足建筑内部的电力需求或部分热能需求。校园场地上的太阳能利用可以通过充分利用开放空地、停车场等大面积场地来安装太阳能设施，其安装面积可能更广阔。相比之下，校园建筑基底面积上的太阳能利用受限于建筑物的屋顶和墙面大小，安装面积相对较小。

2）利用形式分类

a. 光热利用。

太阳能热利用原理是利用集热器捕获太阳辐射，将其转化为热能用于各种用途。常见太阳能集热器有平板、真空管和聚光型。根据需要温度和用途不同，太阳能光热利用分低、中、高温3种。低温用于热水器、干燥器、蒸馏器、采暖系统、温室、空调；中温用于灶具、热发电；高温用于太阳炉等。

· 太阳能热水技术

太阳能热水系统是广泛使用的太阳能应用之一，全球安装了数百万个这样的装置。它由收集器、储存装置和循环管路等组成。另外，还可能包括辅助能源装置，如电热器，用于在无日照时提供热水，以及用于强制循环的水泵、温度控制装置和连接到负载的管路。基本系统示意如图5-7所示。

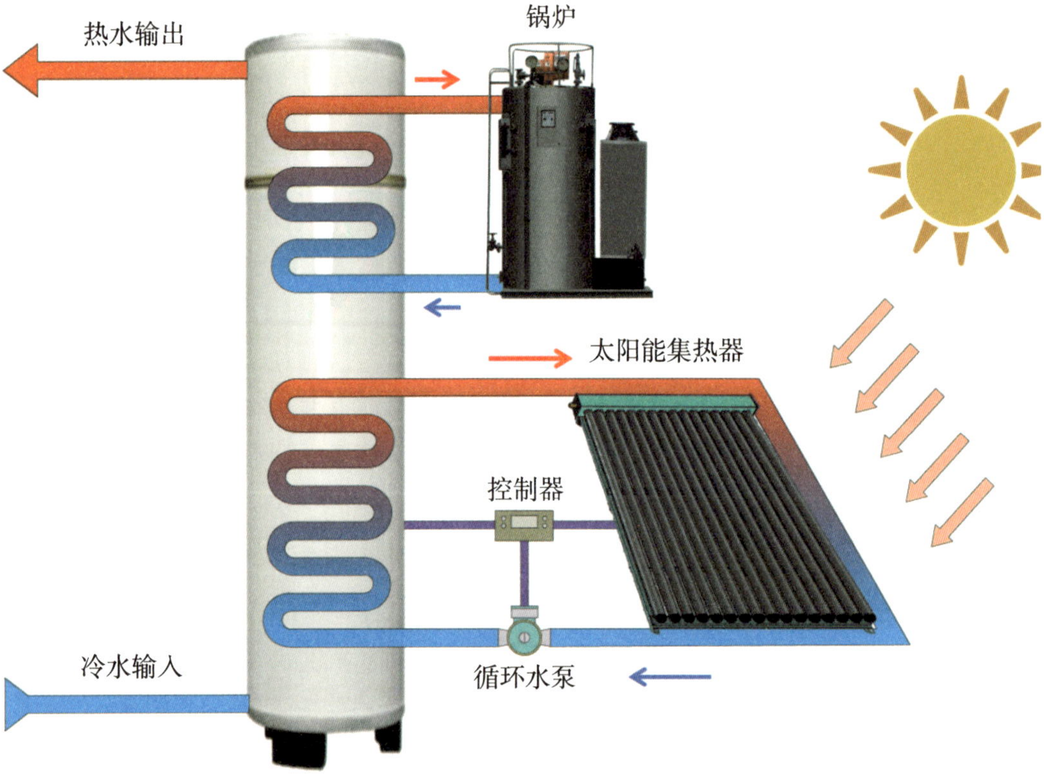

图5-7 太阳能热水系统（作者自绘）

· 太阳能采暖技术

将分散的太阳能通过集热器（如平板太阳能集热板、真空太阳能管、太阳能热管等）吸收转换成热水，输送到发热末端（如地板采暖系统、散热器系统等）提供房间采暖的系统。基本系统如图5-8所示。

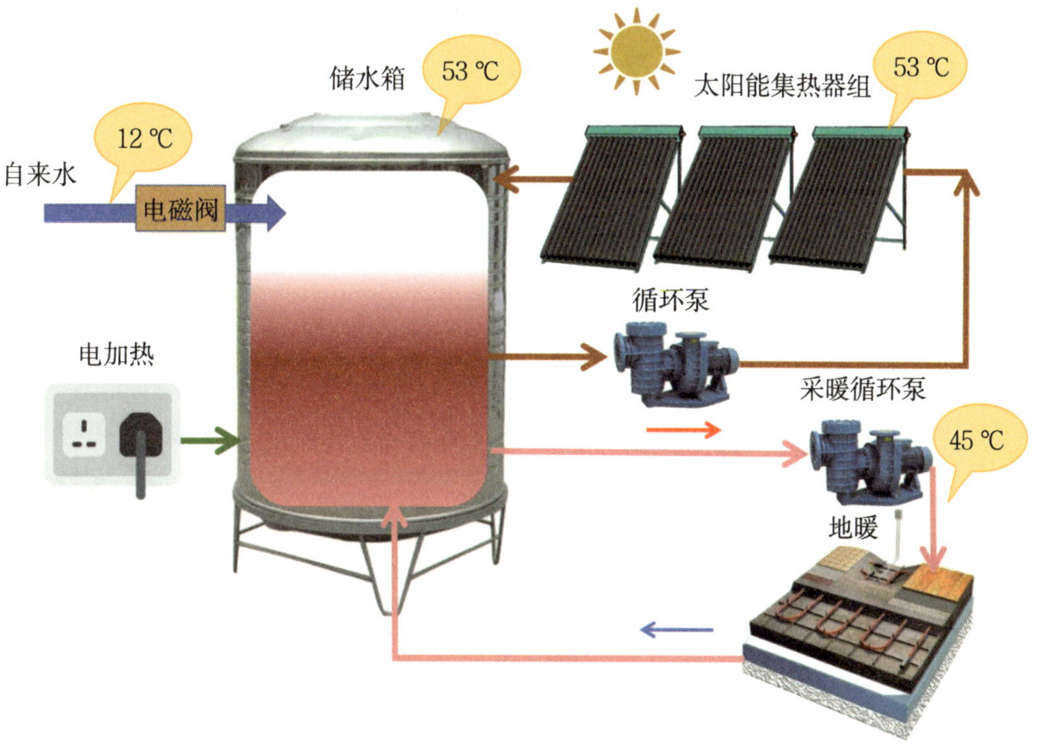

图 5-8 太阳能采暖（作者自绘）

b. 太阳能发电。

太阳能发电是一种将太阳辐射能转化为电能的过程。它利用光生伏特效应或太阳热能转换技术，将太阳的能量转化为可用的电能。

· 太阳能光发电技术

太阳能光发电是一种直接将光能转化为电能的发电方式，包括光伏发电、光化学发电、光感应发电和光生物发电等多种形式。在这些形式中，光伏发电是最为主流和广泛应用的技术。它利用半导体电子器件（光伏电池）吸收太阳光辐射能，将光能转化为电能。光伏电池的工作原理是当太阳光照射到半导体材料上时，激发半导体中的电子，从而产生电流，实现能量转换。光化学发电涉及电化学光伏电池、光电解电池和光催化电池等技术。其中，电化学光伏电池利用光能将化学反应中的电荷分离，从而产生电流；光电解电池利用光能促进电解反应，将光能转化为化学能或电能；而光催化电池则利用光催化剂促进化学反应，实现光能到电能的转化。除此之外，还有光感应发电和光生物发电等形式。光感应发电是指利用光对物质的影响，使物质发生化学反应而产生电能。而光生物发电是利用生物体中的光合作用产生的生物电流来发电。这些技术各有特点，但都是利用光能来产生电能的重要途径。

光伏发电系统由太阳能电池、蓄电池、控制器和逆变器构成，系统构型如图5-9所示。太阳能电池质量和成本直接影响整体性能，主要有晶体硅和薄膜两类，如单晶硅、多晶硅、非晶硅、铜铟镓硒和碲化镉等。

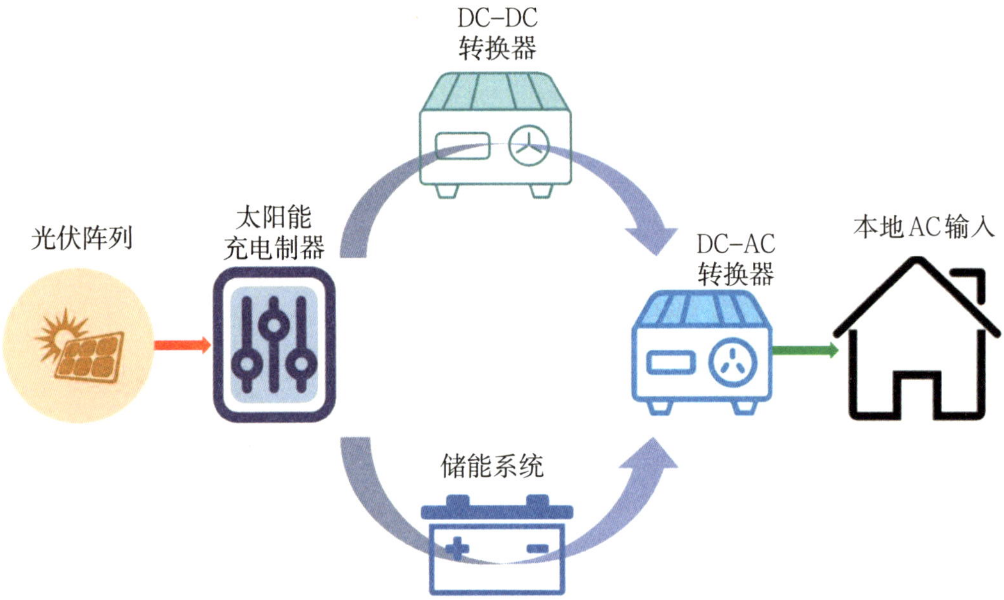

图5-9　太阳能光发电技术（作者自绘）

· 太阳能热发电技术

太阳能热发电是一种将太阳辐射能转换为电能的方式，通过水或其他介质和装置实现。它先将太阳能转化为热能，再将热能转化为电能。太阳能热发电有两种基本转化方式：一种是直接将太阳热能转化为电能，另一种是利用热机带动发电机发电。在太阳能热发电的不同类型中，包括塔式系统、槽式系统、盘式系统、太阳池和太阳能塔热气流发电等。前3种属于聚光型系统，利用反射镜或聚光器将太阳能集中到一个点上，提高了温度，再利用热能发电。而后两种属于非聚光型系统，不需要将太阳能聚焦到一个点上，而是通过直接利用太阳能加热水或其他介质，产生蒸汽驱动发电机发电。这些技术各有特点，但都可以有效地利用太阳能资源，为清洁能源发电作出贡献。基本系统如图5-10所示。

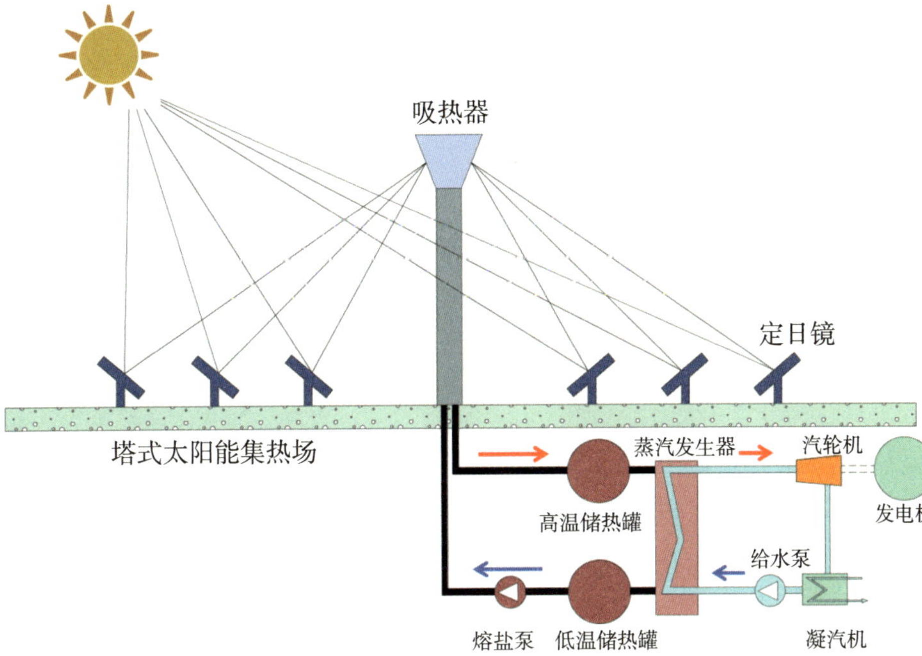

图5-10 太阳能热发电技术(作者自绘)

c.光化利用。

光化利用是一种吸收光辐射能并将其转化为化学能的过程，它包括了多种反应形式，如光合作用、光电化学、光敏化学以及光分解等。太阳能的光化转换领域目前正处于积极的研究和探索之中，其中，通过植物进行的光合作用是尤为重要的一环，它将太阳能转化为生物质，为生物圈的能量供给提供了基础。

3）应用评估

a.总体评价。

太阳能技术具有巨大的潜力，以下是对太阳能技术潜力的评估。

· 丰富的资源

太阳能是一种广泛分布且充足的可再生能源。据国际能源署（IEA）估计，太阳能资源的潜力可满足全球能源需求的数千倍。中国地域辽阔，太阳能资源十分丰富，每年到达地表的太阳辐射能约为 50×10^{15} MJ，各地太阳辐射总量为3 350~8 440 MJ，中值为5 860 MJ。

· 日益成熟的技术

太阳能技术在过去几十年中得到了快速发展和成熟，光伏发电的装机容量不断增加，已经成为全球最主要的可再生能源之一。根据IEA的预测，到2027年太阳能光伏装机容量有望超过煤炭发电，成为全球第一。累计太阳能光伏发电容量几乎增加了2倍。未来5年，每年太阳能光伏发电容量增量将逐年增加。同时，太阳能热利用技术也在供暖、热水供应和工业过程中得到广泛应用。

·清洁环保的能源选择

太阳能是一种清洁、零排放的能源选择。太阳能发电不产生温室气体和污染物，对环境几乎没有负面影响。大规模采用太阳能技术可减少对化石燃料的需求，减少碳排放，应对气候变化和环境问题。校园占地面积往往较大且建筑密度一般不超过40%到50%，场地内部拥有丰富的太阳能资源。

·多领域应用潜力

太阳能技术可应用于各个领域。太阳能光伏发电可以给住宅、商业建筑和工业设施供电，也可以为偏远地区或发展中国家提供电力。太阳能热利用可用于供暖、热水供应和工业过程热。太阳能还可以集成到建筑物、交通工具和便携设备中以满足日常能源需求。在校园中，除了已经推广普及的太阳能热水系统与太阳能光伏发电系统，太阳能技术还可发展为太阳能充电站，为电动汽车、自行车和移动设备等提供绿色能源充电服务，有助于推广清洁交通和绿色出行。太阳能照明系统可利用太阳能光伏系统和储能设备为校园的路灯、景观灯和其他照明设施提供能源，实现夜间照明并节约电力消耗。太阳能微型网系统通过将太阳能光伏系统与其他能源资源和电池储能系统相结合，形成太阳能微型网，可以更有效地管理校园的能源供应，保持持续供电。

·经济可行性

随着太阳能技术的成熟和成本的下降，太阳能变得越来越具有经济可行性。IRENA的数据显示，过去10年中太阳能电池板的制造成本大幅下降，使其不仅价格实惠，而且往往是最便宜的电力形式。2010年至2020年间，太阳能组件价格下降了高达93%。同期的公用事业规模太阳能光伏项目的全球加权平均平准电力成本(LCOE)下降了85%。太阳能光伏发电的成本已经与传统能源竞争，并且具有长期可靠的回报。太阳能热利用技术也在许多地区成为经济可行的替代能源选择。

尽管太阳能技术存在一些挑战，如能量储存、系统集成和能源密度等方面的问题，但随着技术的进步和创新的推动，太阳能技术的潜力仍然非常巨大。太阳能作为一种可持续、清洁和广泛可利用的能源，将在未来能源体系，包括零碳校园可再生能源替换中扮演重要角色。

b.方案对比。

太阳能光热利用、太阳能发电和太阳能光化利用各有其独特的优势和应用领域。在校园可再生能源替代的实际应用中，可以根据具体需求和资源条件选择适合的太阳能利用方式。

·太阳能光热利用

太阳能光热利用通过集中太阳能辐射来加热液体或产生蒸汽，再利用蒸汽驱动发电机或进行热水供应。优点在于可以用于供暖和热水等低温热能需求，适用范围广。技术成熟，设备相对简单，成本相对较低。可以通过热储存系统实现热能的储存和平衡供应。缺点在于能源转换效率相对较低，部分太阳能会散失。需要大面积的太阳能集热器，占地面积较大。无法直接转化为电能，需要其他方式进行进一步转化。

· 太阳能发电

太阳能发电可以用于大规模的电力供应，包括家庭、工业和商业用途。它是目前最常见的太阳能利用方式之一。优点包括直接将太阳辐射能转化为电能，效率较高等。可以根据需求灵活布局，从小型太阳能电池板到大型光伏电站。寿命长、无噪声和无排放，环保清洁。缺点在于光伏电池制造过程对环境有一定影响，包括能源消耗和化学物质排放。需要大面积的太阳能电池板，占地面积较大。特殊时间段时（主要指夜晚或阴天），能源供应会受到影响。

· 太阳能光化利用

主要用于可再生燃料生产，如氢气、甲烷等。虽然实际应用中还面临一些技术和经济挑战，但具有长期可持续性，可以为能源转型提供可再生的燃料选择。优点是可以将太阳能直接转化为化学能，如光合作用中的光能转化为植物生物质能。光化利用广泛应用于植物生长、光合细菌和人工光合作用等领域。缺点包括技术尚未成熟、转化效率相对较低等。光化利用过程中存在能量损失和化学反应的复杂性。无法直接转化为电能，需要其他方式进行能量转化。

4）案例应用

案例应用对比见表5-17。

a. 延边州某100 MW光伏电站。

该项目位于吉林省延边朝鲜族自治州，占地约5 000亩（1亩约合666.7平方米），旨在建设100 MW的光伏发电项目。设计装机容量为100 MW，预计与35千伏电网并网，通过升压站变压为220千伏，最终接入当地电网。项目选址地形复杂，包括林地、丘陵、沟壑、沼泽、沙地、荒地、废弃牧场等地貌，地质环境多变，发电单元分布不规则。在校园无法满足大规模光伏电站建设条件时，可以考虑布局小型光伏项目。这些项目将与其他能源形式相协调，优化校园能源结构，为校园提供可靠的清洁能源供应。见表5-18。

表5-17 案例应用对比

案例总结				
序号	项目名称	所属气候、气候区	RE 种类	利用形式
1	延边州某100 MW光伏电站	严寒地区	太阳能	太阳能发电
2	甘肃瓜州“碟式太阳能光热＋燃煤锅炉”清洁能源改造项目	严寒地区	太阳能	光热利用
3	EPFL 新会展中心	温带海洋性气候	太阳能	光化利用

表 5-18 延边州 100 MW 光伏电站

延边州某 100 MW 光伏电站	
项目类型	光伏电站
项目所属气候 / 气候区	严寒地区
太阳能利用形式	□光热利用　☑太阳能发电　□光化利用
利用技术	光伏发电
其他	—

b. 甘肃瓜州“碟式太阳能光热+燃煤锅炉”清洁能源改造项目。

瓜州县位于甘肃省河西走廊西端，位于太阳能资源丰富的Ⅰ类地区。该项目采用了“碟式太阳能光热+燃煤锅炉”方案，旨在实现清洁能源和传统能源的有机结合。设计中包括安装12台碟式太阳能聚光跟踪集热系统设备，其中首期安装了6台碟式太阳能聚光跟踪集热系统设备和1台600千瓦电锅炉设备。工程于2018年11月开工建设，次年12月底集热并入管网供暖。这一系统的运行可以满足全镇白天供暖的需求，而夜间则通过电锅炉进行加热。供暖面积约为7 000平方米，每个采暖季约需标准煤120吨。相较于传统供暖方式，该系统的运行能够减少CO_2排放319吨，SO_2排放21吨，氮氧化物排放10吨，具有显著的环保效益。此外，项目还能够产生2.5万吨热水，用于供应居民的生活热水需求。为了更好地利用太阳能资源，项目采用了地下“跨季储热方式”，确保能源的高效利用和持续供应。

在系统组成方面，太阳能集热侧部分设备主要安装于户外，作用是通过太阳能碟式跟踪器、太阳能集热器等收集转换装置将太阳能转换成热能，通过载热介质传送到换热站。换热储热部分将太阳能集热侧部分通过载热体运送过来的热能在换热站中利用换热器将热能传递给水工质，并通过水泵将换热后的高温水储存于水罐中进行实时供热或备用。能量输出部分将换热储热部分的能量在用户需要时，通过水泵将高温水工质从水罐中输入到用户处，高温水工质在用户处换热后并返回换热站，如此循环。见表5-19。

表 5-19 甘肃瓜州“碟式太阳能光热 + 燃煤锅炉”清洁能源改造项目

甘肃瓜州“碟式太阳能光热 + 燃煤锅炉”清洁能源改造项目	
项目类型	热力站
项目所属气候 / 气候区	严寒地区
太阳能利用形式	☑光热利用　□太阳能发电　□光化利用
利用技术	碟式太阳能光热
其他	—

c.EPFL新会展中心。

位于洛桑联邦理工学院校园北部入口处的EPFL新会展中心已成为周围景观中一座引人注目的新地标。其内部空间经过精心优化，金属外壳仿佛悬浮在主会堂和门厅的玻璃立面之上，使自然光线能够充分渗透至内部空间，不仅增强了室内效果，而且具有重要的节能意义。

大堂西立面采用褶皱式设计，有400平方米玻璃板内嵌染料敏化太阳能电池，技术由洛桑联邦理工学院的Michael Grätzel发明。此电池模仿光合作用，利用低成本的纳米二氧化钛和光敏染料将太阳能转化为电能。褶皱的玻璃板不仅遮挡午后阳光，还每年可产生2 000千瓦时电能。见表5-20。

表5-20 EPFL新会展中心建筑性能

EPFL新会展中心	
项目类型	博物馆
项目所属气候/气候区	温带海洋性气候
太阳能利用形式	□光热利用 □太阳能发电 ☑光化利用
利用技术	染料敏化太阳能电池
其他	—

5.1.2.2 场地面积内的风能利用

1）概述

校园场地内的风能利用是指在校园内的开放场地或周边适当位置安装风力发电设施，利用风的动能将其转换为电能。这种利用风能的方式可以为学校提供可再生能源，有助于推动零碳校园建设，减少对传统能源的依赖，降低碳排放。校园场地内的风能利用需要进行综合规划和评估，确保选址适当并充分利用可获得的风能资源。一般来说，这种方式需要较大的开放空间，以确保风力发电机能够接收到足够的风力，从而产生有效的电力。

和校园建筑基底面积上的风能利用不同，校园场地上的风能利用在安装位置、风能利用效率、需求供给和设计与安装要求这4个方面有其特点。在安装位置上，校园场地内的风能利用通常是指在开放场地、校园周边等较为宽阔的地方安装风力发电机。这些风力发电机需要较大的空间，因此常常设置在校园的开放区域，如草地、操场等。在风能利用效率上，校园场地上的风能利用通常能够利用较为强劲的风资源，因为开阔的场地有利于风力发电机的转动。相比之下，校园建筑基底面积上的风能利用可能会受到建筑物周围的阻挡，导致风力发电机接收到的风能较为有限。在需求供给方面，校园场地上的风能利用主要用于集中供电，将风能转化为电能并输入到校园的电力网络中。这样的系统适用于大规模的风力发电设施，可以为整个校园提供电力需求。最后，在设计和安装要求上，校园场地上的风能利用需要考虑风力发电机的布局、风能资源评估、安全距离等因素，通常涉及较为复杂的规划和设计。而校园建筑基底面积上的风能利用则需要选用适合建筑特点的小型风力发电机，并确保其与建筑的结构安全相符。

2）利用形式分类

a.大型风电技术。

大型风电技术对零碳建筑至关重要。它为大型建筑和城市提供清洁、可持续的电力供应，降低碳排放并推动能源转型。首先，大型风电技术利用风能发电，无二氧化碳和污染物排放，减少对化石燃料的依赖，降低建筑的碳足迹。其次，大型风电技术可作为零碳校园的一部分。风力发电机组可与建筑物或校园景观结合，利用周围风能资源。例如，在建筑屋顶或附近安装风力涡轮机，与建筑能源系统集成，为建筑提供可再生电力。此外，大型风电技术可满足校园的高峰电力需求。结合储能系统，风能可在风力强时储存过剩电力，以供低风速或无风时使用，平衡能源供应和需求，确保零碳建筑的可持续性和稳定性。大型风电技术还可促进能源系统的去中心化和可再生能源的普及。建筑和城市可成为大型风电项目的使用者和支持者，通过购买风能电力、投资风电项目等方式推动可再生能源的发展和应用。

综上所述，大型风电技术在零碳校园建设中发挥重要作用，通过风能发电、减少碳排放、融入建筑和城市规划、结合储能系统等，实现可持续、低碳的能源供应，推动建筑行业朝着更环保和可持续的方向发展。

b.中小型风电技术。

中小型风电技术在零碳建筑领域具有重要意义。它可为中小型建筑和社区提供清洁、可再生的电力供应。首先，中小型风电技术适用于建筑规模较小的场景。通过安装风力发电机，可以充分利用建筑周围的风能资源。其次，中小型风电技术在零碳校园中具有灵活性和适应性。由于规模相对较小，可以更容易地与现有建筑物集成，如安装在屋顶、庭院或立面等位置。这种紧凑的风电系统设计使得校内中小型建筑能够利用零碳能源，实现自给自足或部分自给的能源供应。此外，中小型风电技术的发展也有助于校园能源的自主化和分布式能源系统的推广。通过建立本地的中小型风电项目，建筑和社区可以减少对传输线路的依赖，提高能源的可靠性和稳定性，同时促进区域的能源自治。

中小型风电技术在零碳建筑中具有重要作用。它能够为中小型建筑和社区提供清洁、可再生的电力供应，减少碳排放，同时具备灵活性和适应性。中小型风电技术的发展有助于推动能源的去中心化和社区能源的可持续发展。相比与大型风电技术，中小型风电技术在零碳校园建设中更具现实意义。

3）应用评估

a. 总体评价。

· 丰富的资源

风能作为一种可再生能源，具有广泛分布和充足的资源。全球各地都存在风能资源，尤其是在沿海地区、山脉和开阔地带。据IEA估计，全球可开发的风能资源超过4 000吉瓦，相当于全球能源需求的几十倍。

· 技术成熟度

风能利用技术已经取得了显著的进展和成熟度。风力涡轮机和风力发电机组的设计和制造技术得到了改进，效率不断提高，成本逐渐降低。大规模的风力发电场已经在全球范围内建设，成为主要的可再生能源发电方式之一。IEA认为，经过连续两年下降后，陆上风电新增装机容量预计将在2023年反弹70%，达到107吉瓦，达到历史最高纪录。

· 清洁环保的能源

风能是一种清洁、无排放的能源选择。与传统化石燃料相比，风能发电不产生温室气体和污染物，对环境影响较小。风能利用有助于减少温室气体排放、改善空气质量，并为可持续发展作出贡献。

· 多领域应用潜力

风能利用技术可以广泛应用于不同领域。大型风力发电场可以为电力网提供稳定的电力供应，满足城市、工业和农村的电力需求。小型分布式风力发电系统适用于偏远地区、农舍、学校和社区，提供可再生能源供电。此外，风能还可以用于供暖、热水和热能需求，如风能热泵和风能热水系统。

· 经济可行性

随着技术的发展和规模化效益的提高，风能发电的经济可行性逐渐增强。风能发电的成本已经大幅下降，并逐步与传统能源竞争。随着技术进步和市场规模的扩大，风能发电的成本还有望进一步降低。自2000年以来，在研发、支持政策和成本下降的推动下，风电快速增长。根据IRENA的数据，过去20年来，全球陆上和海上风电装机容量增长了98倍，从1997年的7.5吉瓦跃升至2018年的约733吉瓦。陆上风电装机容量从2010年的178吉瓦增长到2020年的699吉瓦，而海上风电的增长比例更高，但基数较低，从2010年的3.1吉瓦增长到2020年的34.4吉瓦。风电发电量增长了5.2倍，2009年至2019年间将达到1 412太瓦时。

综合来看，风能利用技术具有广阔的潜力。它是一种可再生、清洁和广泛可利用的能源来源，可以减少对化石燃料的依赖，降低碳排放，促进可持续能源转型。随着技术的不断进步和政策支持的增加，风能将在未来能源体系中发挥更重要的作用，并为实现可持续发展目标作出重要贡献。

b. 方案对比。

（1）风力提水。适用于需要水源的农田灌溉、人畜饮水、水产养殖等场景。该方法通过风力驱动水泵提水，无须外部能源输入。

优点：可以提供独立的水供应，适用于无电力供应或偏远地区；无须外部能源，完全依赖于风能，是一种可持续和环保的水供应方式。

缺点：风能的可变性会导致水泵运行不稳定，可能无法满足持续和稳定的水需求；需要合适的地理条件和风能资源才能有效运行；在一些地区，水资源可能无法满足长期的提水需求。

（2）风力发电。风力发电利用风能驱动发电机产生电能。它是一种可再生的清洁能源，能够为建筑提供可持续的电力供应。

优点：风力资源广泛分布，风能具有可再生性和可持续性；无须燃料，无排放，是一种清洁的能源选择；风力发电可以大规模建设，提供稳定的电力供应。

缺点：风能是不稳定的能源，发电量受风速和风能资源限制，存在间歇性和波动性；需要寻找适宜的风力资源地点，有时需要远离人口密集区和电网接入点；建设风力发电场需要较大的投资和土地面积。

（3）风力致热。用于需要供热的场所。风力致热通过不同的技术利用风能产生热能。该方法可为建筑提供可再生的热水或热空气供应，满足建筑的供热需求。

优点：可以提供可再生和清洁的热能供应，减少对化石燃料的需求和碳排放；可以用于各种热能需求，如供暖、热水供应和工业过程热；风能热利用可以与其他能源系统结合，提高能源利用效率。

缺点：风能的可变性可能导致供热系统运行不稳定，需要适当的控制和储能系统支持；风能热利用技术需要适宜的风能资源和适合的系统设计。

表 5-21 案例应用对比

案例总结				
序号	项目名称	所属气候、气候区	RE 种类	利用形式
1	丹麦萨姆斯岛（Samso）风电项目	温带海洋性气候	风能	中小型风电技术
2	青海锡铁山 10 万千瓦风电场	严寒地区	风能	大型风电技术

4）案例应用对比

案例应用对比见表5-21。

a. 丹麦萨姆斯岛（Samso）风电项目。

萨姆斯岛是丹麦境内的一个岛屿，被选定为丹麦“绿色能源岛”的中标地。尽管在1997年，该岛的能源自给率仅为5%，但丹麦政府计划投资6亿丹麦克朗（约合72亿日元），通过利用生物能和风力发电等手段，推动地区供暖和能源节约，力争在2007年前实现该岛的能源完全自给。

居民在自费建设了10座海上风力发电机和数座陆地风力发电机后，不到10年的时间里实现了100%的绿色能源或再生能源使用。具体而言，萨姆斯岛的东西两端海岸建有大型风力发电机，利用周边盛行的西风为岛屿提供可再生能源。此外，岛上还建立了5座风车，使得电力供应基本自给自足。另外，萨姆斯岛利用麦秆和猪粪等生物能源对60%的居民住宅进行地区供暖，并鼓励偏远地区的居民使用太阳能。这些举措不仅提升了该岛的能源自给率，还为环境保护和可持续发展作出了积极贡献。

小型的风电技术适合在空间资源不太丰富的校园内部使用，校址位于海边的学校也可考虑海上风电项目，以加强对风力资源的获取。见表5-22。

表5-22 丹麦萨姆斯岛（Samso）风电项目

丹麦萨姆斯岛（Samso）风电项目	
项目类型	中小型海上、陆上风电场
项目所属气候 / 气候区	温带海洋性气候
风能利用形式	☑ 大型风电技术　　☑ 中小型风电技
利用技术	风力发电
其他	—

b. 青海锡铁山10万千瓦风电场。

青海锡铁山风电场位于青海省海西州大柴旦锡铁山镇，是中国首个高海拔兆瓦级风电项目。该地区位于青海省西北部，属于柴达木盆地北缘地区。受西南暖湿气流阻挡影响，气候为典型的大陆性荒漠气候，干旱少雨，但风力资源十分丰富，日照时间长，太阳辐射强度高。

风电场的装机容量达到10万千瓦，共安装33台风机。每年可向电网供应清洁电能2.3亿千瓦时，相当于节约了约7万吨标准煤，减少了约20万吨二氧化碳排放量。这一项目的建设不仅推动了当地绿色能源产业的发展，还为地方经济社会的可持续发展作出了重要贡献。见表5-23。

表5-23 青海锡铁山10万千瓦风电场

青海锡铁山10万千瓦风电场	
项目类型	大型陆上风电场
项目所属气候 / 气候区	严寒地区
风能利用形式	☑ 大型风电技术　　☐ 中小型风电技
利用技术	风力发电
其他	—

5.1.2.3 场地面积内的地热能利用

1）概述

地热能（Geothermal Energy）是指地壳内能够科学、合理地开发出的岩石中的热量和地热流体中的能量。

按地热资源温度分类，以150 ℃为界限，高于此界限值的称为高温地热，低于此界限值的称为中低温地热能。在使用用途上二者也大不相同，其中高温地热主要被用于发电。中低温地热能由于可直接利用，因此多被直接用于室内制冷与供暖供热。以资源埋深深度与温度作为协同标准进行分类，埋深小于400 m，温度低于25 ℃的被称为浅层地热能；埋深大于400 m，温度高于25 ℃的称为中深层地热能。

由于浅层地热能开发利用广泛，开采难度较小，因此，在零碳校园中使用浅层地热能进行制冷制热，可集约校园用能规模，性价比高。而且在零碳校园的建设中，由于校园建筑高度较低且非建筑区域面积广，因此可利用室外场地区域打井以满足校园内部冷热需求。地热能利用示意图如图5-11所示。

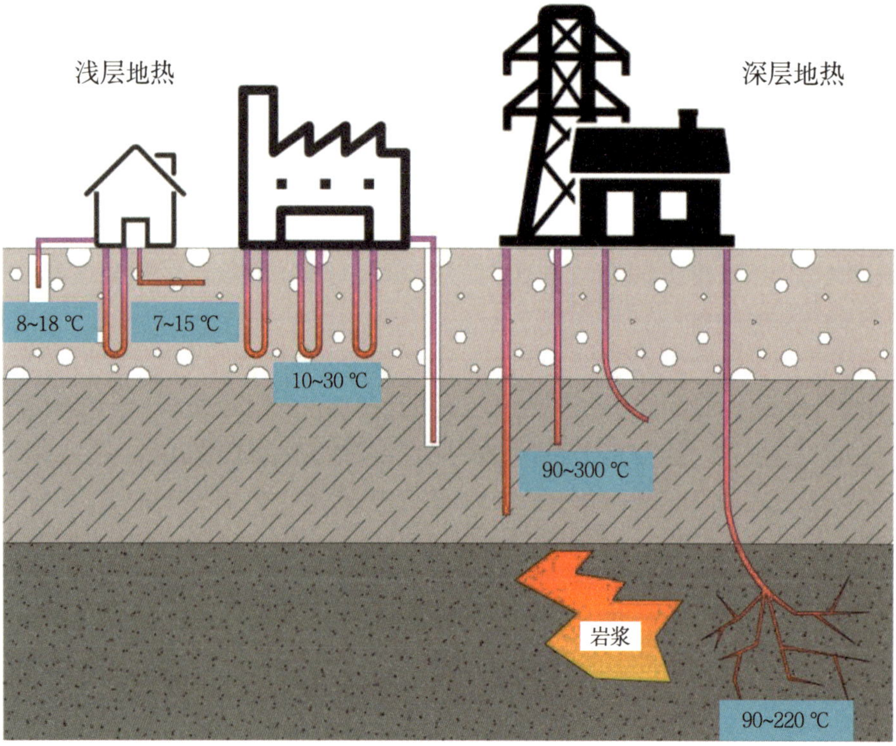

图5-11　地热能利用示意图（作者自绘）

a. 浅层地热能。

由于浅层地热能距地表较近，温度较低，因此地热能输出不转化为电力，而直接作为热源使用。浅层地热能通常是利用热泵技术将热能直接供给建筑，以浅层地热能资源作为储热与温度转换库，将冷热资源通过热泵系统作为中间转换介质实现持续而高效的热传递。

因此在零碳校园中主要采用热泵技术开发利用浅层地热能并建设区域能源站等储能系统工程，以解决校园内教学区与生活区域等建筑用房的制冷、供热等问题。

b. 中深层地热能。

由于中深层地热能埋深较大，温度高，开采难度较大，因此，主要应用于地热能发电。地热能发电技术根据地热能的赋存形式可分为蒸汽型、热水型、干热岩型、地压型和岩浆型等五类。但目前主要利用地热热水发电和干蒸汽发电技术进行发电。

利用中深层地热能发电是通过地热高温蒸汽驱动涡轮机组转动，将热能蒸汽转化为机械能，再利用发电机将机械能转化为电能的技术。其发电的优势在于它能够不间断地稳定输出热能，而且能够与公共电网并网发电。因此，地热能在充分利用地热资源来产生电力的同时还能够保持建筑能源的稳定供给。

在零碳校园中可建设区域能源站系统工程，通过地热电站并网发电技术进行电能交直流转化以方便传输，以满足校内生活区建筑与教学类建筑等建筑用房电能供给的持续性与稳定性。

· 地热蒸汽发电

地热蒸汽发电是指利用地热蒸汽带动汽轮机做功发电，该技术利用设备将地热能从地热井中汲取后再利用分离器将蒸汽从汽水混合物中分离后引入汽轮机。该项技术成熟，中间环节少，稳定性高。对于地热资源丰富的地区，地热蒸汽发电技术占据主导。

· 地热水发电

地热水发电主要依靠地下中低温热源的能量，其中能量介质多以液态存在从而通过热泵提取转化形成蒸汽，以驱动蒸汽轮机进行热能–机械能–电能的转换。按照不同的地热热水的转换方式可以分为两类：第一类是减压扩容法；第二类被称为中间工质法。而同样分别以两种不同的循环系统对应不同的转换方式，分别为：闪蒸与二元循环系统。

闪蒸系统利用地下与地表以上两种物态压力不同的特点进行发电，地下热水压力高，通过设备提取至地面后由于压力的迅速下降，导致其中一部分热水沸腾从而迅速蒸发形成大量蒸汽，以蒸汽驱动汽轮机运行从而形成能量转化用以发电。且热水通过系统分离再利用后排出。

二元循环系统中利用地热热水通过热交换器与低沸点介质进行非直接接触的热交换形式使之沸腾产生蒸汽，蒸汽转化为机械能，再次转化为电能，形成完整的发电循环。而这种系统的地热热水通过交换器后可以直接返回地层，不同于闪蒸法的热水直接排出。

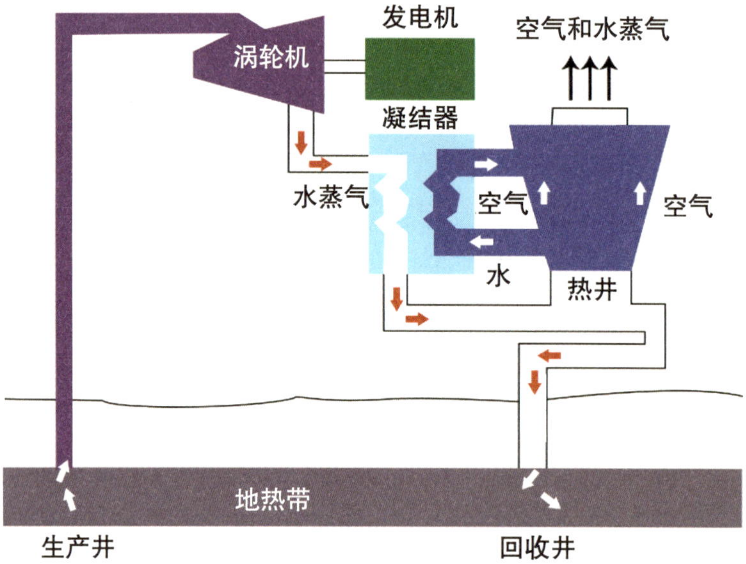

图5-12 干热岩发电原理示意图(作者自绘)

由于地热热水所处埋深通常较浅，温度低，资源储量丰富，受限较小，因此这种发电形式应用广泛。

· 干热岩发电

干热岩发电技术又称“增强型地热发电技术(enhanced geothermal systems，EGS)”，该技术利用钻井平台与压力泵系统将介质(冷水)泵送至距地表深处的高温岩体，经过内部热交换后再加压将热水提至地面带动蒸汽轮机运转。(技术原理如图 5-12所示)。由于高温岩体埋深较深且周围无流体介质，所以开发率较低，因此在未来能源结构转型过程中有极大的潜力替代一次能源的消耗。

· 岩浆发电

岩浆发电是指利用岩浆的高温蒸汽驱动涡轮转动发电，对其的实际利用目前仅仅停留在理论研究阶段。岩浆是指产生于上地幔和地壳深处，含挥发成分的高温黏稠熔融物，一般温度在900~1 200 ℃之间，具有巨大的热量能源。目前由于技术限制，对于岩浆能量的利用仅停留在直接获取内部的热能方面。因此未来对于该能源的利用还有待发展与探索。

3）应用评估

a. 总体评价。

地热能作为蕴藏在地球内部的天然热能和一种极具竞争力的可再生能源，其具有储量大、分布广、绿色低碳、适用性强、稳定性好等优势。高温地热资源，将成为未来能源结构调整、发展清洁能源的主力之一。以下是对地热能技术的可再生能源储备、技术经济性、技术发展趋势和潜力、社会环境效益、市场需求和发展趋势、建筑市场适应性更详细的评价。

· 可再生能源储备

随着全球对可再生能源需求的不断增加，地热能成为满足建筑行业能源需求的理想选择，建筑作为能源消耗的重要领域，对可再生能源的需求日益迫切。世界地热能基础资源总量为1.25×10^{27}焦耳，折合4.27×10^{7}亿吨标准煤，其中埋深在5 000米以内的浅层地热能基础资源量为1.45×10^{26}焦耳（折合4.95×10^{7}亿吨标准煤）。中低温（25~150 ℃）地热能资源分布广泛，高温（>150 ℃）地热能集中分布在大西洋中脊、红海—东非裂谷、环太平洋、地中海—喜马拉雅地热带。

目前，世界上已开发利用的地热田主要分布在高温地热带上。其中，中国羊八井地热田和羊易地热田等中国地热能资源丰富，但资源探明率和利用程度较低，开发利用潜力巨大。

· 技术经济性

地热能发电以及制热、制冷的经济性逐渐提高。随着技术的不断进步和规模化生产，地热能利用的成本不断下降。同时，地热能的应用可以降低建筑的能源成本，增加长期经济收益。虽然初始投资较高，但随着时间的推移和能源成本的上升，在地源热泵与干热岩发电设备运行20年周期内计算，其收益利润平均可达100%~200%。

此外，各国政府积极推动可再生能源的发展，并出台一系列鼓励政策和激励措施，以推动能源行业采用地热能技术。同时，随着能源成本的上升和环境意识的增强，国家以及众多企业部门将更加倾向于采用地热能技术，从长期经济效益和环境效益中受益。

· 技术发展趋势和潜力

近年来，由于勘探不断深入，技术层面不断创新，对于浅层地热能的开采与利用发展较为迅速，且中深层地热能中对于难以开采利用的干热岩型地热方面的研究已经起步，地热能的利用已经逐渐实现了体系化发展。

· 社会环境效益

地热能利用在社会环境方面具有多重效益。首先，该技术可以显著减少温室气体的排放，降低建筑行业对传统能源的需求，有助于应对气候变化和减缓全球暖化。根据国际能源署（IEA）的数据，利用地热能进行热交换与能量形式的转换能够有效减少温室气体产生，对于社会能源结构与生态环境的改善至关重要。

其次，地热能的应用可以降低空气污染，改善环境质量和人类的健康状况。一次能源的过度使用会排放大量的气体污染物与固体颗粒物等，对地表易获取资源产生不可逆的影响。地热能技术的无污染特性有助于改善环境质量，减少空气污染和健康问题的发生。

此外，地热能以其能源储备稳定性、系统运行安全性、可持续性等优点弥补传统能源以及人造能源的使用缺陷，有望在未来成为可再生能源供给的支柱来源之一。

· 发展趋势

目前我国浅层地热能开发较为充分，

由于中深层地热能开采难度大，尤其是干热岩型地热能勘查开发较难，因此目前技术应用还不广泛。由于中深层地热能开发较少但潜力巨大，所以对于埋深大于5 500 m的干热岩型地热能的开发将成为我国未来地热能储备勘查以及技术提升的关键领域。

· 市场适应性

地热能利用技术的市场需求正不断增长。随着零碳建筑和绿色能源的推动，越来越多的建筑开发商希望采用该项技术，以减少对传统能源的依赖并降低能源成本。在国家层面，我国推进京津冀协同发展、长江经济带发展和“一带一路”建设，全面统筹地热能产业链高质量发展也为地热能技术的市场发展提供了重要动力。

地热能的市场规模呈现快速增长的趋势。我国正在加快勘探进度，同时国家与地方政府在地热能方面的资源勘查与技术创新方面投入大量科研资金，加强技术设备研发与科技人员的综合培养。

在国内地热储能市场方面，中国内地水热型地热能年可采资源量折合18.65亿吨标准煤。其中，中低温水热型地热能资源占比达95%以上，据初步估算，中国内地埋深3 000~10 000米热岩型地热能基础资源量约为2.5×10^{25}亿焦耳（折合856万亿吨标准煤），其中埋深在5 500 m以浅的基础资源量约为3.1×10^{24}亿焦耳（折合106万亿吨标准煤）。

随着技术的不断进步和市场需求的增加，地热能技术有望在可再生能源和建筑领域发挥重要作用，推动可持续发展。行业中的一些关键参与者，如能源开发部门、建筑设计师和开发商等，也在不断创新和合作，推动地热能技术的市场应用。中国地热能资源探明储能如图5-13所示。

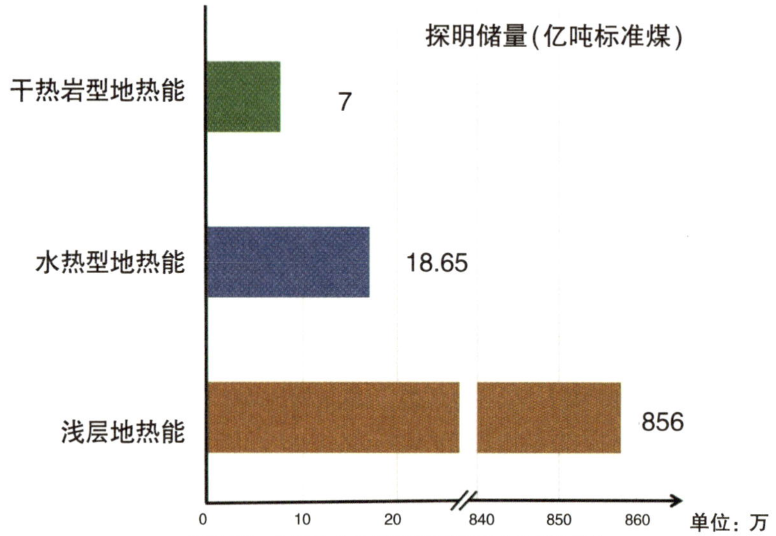

图5-13 中国地热能资源探明储能（作者自绘）

b.方案对比。

·能源自给自足

浅层地热能通常能够满足建筑单体或小区的部分冷热能源需求，但可能需要与其他能源互补使用，以达到完全的自给自足。

中深层地热能具有较高的热能密度，可以满足大规模能源需求，包括供电和供热。在适当的地质条件下，中深层地热能有潜力实现能源的自给自足。

·热能获取方式

浅层地热能主要通过水井、地源热泵或水热交换器等设备来获取地下水或土壤中的热能。该系统利用水或其他工质在地下和建筑之间传递热能。

中深层地热能通常通过深层钻井来获取地下热能资源，其中包括蒸汽、高温水或岩石的热能。这些系统需要更复杂的钻探和开发工艺。

·技术成熟度

浅层地热能技术相对成熟，并且在一些地区已经得到广泛应用。这种技术相对简单，成本较低，并且易于实施。

中深层地热能技术相对较新，尚处于发展和研究阶段。它需要更高的投资和技术要求，但也有潜力成为一种可靠的可再生能源解决方案。

·技术复杂性

浅层地热能技术相对简单，设备和系统的设计、安装和操作相对容易，不需要过于复杂的工程和技术。

中深层地热能技术较为复杂，需要进行深层钻探、地热资源的开发和高温热能的利用。它需要更高级的工程技术和设备，涉及更多的工艺和安全要求。

·空间利用

浅层地热能系统通常需要较大的土地面积来布置地下回路或井，并需要室内空间安装热泵或其他设备。但相对来说，对地下的利用程度较低。

中深层地热能系统需要进行深层钻探，需要占用较小的土地面积，但需要较大的地下空间来布置钻井设备和地热发电站。

·适用场景

浅层地热能适用于较小规模的建筑或住宅区域供热、供暖和制冷。它可以作为一种可再生的能源替代方案，并且在一些地区已经得到广泛应用。

中深层地热能适用于大规模能源利用和发电。它可以通过地热发电站来生成电力，也可以用于一些高能耗工业过程的供热。

·使用期限

浅层地热能系统的使用期限通常较长，可达数十年以上。地源热泵设备的寿命通常在20年左右。

中深层地热能系统的使用期限可以更长，但具体取决于地热资源的可持续性和开采技术的更新。

·后期维修

浅层地热能系统相对容易进行维修和

保养。地源热泵设备需要定期检查和维护，但维修相对简单。

中深层地热能系统的维修较为复杂，需要专业技术人员进行维护和修复。维修过程可能涉及深层钻井设备和地热发电站的维护。

· 初始投资与投资回报周期

浅层地热能系统的初始投资相对较低，设备和系统的安装成本较为可控。投资回报周期通常在数年到十几年之间。

中深层地热能系统的初始投资较高，需要进行深层钻探和地热发电设备的建设。投资回报周期相对较长，可能需要数十年以上才能实现回报。浅层地温能与干热岩对比见表5-24。

表5-24 浅层地温能与干热岩对比

浅层地温能与干热岩对比表						
地热类型	埋深/m	温度/°C	换热介质	开发技术	用途	缺点
浅层地热	0~200	无要求	地下水、地埋管	中小型风电技术	制冷、供热	水位下降、冷热堆积
干热岩	≤ 3 000	≤ 150	地下水、二氧化碳	大型风电技术	发电	微地震

4）案例应用

a. 中关村国际商城。

该商城位于北京市八达岭高速公路和北清路入口，一期总建筑面积为15.6万平方米，建筑主要以竖向形式进行交通组织与功能分区。总层数为5层，地下一层与屋顶均为机动车停车库与设备用房，首层至三层分别设置商业、餐饮以及影院等娱乐设施。为减少一次能源使用，该商城因地制宜地采用了地源热泵系统，总计3台热泵机组能够在夏季、冬季进行辅助制冷与供热。建筑群体分为内区与外区两部分，内区采用全空气系统，而外区则利用风机盘管进行区域负荷管理，以减少设备前期投入成本，建筑1至3层人流密集的公共区域均设置双风机全空气空调系统。该系统在夏季、冬季的单机额定制冷/制热量与总装机制冷/制热量分别为2 388 kW/2 206 kW，7 164 kW/6 618 kW，能够实现建筑内部全季节冷热需求的自给自足。见表5-25。

表5-25 中关村国际商城技术概况

中关村国际商城	
项目建筑类型	商业建筑
项目所属气候/气候区	亚热带季风气候
热能分布	☑ 浅层地热能　　☐ 中深层地热能
利用技术	☑ 土壤源热泵　　☐ 地源热泵
其他	制热量6 618 kW/制冷量7 164 kW

b.青岛科技馆案例分析。

青岛科技馆位于山东省青岛市红岛经济区，处于寒冷气候区，周围有市政燃气管网，无市政热力管网。地下一层设置地下停车场。总建筑面积为51 000 m^2其中空调系统供能面积为39 000 m^2。由于受场地因素限制，建筑整体采用地源热泵复合系统设计，夏季制冷时需采用冷水机组与冷却塔系统介入供能，而冬季需要利用燃气管网向燃气锅炉设备供能，以补充建筑内部能源需求。该设备地埋管单位面积换热量在冬季/夏季最高分别可达39 W/m^2和58 W/m^2，冬、夏季地埋管换热功率能够分别达到3 300 kW、2 400 kW。见表5-26。

表5-26 青岛科技馆案例分析

青岛科技馆	
项目建筑类型	公共建筑
项目所属气候/气候区	亚热带季风气候
热能分布	☑ 浅层地热能　□ 中深层地热能
利用技术	□ 土壤源热泵　☑ 地源热泵
装机容量/kW	制热量 1 476

c.羊八井地热电站。

羊八井建设了我国第一个利用水热型地热资源的试验电站。所在地海拔为4 300 m，具有亚寒、高地震烈度的特点。地热蒸汽温度为137 ℃，压力为0.3~0.5 MPa，虽然地热发电效率低，但由于燃料全部来源于可再生能源供给，因此发电成本较低。

该电站共装配9台汽轮机组进行发电运行，由于我国西北地区能源结构单一但可再生能源储备量丰富，因此利用天然地热能进行发电能够有效缓解用能压力且对于当地能源结构进行了较大改变。该地热电站年发电量能够占据地区发电量的40%~60%。数据显示，羊八井地热电站累计发电量达33.9亿kW·h，机组建设施工，设备运行、维护等技术国产率达到88%，因此全流程的环节成熟化、体系化建设对于我国对于地热能的开发利用具有示范作用。见表5-27。

表5-27 羊八井地热电站技术

羊八井地热电站	
项目建筑类型	公共建筑
项目所属气候/气候区	亚热带季风气候
热能分布	□ 浅层地热能　☑ 中深层地热能
利用技术	□ 土壤源热泵　☑ 地源热泵
装机容量/MW	25.18

5.1.2.4 场地面积内的其他可再生能源利用

1）概述

a.水能。

水能是水体的动能、势能和压力能等能量的总称，是可再生能源资源的一种。水能主要是用于发电，其原理是通过高差进行势能与动能的转换，以机械能驱动轮机转动并最终将其转化为电能。水力发电相较于其他能源的优势在于其运行成本低，连续性好，无污染，同时在生态层面上能够调节区域微气候。但是由于受到气候与地形地貌条件的约束，水能发电的利用区域受到极大限制。在零碳校园内，可利用校园场地落差实现场地内径流的势能与电能的转化。

·坝式

坝式开发是指在河流上修建拦河坝或闸，坝前壅水，在坝址处形成集中落差的水能开发。用坝集中水头的水电站称为坝式水电站。坝式水电站的坝高越高，水头越高。但坝体高度受限于地形环境与经济条件等其他客观因素，因此该类水力发电的水头较小。坝式水电站按照集中落差和厂房布置的特点又可分为坝后式水电站和河床式水电站两种形式。坝后式水电站采用挡水坝与厂房分离设置且规模大，优点在于能够有效蓄水形成人工水库、调节旱涝季节的水系径流量，以保证水力发电的稳定性。由于大规模水库的存在，因此在发电以及生态调节等方面效果显著，综合效益高。但是其弊端在于前期投资成本高，原来居民搬迁以及原有地区的自然资源会被水库淹没造成相当程度的资源浪费以及水下资源开采困难。

·引水式

用引水道集中水头的水电站称为引水式水电站。引水式水电站利用坝体在陡峭河段上游取水并修建引水道引水至下游集中落差，通过压力管道引入水轮机发电。

按引水建筑物中水流流态不同，引水式水电站又可分为无压引水式水电站和有压引水式水电站两种。无压引水建筑物可以采用明流的方式集水，能够充分利用自然落差，使用设备较少，水头较大，发电效率高。而有压引水建筑物需要的引水道长度较短，无须精准控制引水道坡降，同时对于工程施工要求较低。

而无压引水建筑物引水道较长，需要精准控制引水道的坡降，保证引水道的坡降小于原河道的坡降，否则会出现水流较小情况，经济性受影响，同时受到地形限制。有压引水建筑物采用设备较多，需要多段控制。

在校园场地范围内有较高落差山区以及土地使用范围不受限制的偏远地区场地可以采用引水式小水电系统。

·混合式

混合式是指将坝与加压导流通道相结合，集中水流的建设方法。这种大坝的特点是，在将一部分水流集中后，另一部分通过引压通道集中，形成电站的总水头。

混合开发的优势在于有一个可以调节流

量的水库，同时具有其他两种水力发电站的优点。混合式水电站以坝体与水库作为主要组成部分，由于水库的存在，因此电站的整体用地面积、建筑以及构筑物规模较大且水能利用更加充分，发电效率相较于导流式更高。同时在社会以及经济效益方面更优，能够有效抵御极端气候的威胁。

· 蓄水抽水式

蓄水抽水式相较于其他形式的水能利用优势在于弥补电力供应在时间上不匹配的劣势，能够实现在发电缺乏时段进行能源供给的作用。它以水为能源“储蓄库”，在水能充沛的情况下保留势能，充分发挥调节、储存、输送灵活的优势。

抽水蓄能电站的特点是电力系统工作时，能削峰、填谷，具有调峰、调相、回转、应急备用等功能，特别是在用能短缺的情况下能够迅速、持续地发电，有效提升地区电力供应的稳定性。抽水蓄能电站必须有高低两水池，与压水引流水池相连，在技术与资金条件支持的情况下可以在校园场地内用于辅助供能和调节校园微气候。

· 小水电

小水电是指利用微小径流动能进行水利发电的技术。小水电在利用成本方面较低，优于化石燃料发电站或偏远农村地区的柴油发电站，在世界范围内小型水力发电都有着巨大的、尚未开发的潜力。然而在技术方面需要更小和更便宜的设备进行技术集成，如果不与公共电网并网，无法进行电能的远距离传输；只能就近使用。在零碳校园建设与改建中，建议在校园场地内有径流和落差的地区使用。

b. 潮汐能。

潮汐能是指在月球和太阳等天体的潮汐力的作用下，地球表面的海水表现出周期性的流动。在沿海水域，由于岛屿等地形因素的影响，海水在水平方向上的潮流速度显著增加，使海水具有丰富的能量，在涨潮与落潮过程中实现了动能与势能的相互转换。

潮汐能主要应用于发电，利用超过3 m的平均潮差与周边有利地形筑造堤坝形成海水水库，积蓄涨潮时的海水形成较高的势能与堤坝外部水平面形成势能差并驱动水轮发电机组进行发电。

· 单库单向发电

将水轮发电机组安装在拦海大坝里，这种潮汐电站仅在落潮或涨潮时发电，又称为单水库单程式潮汐电站。单库单向发电站只建一座水库，在涨潮时将海水储存在水库内以势能的形式保存，而落潮时放出海水带动发电机发电。由于潮水涨落的对称性，单一水库也可以做到涨潮落潮时均可发电。所以这种电站称之为单库双程式潮汐电站，大大提高了潮汐能的利用率。单库单向发电的优点在于设备相对简单，采用单库模式，占地面积小，利用方便。但是因采用单库蓄水，单向发电，所以对于潮汐能的利用率较低。

· 单库双向发电

单库双向发电利用双水库模式进行发电，上水库在涨潮时将水闸开启引入涨潮海水，下水库则与之相反，在落潮时将原有库存水量释放，使两水库之间永久存在水位差。由于势能持续存在，因此就能够保证电站发电的稳定性。因为这种发电模式能够充分利用潮汐能的动能与势能进行发电，所以能够提高潮汐能利用率。但是由于涨落潮水流方向相反，需要双水轮机，体积较大。导致建筑与设备的材料耗费较大，进出水建筑物结构相较于单库单向发电更加复杂。

·双库双向发电

双库双向潮汐电站有两个水库，是在涨落潮时都发电的潮汐电站。利用两个相邻的始终保持不同水位的水库实现不间断发电，水从高水位库流到低水位库，发电也是双向的。

c.生物质能。

生物质能是自然界中有生命的植物提供的能量，植物以生物质作为媒介储存太阳能，属于可再生能源。生物质能的制取原理主要是通过微生物分解生活与农业废料中的有机物形成可燃可控的气体，利用气体的燃烧进而转化为热能形式供能。

·林业生物质能

据统计，我国林地面积约3亿公顷，其中森林占比达到3/2，人工林保存面积约为林地总面积的23.3%，林木生物质资源潜力约180亿吨。其中木质、淀粉、油料能源林是主要的生物质能来源。

·农业生物质能

农业生物质能的制取方式与其他生物质能类似，主要利用原料为专门种植的能源类型的农作物与农产品加工所剩余的副产品，用于制备可用于燃料产品的乙醇。产业方向以能源、基础产品、原料“三位一体”促进生物质整体产业的发展。同时利用难以种植农作物的土地进行生物质原料作物种植，因此农业生物质能的上升空间巨大。

·污水废水

污水废水主要指生活污水与工业废水两方面，提取污水中的有机物作为生物发电的原始材料，供给生物质发电。

·固体废物

固体废物是指人类在生产、消费、生活和其他活动中产生的固态、半固态废弃物质，主要包括固体颗粒、垃圾、污泥、炉渣、废弃的制品、人畜粪便等。

·畜禽粪便

畜禽类便是畜禽排泄物的总称，我国畜禽养殖业每年产生约30亿吨粪便，而沼气制备体积约为原材料总质量的16倍，因此根据测算，每年我国沼气产量能够达到500亿立方米左右，同时能够代替7 000余万吨标准煤。随着国家产业结构调整，每年仍会新增养殖户数量，预计“十四五”后，在进行粪便利用后能够代替标准煤燃烧量可以达到3×10^8吨以上。

d.其他低品位能源

低品位能源（low-grade energy）是按照能源所含有用成分的百分率划定的。它的转换效率低，中间环节多。例如，化石燃料需先经热转换再转换成机械能或电能，中间环节多，转换效率低，其品位则低。

低品位能源的利用途径主要分为低品位

蒸汽利用、低品位热水利用以及低品位热空气利用。低品位能源利用遵循综合利用低品位能源，直接利用，间接利用产生蒸汽、热水和热空气的原则。

2）应用评估

a. 水能利用。

由水文循环所形成的能为人类开发利用的地表、地下淡水，称为水资源，它是人类最宝贵的自然资源。在零碳校园中，可利用校园场地内或场地周边现有水能资源建设小水电站，在高地势实现水能积蓄并利用水的势能转换发电。

·资源储备

以全球范围为基础分析，总体的水资源储备几乎达到1.4×10^{10} km^3，但全球范围内地表与地下水体能够利用的资源仅仅只占总储存量的2.5%。而以现有技术为基础的条件下能够供人类直接利用的水资源含量仅不到1%，只占所有水资源极少部分，因此合理利用水资源成为全球性难题。

以我国水资源储备分析，我国年降水总量约6万亿m^3，而平均地表可用资源量仅有总降水量的1/3，而地下水资源量仅能够保存年平均总降水的14%，我国平均年水资源总量为28 124亿m^3，居世界第六位。而且，我国流域面积100平方千米以上的河流有5万多条，还有大量天然湖泊，河流总长度约为42万多平方千米。但是，我国人口众多，人均年占有水资源量仅有世界平均水平的1/4。

因此，我国应当合理开发利用水能总量优势，推行水力发电技术，完成能源储备探查，更新水力发电技术，同时给予政策支持以提高水能利用效率。

·水能发电经济性

水电站的投资是指自勘测、设计至施工建成花费的所有资金。该部分主要由水工投资与机电投资两部分组成，其中水工投资主要包括水力发电项目建设主体工程的建筑物、构筑物以及赔偿资金等，而机电投资主要指构成或扩展装机容量大小的设备以及厂房等建筑物的投资。

运行费用包括在运行期间维修、人工以及材料使用等费用。其中发电成本为运行费加折旧费用。由于水力发电设备运行稳定，不易迁移，因此主体建筑的使用寿命多为50~100年，设备使用寿命在25年左右。

因此，利用水力发电投资回报周期长、发电成本低、可靠性高、稳定性强，所以能够为节能减碳、调整能源结构作出重大贡献。其次，由于大型水电站因地制宜建造能够发挥防洪抗旱、加强水路运输等作用，也能为提高地区经济和社会效益作出巨大贡献。

·优缺点分析

首先从水利发电能源方面的优势分析，水能资源具有可再生性，通过大气环流与地表径流的形式完成天然的动、势能转化。所以能源储备以及持续性较强。

其次从技术优势方面评估，现有的水利枢纽工程和水力开发在勘察、施工、运营、后期维护以及技术人员革新等层面均已经形成科学完整的体系。最后从国家发展战略、社会效应、环境效应方面评估，水力发电设施也同时具备较强的抗灾能力，可有效抵御不利环境因素的冲击。

虽然其优势突出，但是其缺陷也较为明显，其中包括水电站的建设易受地形限制。其次，由于其建造永久性和使用长期性的特点，后期改造与扩展建设较为困难。与此同时还会对于流域附近的动植物以及土壤特性产生一定影响。

水力发电通常被认为是一种清洁能源，但它并非完全没有温室气体排放（GHG），而且往往会产生重大的不利社会经济影响。为了修建大坝，在人口密集的农村地区大量土地经常被淹没，减轻这种社会影响是该项目的重大成本。

b.潮汐能。

·资源储备

我国潮汐能资源丰富，但是能源分布不均，沿海的潮汐能理论蕴藏量为1.1亿kW，我国东南沿海可开发的潮汐能源达2 100万kW，年发电量可以达到620亿kW·h，其中92%分布于华东沿海。

我国的潮汐能由沿海区域与河口流域潮汐能两部分共同组成，其中潮汐差是决定发电稳定性与持久性的重要因素之一。沿海潮汐差较大区域主要以闽、浙两省居多；河口流域以钱塘江、长江口最为丰富，其他入海河流其次。并且两种潮汐差均呈现出空间上分布不均的特点。

·潮汐能经济性

潮汐能的经济性主要表现在环境收益与社会经济效益两方面，其中环境收益是指利用潮汐能进行电力供给可减少的年污染物排放量，社会经济效益是指产业结构和经济的总体改善，区域经济增长，绿色GDP贡献率，发挥产业结构调整优化产业集群效应以实现区域经济可持续发展。

在社会经济效益方面，在固定的劳动投资1%的增加下，区域的GNP将会相应地增加376.72%。统计年报显示，整个区域的总投资总额是242.62亿元，这个工程总投资约为8亿元，若按当地的固定资产投资计算，将会提高3.297%固定资产的投资，潮汐电站对本地GDP的增长就是12.42亿元。

·优缺点分析

优点方面潮汐能是一种不消耗燃料、没有污染、用之不竭的可再生能源。它不受气候条件的限制，可以持久地利用，最重要的还是它对环境的负面影响较小，但也不可避免。

由于其形成原理以及变化趋势的限制，潮汐能发电稳定性较差。因此对于前期的选址勘察工作要求细致全面，初始投资较高，设计施工均需要高技术支持。但是潮汐能作为可再生能源，对于未来供能结构调整仍具有巨大的潜能。

c.生物质能。

生物质能是指对自然界中有生命的植物提供的能量进行加工产热、发电，以达到人类对于能源的利用标准，生物质能来源于生物质媒介经过光合作用而储存的太阳能量。生物质能的资源储备量充足、原料多样、成本低廉、产品多元，是可再生能源的重要组成部分，其中农、林业资源是生物质原料的支柱性来源。

·资源储备

我国生物质能资源主要有农作物秸秆、树木枝丫、能源作物、工业有机废水、城市生活污水和废弃物等。能源局公布的数据显示，每年我国秸秆产量达到6×10^8吨，除可直接加工二次利用部分外，大约有1/2的秸秆能够作为生物质原料使用（折合约1.5×10^8吨标准煤）；林业方面则可获得9×10^8吨原料，折合量与秸秆相当；生活垃圾、有机废水与畜禽养殖三部分能够转化的生物质能折合标准煤燃烧量可达5×10^8吨，以上部分总计可达1×10^9吨标准煤。

·经济性

在生物质能源经济性方面，要因地制宜、因材制宜，实现合理利用，下面以瑞典生物质燃料利用为例介绍生物质技术经济性。

瑞典南部及中部柳树能源林约有11 000 hm^2，这些能源林每年每公顷平均能源转化量约合25~30桶原油。如将所产的生物量用来发电，按照我国国产直燃发电机组发电效率单位电量原料消耗量1.37 kg/(kW·h)计算，总计每公顷年供电量最高可达8 700 kW·h。若按照超短期轮伐情况下计算，每公顷可折合原油约为94桶，每年每公顷可供发电36 000 kW·h。

因此生物质能源前期投资远优于一次能源发电的投资，无论从经济效益以及环境效益层面评估，生物质资源作为可再生能源都远优于一次能源。

·技术优缺点

优点方面在于使用方便，直接燃烧仍然是从生物质中获取能量的热能和发电的最常见的技术。在较冷的气候下，国内生物质燃烧加热系统应用广泛，其中先进的家用加热器的效率超过70%，与开放式壁炉相比，效率效益提升显著，大大减少了碳排放。例如生物质燃烧区供热的应用在斯堪的纳维亚国家、奥地利、德国和各种东欧国家普及程度较高，欧洲通常采用1兆瓦以上的生物质发电蒸汽循环技术，包括在锅炉中直接燃烧生物质，以提高蒸汽量，通过涡轮机膨胀。

缺点方面在于蒸汽技术能源转换效率相对较低，规模较小，仅为15%~25%，蒸汽循环装置通常位于工业场所，来自汽轮机的余热被回收，并用于满足工业过程的热需求。产能的大部分位于纸浆和造纸厂，生物质燃料可以作为加工的副产品使用。与经合组织国家安装的蒸汽发电能力相比，在发展中国家，蒸汽产能最重要的安装是在工厂用甘蔗生产糖或乙醇，发展中国家安装的发电系统相对较少。

3）其他低品位能源

低品位能源包括太阳能、风能、潮汐能、中低温地热能，生物质能等，本章内容旨在针对工业余热等其他低品位能量回收利用进行介绍。

合理利用低品位能源能够有效减少高品位能源使用，并且能够削峰填谷，减少能源使用成本。并且随着其他低品位能源的持续开发与利用，工业余热、汽车尾气等低品位能源浪费不仅对于热资源造成浪费，还会导致自然生态与气候的污染。目前多采用高温热泵可行的技术方案，针对50~80 ℃范围的热能可以直接用作制冷机（吸附，吸收制冷）的驱动源或用来进行加热干燥等，而30~50 ℃范围的热能尚无成熟高效的利用手段。

4）案例应用

a.水能利用。

意大利赛维·德拉德麦拉小水电站

赛维·德拉德麦拉电站位于意大利北部艾德麦拉公园中央的撒拉诺河上，电站装机容量140 kW，工作水头280 m，工作流量0.5 m^3/s，年发电量3.7 GW·h，为做到因地制宜，不破坏原有的生态环境，该电站的建设保留了大量的原有径流。利用调节水池能够在功能上发挥作用，还能用于室外环境营造，提高了电站的社会认可度。

由于受场地原有地形地貌限制，连接前部蓄水池与电站附属建筑部分采用了较长的压力管道。为了与当地自然环境相契合，避免对于本土景观造成不利影响，因此利用混凝土将压力管道隐藏于地下，减少地表可见部分。同时，利用特洛尔引水口，以利于河流不断流并且在建筑外立面采用本地材料与周边环境相协调，利用仿自然鱼道保护周围环境的原生性。在经济性方面，当地政府以及相关能源部门的大力支持与当地原来居民良好的沟通与配合为后期的改造与方案完善提供了可靠的保障。

综上所述，利用小水电进行发电也是未来的区域性能源供给方式之一，小水电能够利用其占地面积小、水能资源灵活、前期投资较小的优点，能够应用于有径流资源的校园场地内。

b.潮汐能。

玉环海山潮汐电站

库区概况。潮汐电站的库区是圈围滩涂水城而形成水库，上库25.33 hm^2(发电蓄水库),该潮汐电站采用双库单向发电的模式，在上下库之间建造蓄水池，能够进行渔业养殖，但也因此形成淤泥沉积，导致发电库容受限。由于该潮汐电站位于海岛之上，淡水资源有限，因此除了为海岛以及周边居民提供能源以外，还能够在涨潮时积蓄淡水资源，有效地保障了日常的用水需求。统计显示，在缺水季节潮汐电站所保有的淡水资源能够保证居民使用2月以上。并且在极端气候的情况下，潮汐电站所建设的堤坝、库区等设施能够为渔业设备提供临时的安全保证。

c.生物质能。

林木生物质能源气化工程应用研究——北京市保合庄村秸秆气化案例

由于我国的秸秆年产量巨大，因此有效利用秸秆作为原材料以生产生物质能源成为目前的发展趋势。保合庄村位于北京市西南房山区长阳镇，村内已经实现了太阳能光热转化的普及，同时由于秸秆产量巨大，也在村庄内部建设了秸秆气管网。从能源结构层面看，煤炭与秸秆气的使用量的比重最大，因此村内集中建设了秸秆气化站作为生物质能源的转化源头设备。根据保合庄村改造前后的家庭年能源支出情况对比统计，每户每年平均支出减少约1 900元人民币，全村在能源方面节约支出达到13余万元。与此同时，能源供给的安全性与可靠性得到了进一步保障。

d.其他低品位能源。

德国Lengfurt水泥厂的ORC纯低温余热发电站

目前大部分碳排热能来源主要在水泥厂以及其他源端工厂，废热的二次利用对于校园内基本热能需求有着显著的影响。因此引用德国Lengfurt水泥厂的ORC纯低温余热发电站案例，针对工厂余热利用进行分析。

德国建成了世界首座水泥厂ORC纯低温余热发电站，该发电站的能量原料主要来自熟料冷却机出口部分的废弃。该系统以正戊烷为中间介质，经过除尘、热交换、冷凝等过程后有机介质返回蒸发器完成一次回收的循环，同时在热交换过程中加热介质以产生蒸汽带动汽轮机转动发电。余热回收系统所需场地面积小，安全性高(可实现无人化管理)，年维修养护成本低，余热回收可用转化率能够达到98%、从节电和环保角度来说，每年CO_2减排量约7 600 t。余热回收系统如图5-14所示。

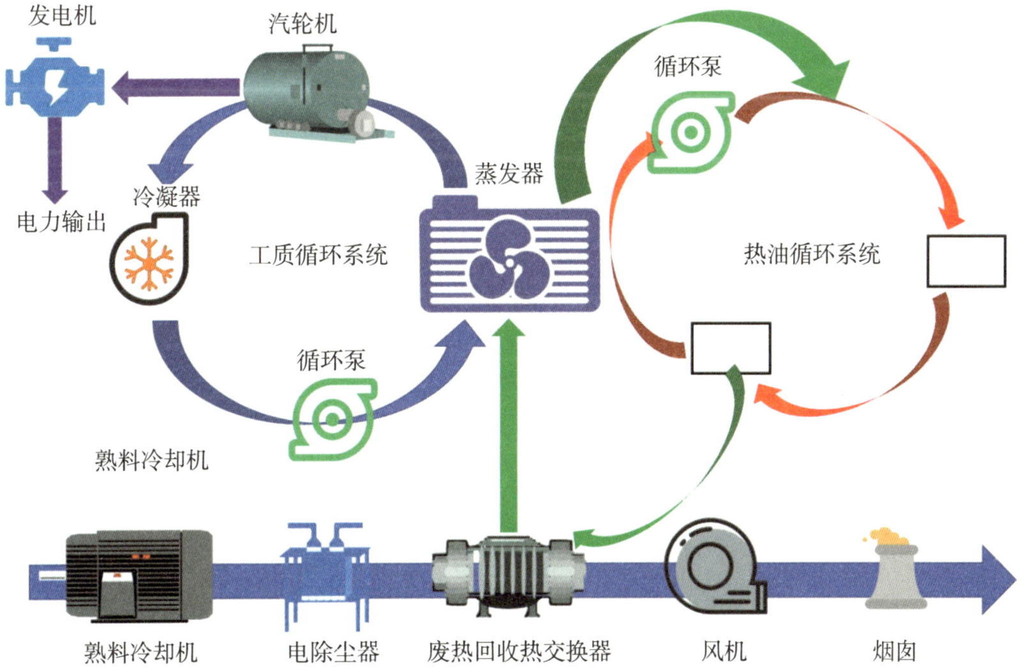

图5-14 余热回收系统工艺流程图(作者自绘)

5.2 校园场地外可再生能源供给技术与方案

零碳校园的可再生能源供给技术分为场地外和场地内两个方面。场地外可再生能源供给技术主要涉及从校园外部采购或利用可再生能源资源，而场地内可再生能源供给技术则是在校园内部利用可再生能源资源的方案。校方可购买来自当地可再生能源发电厂的电力，也可参与能源合作项目等。场地外的可再生能源供给在来源、覆盖范围、建设投资方面与场地内的可再生能源供给有很大不同。场地外可再生能源供给技术与方案技术路径如图5-15所示。

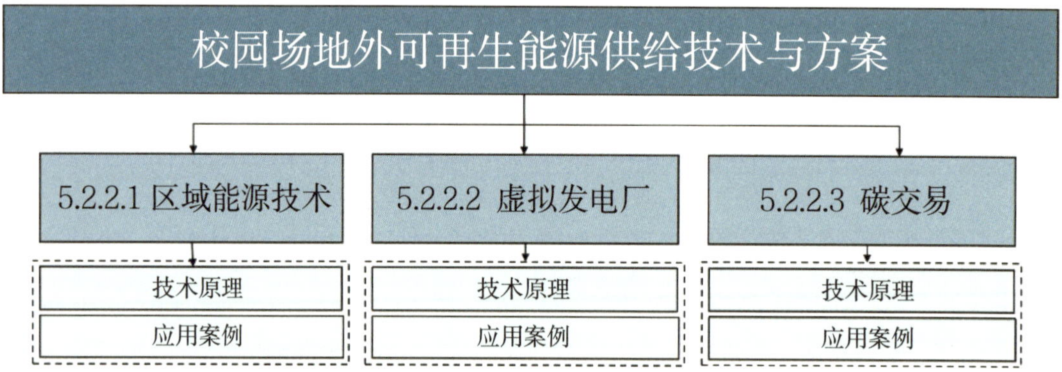

图5-15 场地外可再生能源供给技术与方案技术路径（作者自绘）

5.2.1 概述

可再生能源从建筑场地边界外引入，可以为实现零校园目标提供可能性。在建筑场地边界内，高能耗的建筑（如实验室、宿舍楼等）可能无法满足再发电的需求。为了在整个校园范围内实现零碳目标，我们的零碳建筑分类认识到这一问题。根据该分类系统，大量的场外可再生能源是必要的，以实现净零能耗。虽然进口到现场的木颗粒、乙醇和生物柴油等可再生资源具有一定的价值，但根据零碳建筑的定义，现场可再生资源更具价值。通过利用场外可获得的可再生能源，并将其输入到现场，在现场利用这些能源进行能量生成，建筑可以实现零碳校园的目标。

5.2.2 分类

5.2.2.1 区域能源技术

区域能源技术（DHC）是一种新型的建筑节能手段，采用集中能源站的形式向区域内的各类建筑输送冷量、热量、生活热水及电力。DHC系统集成了电、冷、热各能源系统，有机协调与优化各种能源，实现多能互补与转换，降低污染排放，提高能源利用效率，减少设备占地，提高项目经济性。

针对区域能源资源禀赋与实际需求，通过多种技术耦合，实现区域内不同清洁能源的综合开发与高效利用，可再生能源利用率约14%。DHC可以实现多方共赢，给政府、开发企业和终端用户都带来显著效益。建设DHC站，通过第三方专业能源公司投资，集约建设，减少用地和开发成本，提升用户体验，实现更高溢价。面向终端用户提供冷、热、电等多种需求，实现能源生产、输配、使用和排放的多能协同供应、综合梯级利用和智能化管理。采用科学的规划方法结合建筑用能特点，利用各种可再生能源，是实现建筑节能的重要技术手段。其系统如图 5-16所示。

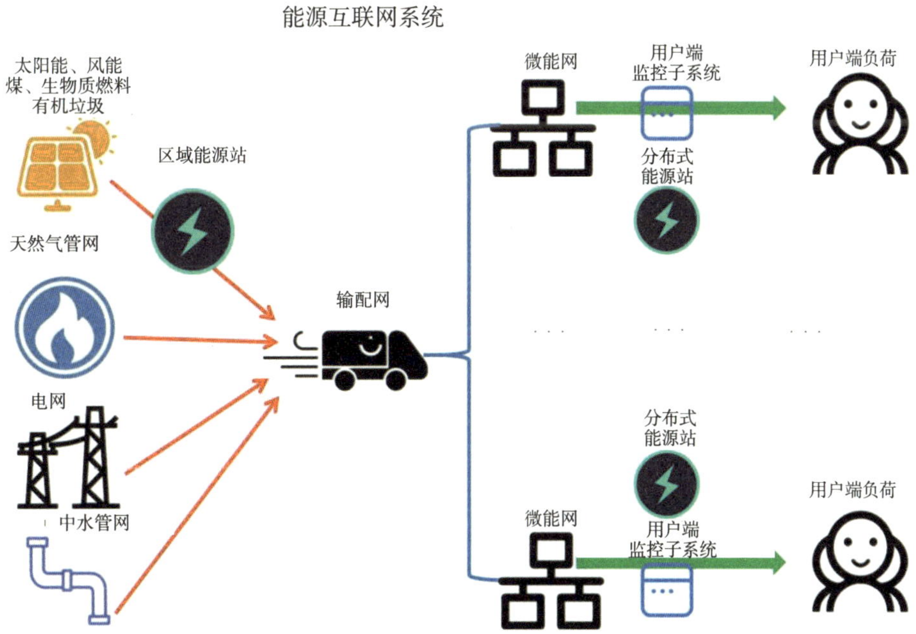

图5-16 区域能源中心系统示意图（作者自绘）

5.2.2.2 虚拟发电厂

虚拟发电厂是利用先进的信息通信技术和软件系统，将分布式发电设备（DG）、储能系统、可控负荷以及电动汽车等分布式能源资源（DER）进行集成和协调管理的电力系统。其系统示意如图 5-17所示。通过协调控制、智能计量和信息通信等关键技术手段，虚拟电厂能够将各种分布式资源聚合起来，形成一个整体化的电源管理系统，以参与电力市场和电网运行，为电力系统提供管理和辅助服务。在中国，面对日益增长的电力需求和能源资源的限制，虚拟电厂被视为一种创新的解决方案，具有重要的发展潜力。通过虚拟电厂的建设和运行，可以实现对电力系统的智能化管理，提高能源利用效率，减少能源浪费，促进能源的可持续发展。

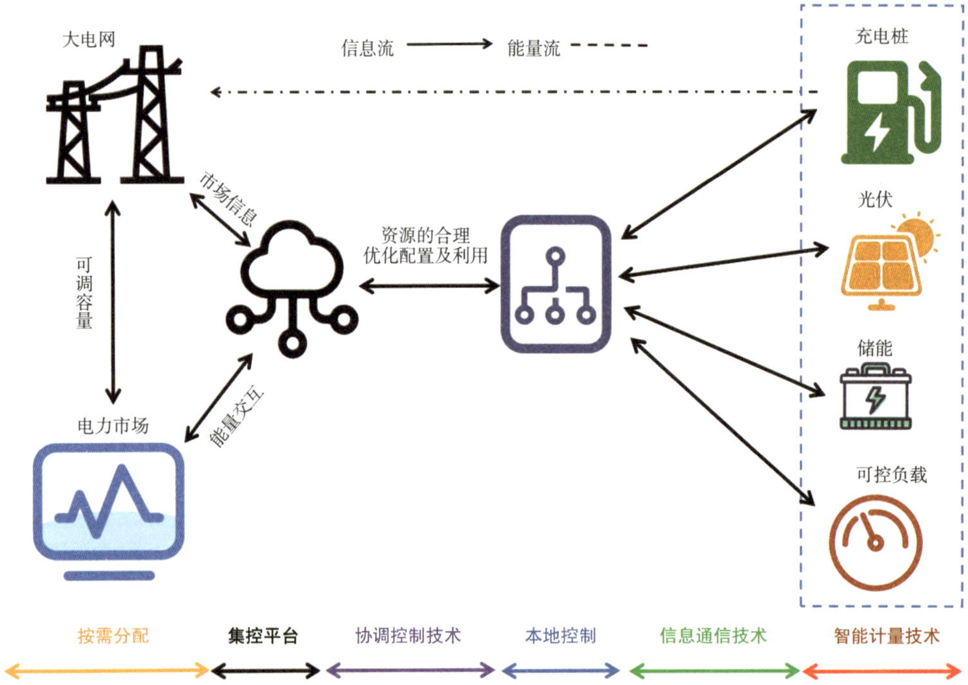

图 5-17　虚拟发电厂系统示意图（作者自绘）

1）协调控制技术

虚拟电厂的管理对象涵盖了各种分布式能源设备（DG）、储能系统、可调节负载以及电动汽车等。在虚拟电厂的运行过程中，协调控制各类分布式能源资源，以实现高质量的电能输出是其中的主要挑战之一。特别是对于可再生能源发电站（如风力和光伏发电站），其发电具有间歇性、随机性和预测误差等特点，这使得在大规模并网时必须全面考虑不确定性因素的影响。

因此，虚拟电厂需要运用先进的协调控制技术，以确保储能系统、可调度的发电机组以及可控负荷之间的合理配合，从而保证电能的质量，并提高发电的经济性和可靠性。这意味着需要建立高效的通信和监控系统，以实现对各个能源设备的实时监测和控制。通过这种方式，虚拟电厂能够灵活地调整能源的生产和消费，有效应对电力系统的需求变化，实现电力的高效利用和可持续发展。

2）智能计量技术

智能计量技术在虚拟电厂中扮演着关键角色，其主要功能是监测和控制分布式发电设备（DG）和可控负荷的运行情况。智能计量系统能够自动测量用户住宅内电、气、热、水等能源的消耗或生产量，并将这些数据实时传输给虚拟电厂的管理系统。随着自动抄表技术的不断发展，现代的智能计量系统已经实现了远程抄表和监测功能，用户可以通过网络平台随时查看和管理能源使用情况。这种技术的应用使得用户能够更加直观地了解自己的能源消耗模式，并采取相应的节能措施，从而提高能源利用效率并降低成本。

3）信息通信技术

虚拟电厂利用双向通信技术，可以实时接收各个分布式能源单元的当前状态信息，并向这些单元发送控制信号以实现协调管理。通信技术的应用范围涵盖了基于互联网的服务、虚拟专用网络、电力线载波以及无线技术（例如USM/UPRS）。用户住宅内的通信网络则主要由WiFi、蓝牙、ZigBee等无线通信技术构成，这些技术能够实现设备之间的智能连接与信息交换，为虚拟电厂的运行提供了必要的技术支持。

5.2.2.3 碳交易

碳交易是温室气体排放权交易的统称，以每吨二氧化碳当量为计算单位，是在《京都协议书》要求减排的温室气体中，以二氧化碳为最大宗的排放权交易。碳交易的核心是建立一个能够促进减排的市场机制，使得排放权成为一种可交易的稀缺资源。在这一机制下，企业和国家可以通过购买排放配额来弥补其排放超标的部分，或者通过销售多余的配额来获取收益。这种机制的引入为减排目标的实现提供了一种经济激励，同时也促进了技术创新和清洁能源发展。

在碳交易市场中，各种规则和法规起着重要作用。一些规则具有强制性，例如

《京都议定书》规定了各国的减排目标，以及欧盟设立的排放交易体系。此外，还存在自愿性的规则，由各方自行决定是否参与交易。这种多样化的规则体系为碳交易市场的健康发展提供了基础。自2005年《京都议定书》生效以来，全球碳交易市场迅速发展。交易量和成交额都呈现出快速增长的趋势，表明碳交易市场已经成为全球环保和经济发展的重要组成部分。

1）配额碳交易市场

基于配额的交易是指在“总量管制与交易制度”框架下，购买方通过获取管理机构规定、分配或通过拍卖获得的减排配额来达到减排目标的过程。在这种交易中，购买方购买减排配额，弥补其自身的温室气体排放量，以满足法规或标准的要求。另一种交易方式是基于项目的交易，购买方通过购买减排配额来支持特定的减排项目。这种交易涉及的减排项目通常包括森林保护、可再生能源开发以及工业生产过程改进等。购买方通过支持这些减排项目，既可以实现自身的减排目标，也可以促进这些项目的实施，推动减排工作的进展。其系统如图5-18所示。

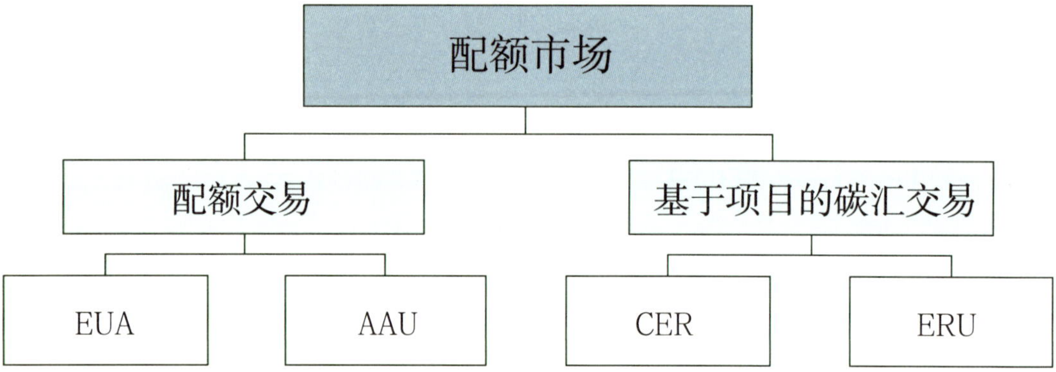

图5-18 配额碳交易市场系统示意图（作者自绘）

2）自愿碳交易市场

在强制性减排市场建立之前，已经存在自愿减排交易市场。这种市场不受法律强制，大部分交易无须经过统一认证和核查减排量。虽然自愿减排市场缺乏统一管理机制，但其操作灵活，申请、审核、交易和完成所需时间相对较短，价格也较为低廉。自愿减排市场主要应用于企业市场营销、企业社会责任和品牌建设等领域。尽管目前该市场在碳交易总量中所占比例较小，但其具有巨大的潜力。其系统如图5-19所示。

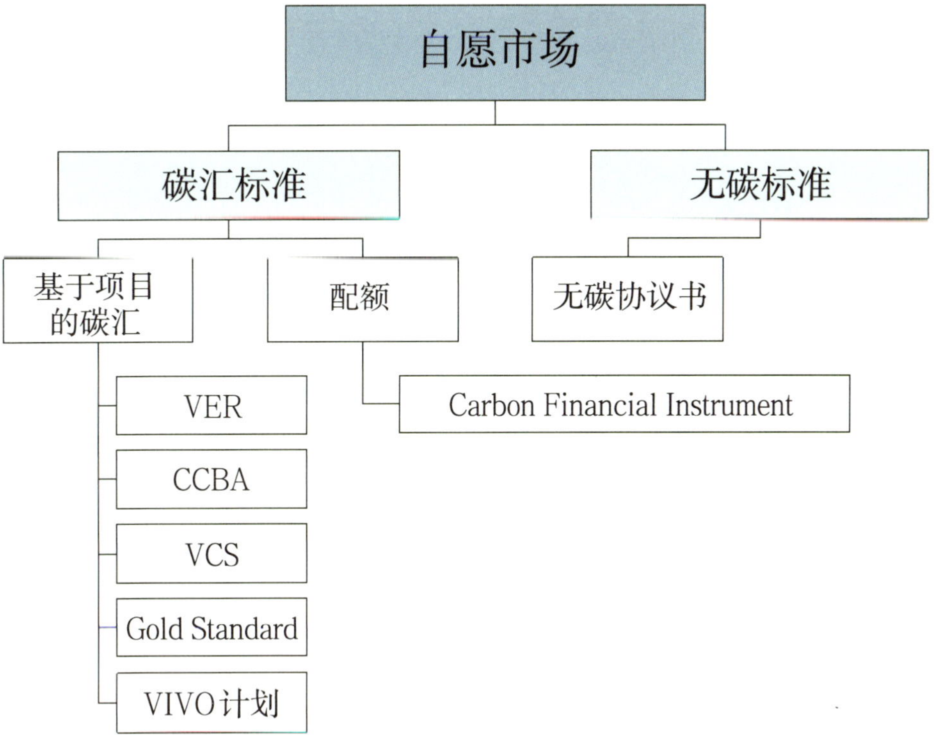

图5-19 自愿碳交易市场系统示意图（作者自绘）

5.2.3 案例应用

5.2.3.1 合肥滨湖科学城区域能源站

滨湖地区位于安徽省，拥有丰富的自然资源，地势平坦，且金斗公园、塘西河公园等绿化景观资源丰富。此外，该地区还有大量高层建筑和公共建筑，人口密集，为区域能源的有效利用提供了条件。

与其他城市不同，合肥市采用多种能源互补利用方式，包括地源热泵、污水源热泵、冰蓄冷和天然气分布式能源等。这些能源相互结合，相辅相成，形成了一个多能源系统。该系统已经运行3年，目前签约面积已达200万平方米。预计全面利用后，每年可节约6.5万吨标煤，减少二氧化碳排放16.9万吨、二氧化硫排放4 800吨、氮氧化物排放2 400吨。

5.2.3.2 华能浙江虚拟电厂 1 号机组

华能浙江虚拟电厂是华能集团的一项重要科技示范项目，也是浙江省首批新型电力系统试点项目之一。该项目利用智慧管控平台，整合了浙江省各地的分布式电源、新型储能设备、充换电站以及楼宇空调等多种能源资源和需求侧可调节装置。通过采用秒级快速响应的协调控制技术，实时参与电网调峰调频，成功实现了从“源随荷动”到“源荷互动”的转变。

该虚拟电厂的投入使用不仅让用户从辅助服务的消费者转变为提供者，降低了能源成本，还增强了电网调节的灵活性，提高了新能源的消纳能力。这一创新举措有助于推动能源行业朝着更智能、高效和可持续的方向发展，为能源互联网时代的到来奠定了坚实基础。

5.2.3.3 雄安站屋顶分布式光伏发电项目

雄安高铁站是京雄城际铁路上最宏伟的新建车站之一，总建筑面积47.52万平方米，相当于66个标准足球场。采用了屋顶光伏板设计，为车站提供约20%的电力，实现清洁低碳目标。站房屋面采用了嘉盛母公司英利集团提供的多晶硅组件，总装机容量6兆瓦，年均发电量580万千瓦时，可节约标准煤1 800吨，减少二氧化碳排放4 500吨，相当于植树12公顷。

5.3 校园场地内外多能互补协同供应技术与方案

场地外可再生能源间接供给技术与方案如图5-20所示。

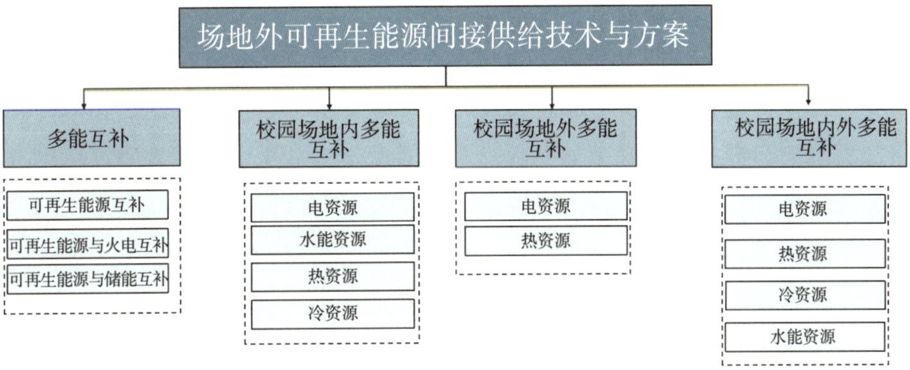

图5-20 场地外可再生能源间接供给技术与方案（作者自绘）

5.3.1 概述

5.3.1.1 定义

多能互补是按照不同资源条件和用能对象，采取多种能源互相补充，以缓解能源供需矛盾，合理保护自然资源，促进生态环境良性循环的一种能源调配模式。能流图如图5-21所示。

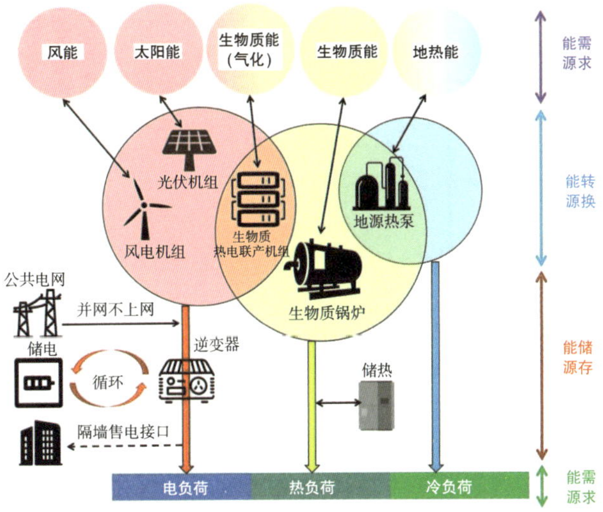

图5-21 多能互补能流图（作者自绘）

5.3.1.2 模式

能源侧多能互补主要是指大型能源基地风电、光伏、水电、火电等多类型能源充分发挥组合优势，构建互补型发电模式，提升系统的安全、稳定、可靠、优质发电水平。其中包括可再生能源与火电、储能互补以及可再生能源之间的互补运行，以上3种类型是广泛采用的多能互补形式。

1）可再生能源互补

太阳能光伏阵列与风力发电机利用不同原理分别将光能和风电转化为电能，风电和光伏是两种主要的异质性可再生能源，两者均具有资源的不确定性导致的固有缺陷。水力发电站通过大坝对水库的蓄水量的控制，可以有效调节水能，并且调节性较强。利用水能、潮汐能与风电互补的形式，有效调节峰谷电能供给，以改善能源在时间中的不匹配情况。同样由于水作为储能形式的介质存在，有着较强的存储能力，所以在同时供能的情况下应当优先利用风力、太阳能发电所提供的能源，根据气象条件利用控制系统调控能源产出。充分发挥出水电机组的灵活性，在指定的时间尺度、指定的波动范围内调节风光水多能互补系统的联合作用，从而有效平抑风电和光伏发电的波动性，解决了非水电可再生能源发电的间歇性和随机性问题。如图 5-22所示。

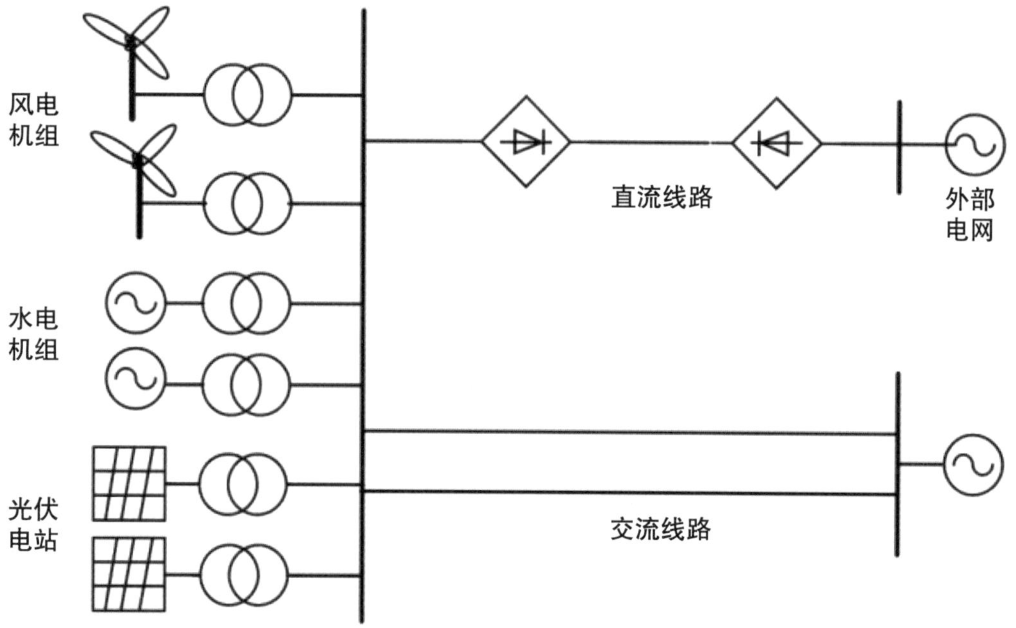

图5-22 风光水多能互补图（作者自绘）

2）可再生能源与火电互补模式

火力发电一般是指利用可燃物燃烧产生的热能来加热水，使水变成高温、高压的水蒸气，然后水蒸气推动发电机发电。

3）可再生能源与储能互补技术储能

该技术是利用智能电网、以可再生能源为来源的能源系统、能源互联网的重要组成部分。储能技术是为了解决能源在时间与空间上不匹配的问题应运而生的技术，也是整个系统组成部分的关键支撑部分，对于调整能源结构保障能源供给起到了至关重要的作用。储能系统能够为能源系统运行提供降峰、填谷、调频、备用等方面多种能力，对于改善季节性、时间性、间歇性不稳定的可再生能源发电系统产能的消纳水平有着显著作用。同时也是支撑分布式电力及微网运行与促进国家能源结构转型的重要技术力量。

5.3.2 场地内多能互补技术与案例

5.3.2.1 技术原理

场地内多能互补的利用主要从能源端出发，利用太阳能、风能、地热能、生物质能、水能等能源形式进行产热、制冷以及发电的用途以满足距离较近场地内需求侧的能源供给。如图5-23所示。

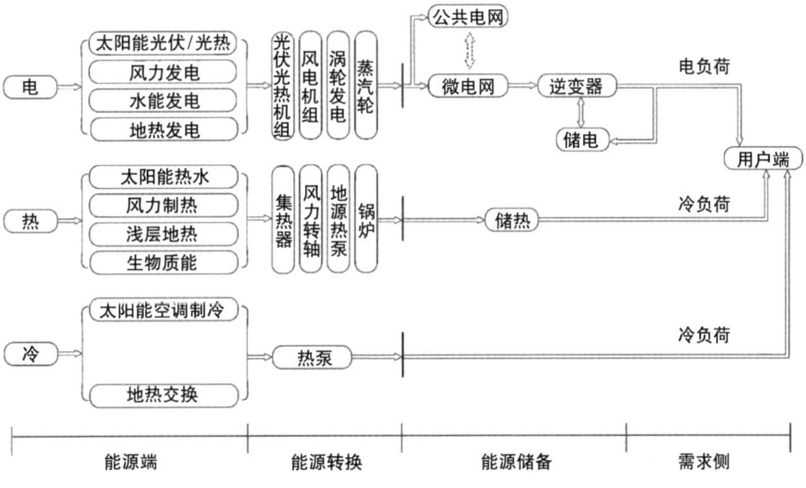

图5-23　场地内多能互补应用（作者自绘）

1）电资源

在校园场地内主要的电能来源于太阳能、风能、水能、地热能发电。其中包括通过太阳能光伏机组以及光热发电机组将太阳能光能与热能转换为电能并入校园内微电网以及公共电网进行储电或与用户侧按需求供给。通过风电机组将风力动能转化为机械能进行发电，同时并网或者离网运行。

2）水能资源

根据水流落差形成的动能与势能，通过水轮机组进行机械能与电能的转化，并入校园内微电网以及公共电网进行储电或与用户侧按需求供给。场地内地热能蒸汽通过地热蒸汽轮机驱动转化为电能同时并入微电网。

3）热资源

主要来源于太阳能热水、风力制热、浅层地热、生物质能，通过集热器、风力转轴、地源热泵、生物质锅炉等技术进行能源转化，利用储热技术与热传输技术将能源传输到用户端。

4）冷资源

利用太阳能空调制冷、地热交换的方式进行能源二次加工，以近距离将冷资源传输到用户端。

5.3.2.2 典型案例应用

1）东福山岛风光柴储海水淡化工程

本项目对于校园有限场地面积内能源生产与自主供给具有前瞻性与启发性意义。

东福山岛位于舟山群岛最东端海域，距离主岛仅45 km，全岛常住居民仅百余人。由于东福山岛独特的地理位置，岛上的太阳能、风能、潮汐能资源充沛，但是由于技术以及资源限制资源开发力度小。岛内的主要能源需求在于电能以及水资源的使用，而居民用水主要来自外界运输以及雨水收集，电能来源于一次能源发电设备，因此能源成本巨大且使用不便。为解决现有的能源问题，在该区域首先建立联合试点项目。

东福山岛风光柴储海水淡化综合示范工程属于孤岛微网发电系统，为解决能源使用问题，该系统主要采用可再生能源为主与一次能源辅助的供电模式。该系统运行的总装机容量达到510 kW，而其中利用风力发电、光伏发电以及储能系统的能源供给超过总装机容量的60%以上。项目采用交直流混网结构，蓄电池组和光伏阵列均分两路形成直流电，再经升压变压器升压后，通过10 kV线路送电至用户端。同时海水淡化系统还能被岛内可再生能源驱动工作，其中海水淡化系统每月能够生产1 500吨淡水，有效地解决了岛内生活用水问题，也大大降低了资源的运输成本。独立发供电系统结构图如图5-24所示。

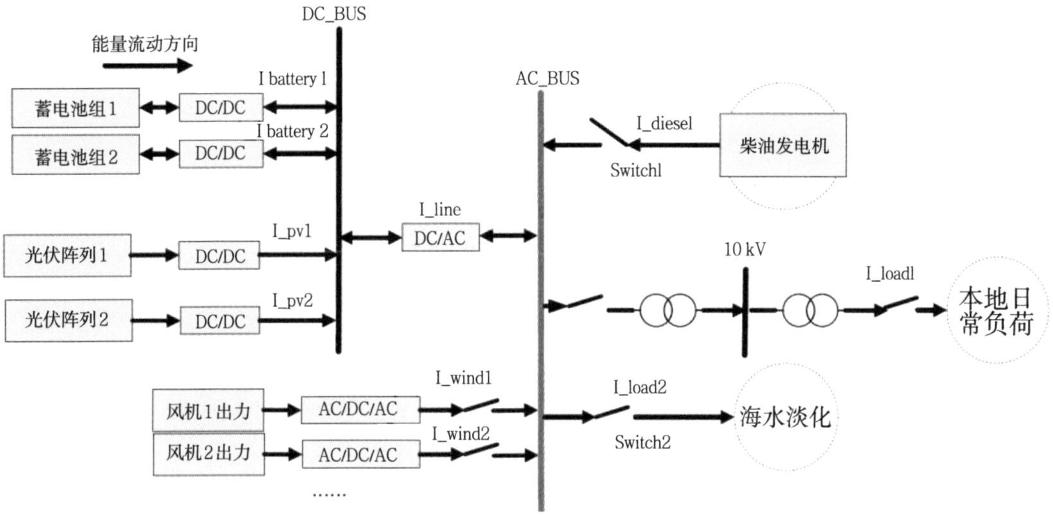

图5-24 独立发供电系统结构图（作者自绘）

2）华北地区高校区域能源站应用

华北地区某大学新建校区总占地面积为133×10³ m²,总建筑面积约为81×10⁴ m²。供热面积为73.35×10⁴ m²,总热负荷为43.92 MW,平均热指标为60 W/m²。供冷面积为17.49×104 m²,总冷负荷为24.49 MW,平均冷指标为140 W/m²。由于新建校区周边无可利用的热源,需要自建热源满足用能需求。

由于该校区场地内外均无直接可用冷热资源，因此进行系统设计时采用了从能源需求端出发的设计方案。按照季节冷热需求将使用用户分为三类：第一类是在夏季无供冷需求的区域，如教学楼、实验楼等区域；第二类是夏季有集中供冷需要的用户，如学校内部大型体育场馆、教师办公楼以及学校食堂区域。第三类用户制冷、供热均采用独立设备，不需要集中供应，如公寓区域、教职工宿舍等。

从现有场地条件分析，校园内部均有大量空闲的室外场地能够建造地源热泵系统，作为可再生能源供给的主要方式。由于学校处于华北地区(冬季寒冷、夏季炎热)，因此对于制冷以及供热均有需求，所以采用地源热泵冷热联供系统。根据地源热泵系统的换热特性以及投资成本分析，只有在最热季节系统效能才能够充分发挥作用，因此为避免过度投资以及能源浪费，该系统采用联合供热，制冷系统作为源端补充。

该系统按照冷负荷比例进行设计分配，由地源热泵系统承担基本冷负荷，冷水机组以及冷却塔作为辅助负荷使用(两者负荷分配比例达到6 ∶ 4)。采用这种方式进行设计能够有效保障系统平稳运行，且在负荷增加时利用辅助冷却系统调节峰值。这样不仅保证了夏季负荷需求，也能充分利用地埋管。冬季供热期间，热负荷由地源热泵系统与燃气锅炉共同承担，即采用“地源热泵＋冷水机组＋燃气锅炉”多种能源耦合的供冷供热系统。

5.3.3 场地外多能互补技术与案例

5.3.3.1 技术原理

能源基地型多能互补系统（又称“风光水火储多能互补系统”），利用大型综合能源基地中可再生能源资源组合优势，充分发挥具有灵活调节性能的火电机组的调峰能力，提升电力系统消纳间歇性可再生能源的能力，通过系统内集控中心的统一调度，将多能互补系统整体上等效为出力相对平稳的“虚拟火电厂”，使外部电网对系统出力可预估。大型能源基地一般距离用能终端较远，而热能难以大规模远距离输送，故此类多能互补系统通常只承担供电的任务。能流图如图5-25所示。

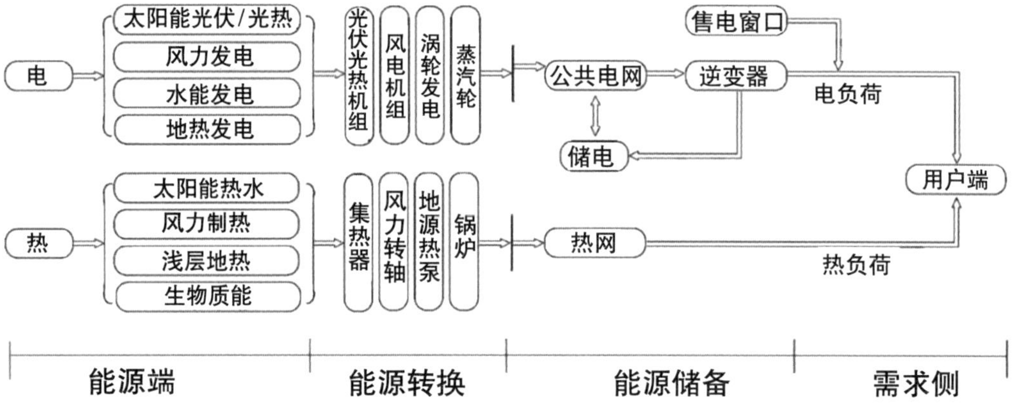

图5-25 场地内多能互补能流图（作者自绘）

5.3.3.2 典型案例应用

河北省张家口市国家风光储输示范工程

位于中国河北省张家口市张北县西部，是世界上规模最大，综合利用水平最高，集“风力发电、光伏发电、储能系统、智能输电”于一体，首个集中体现风光储输联合发电先进性和创新性的新能源综合性示范项目。

该项目计划建设风力发电、光伏发电以

及储能三部分总计670 MW，其中风电为主体，占比达到75%，光伏发电占比15%，储能部分为10%。示范项目采用全球首条“风光储输联产”技术路线，开展风光储输发电互补机理与优化配置研究、多类型电池储能电站系统集成技术研究、联网发电系统集成技术研究、全景监测协调控制等，实现了可再生能源的稳定与持久供给，改变了本地区长久依赖火电能源的能源格局。

风电场分两期建成，涵盖了国内已有的1.0 MW、2.0 MW、3.0 MW和5.0 MW等不同容量，金风、许继、湘电等不同厂家，双馈风机、直驱风机、垂直轴风机等不同种类的风电机组，共177台，建成了中国首个机型最多的并网友好型风电场，引领陆上风机容量大型化、运行高效率的发展趋势。

光伏电站一期总容量共40 MW，场地内均采用多晶硅光伏组件搭配固定式支架，容量共计28 MW；实现了不同组件和跟踪系统的多种组合和分析比较。基于一期运行效果并综合考虑成本因素，光伏电站二期全部选用多晶硅光伏组件搭配固定式支架。

储能电站主要采用化学储能电池作为基本设备进行能源储备，其中包括磷酸铁锂、全钒液流、胶体铅酸、钛酸锂电池，总计储能功率约为84 MW/h。磷酸铁锂电池采用了比亚迪、东莞新能源等多个厂家的设备，已在一期工程投运。储能电站二期采用了3 MW电动汽车电池梯次利用，及2套5 MW电站式虚拟同步机，共计10 MW，剩余的37 MW储能将根据技术和产品研发进展适时开展示范应用。

该项目全系统整合了7种可再生能源系统的运行模式，其中包括3种基本运行模式(风能、太阳能、储能系统)，以及4种联合运行系统(风光、风储、光储以及风光储系统)以达到整体运行的稳定性。在全年不同环境与气候状况下，这种联合运行模式能够实现调峰填谷、平滑出力等功能，同时能够极大程度实现能源跟踪、预测能源负荷、调度能源配置。

5.3.4 场地内和场地外技术与案例

5.3.4.1 技术原理

供给侧能源供给包含场地内产能与场地外能源生产2种能量来源，由于受到场地内面积、气候、能量储备等多方面因素限制，当用户端能量需求过大，场地内供能无法满足需求时多采用场地内外多能互补协同运行的模式。

场地内外多能互补协同运作主要依靠场地外多能互补能源并入公共电网和热网与场地内或区域内微电网并网运行。场地或区域内微电网主要采取能源就近获取、就近利用的模式。当场地内能源供给不足，无法满足需求侧能源需求时，采用场地内外多能互补模式运行。场地内外电能汇集后，共同利用逆变器进行处理并提供给用户侧，多余电能则利用储能技术储存以达到错峰。多能互补场地内外能源能流图如图5-26所示。

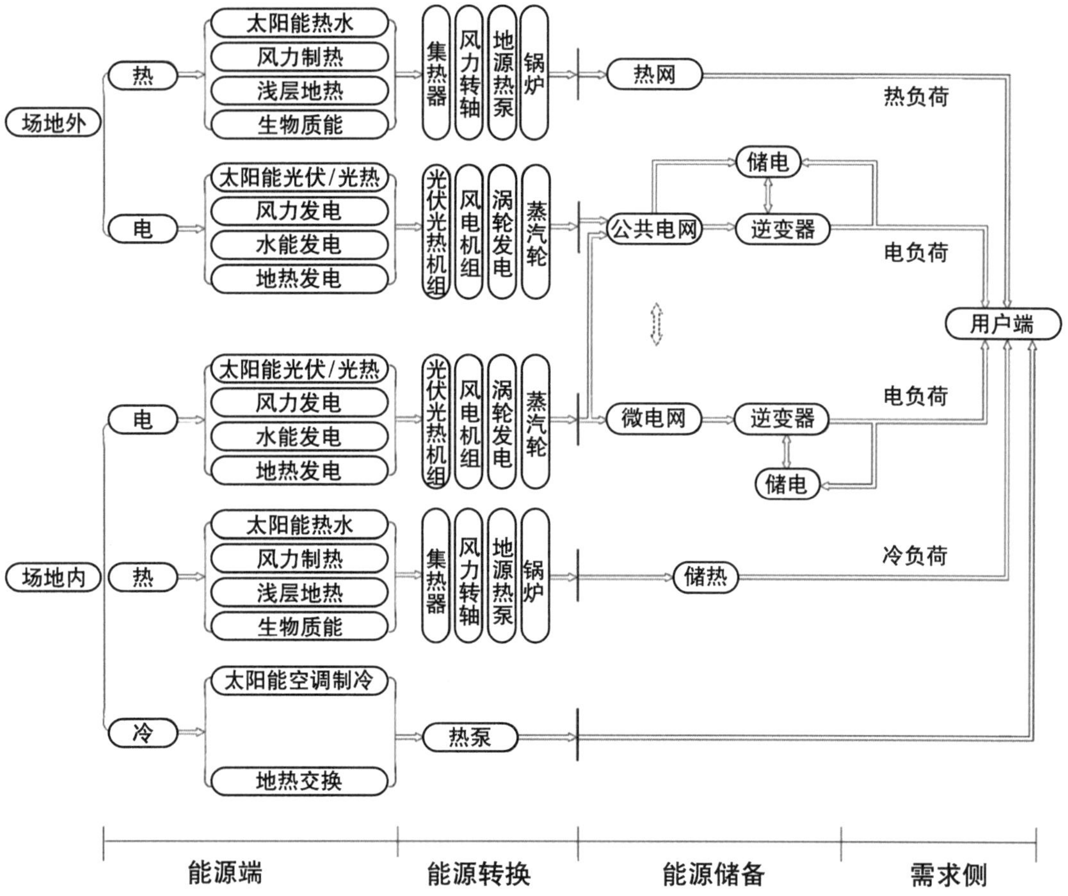

图5-26　多能互补场地内外能源能流图（作者自绘）

5.3.4.2 典型案例应用

多能互补微网系统解决方案及示范工程应用项目

利用厂区空闲场地和生活楼屋顶，建设分布式光伏发电和风力发电装置，作为能源岛的电力提供者，建设储能装置，建设智能化电网测量体系、智能配电系统，提高电网运行的可靠性和稳定性。太阳能光热、空气能、地源能、水源能多种能源耦合系统提供冷、热能。并建立储能系统，该储能系统与电力储能系统之间可智能转化。该系统满足整个生活区的电、冷、热的需求，实现“零”排放目标。

前期建设涵盖本项目大部分内容。包括集成太阳能光热+光伏+风电、储电+储热+清洁供热、低电压等级的交直流混合配电+充电桩等技术集成和工程实现，建立统一的工业园区智慧能源管理系统平台。一期规划建设园区+10 kV柔性多端配电系统，以能量路由器、多种电压等级电力电子变换装置和能源管理系统为核心，形成交直流柔性中低压配电网骨干网架，10 kW+160 kW_{th}光热电耦合系统;低温空气源冷水系统及末端改造。

该项目因地制宜，将现存场地内的能源系统与外部公共电网并联，达到多种能源互补利用的效果。园区内、外部融合分布式光伏、太阳能光热、风力发电、储能(热)、蓄电池储电、交直流混合配电网、智能充电桩等可再生能源系统实现了使用成本的低价化以及能源类型的转型。

在各部分经济效应与节能成本方面，太阳能光热清洁供能，利用现有空地，在不考虑空气源热泵和空调的少许运行差异的前提下，每年还可节约28.3万元(电费2.4万元，采暖及热水费用25.9万元)，相当于节约标煤14 087 kg，减排二氧化碳排放量19 837 kg。

屋面光热光电系统，可实现年收益21.1万元(其中光伏发电系统:23.6 kW，电费4.3万元，光伏光热集成10 kW+150 kW_{th}，可实现年节电收益11.7万元，储能系统:50 kW/200 kW·h，可实现年收益5.1万元)充电桩年收益约56万元。通过智慧能源管理，按照当地电价政策，实现年收益34.17万元，二项合计年收益139.57万元，一期总投资约499.85万元，投资回收期3.95年。

5.4 可再生能源改造案例

天津市津南区机关大院能源费用托管项目以能源费用托管型合同能源管理模式与能源服务公司进行合作。通过对津南区机关大院原有能源设备进行改造，建设高效热泵冷暖系统、光伏发电系统以及智慧能源管理平台，提高了能源综合利用效率，降低了能耗水平，助推了节能降碳目标的实现。如图5-27所示。

5.4.1 概述

图5-27 天津市津南区机关大院

津南区政府总供能面积35 000 m²，其中主楼13 400 m²、会议楼6 500 m²、附属办公楼6 500 m²、餐厅8 600 m²；共有约1 650名干部职工和服务保障人员在此办公。

该项目包括整体电能托管、供暖供冷系统运行管理维修维护等费用托管。项目改造前，采用2台麦克维尔牌地下水源热泵机组和1台克莱门特地下水源热泵机组，为大院进行冷暖供应，机组使用已超过8年，整体能效较低。

通过能源诊断确定托管项目的能源基准期为2019年1月10日至2021年12月10日，取3年电费平均值，基准参数为电力消耗3 363 153 kW·h/年，折合标煤消耗量413.33 t/年。计划在满足同等需求或达到同等目标的前提下，托管期间的年节能量不少于能源基准的10%，不低于100吨标准煤（当量值）。

5.4.2 可再生能源改造

5.4.2.1 冷热源系统改造

在原配电机房南侧新建一座能源站，采用14台空气源热泵机组作为空调冷、热源，另新增1组冷却塔与原水源热泵机组耦合运行作为冷源补充。额定工况下，每台空气源热泵机组的制冷量为132 kW、制热量为215 kW，每台水源热泵机组的制冷量为987 kW，总制冷量为3 822 kW，总制热量为3 010 kW。如图5-28所示。

图5-28 新建能源站（1）

采用水蓄能设备作为储能系统，在夜间低负荷时将能量储存起来，在白天用能高峰时将能量放出，起到了降低装机容量、减少配电负荷的作用。如图5-29所示。

图5-29 新建能源站（2）

5.4.2.2 水泵系统改造

项目原系统水泵流量扬程较高，水循环能耗较大，为减少水泵能耗，增加水泵变频设备，以满足系统各工况运行需求。

当系统运行时，通过传感器采集与控制系统相关的各运行参量并传送至信息处理器，然后检测设定时间段以后的实际负荷（空调供水的流量）并与预测负荷进行比较，对负荷预测控制效果进行评估，并根据比较和评估情况，进行如下修正调节。

①当检测到的实际负荷大于预测负荷时，则提高循环水泵的转速，增大空调供水流量，以增加冷量供应，保证末端对冷能量的需要。

②当检测到的实际负荷小于预测负荷时，则降低循环水泵的转速，减小空调供水流量，以降低能量供给，减少多余的能量传送。

通过不断地检测、比较与修正调节，实现空调供水系统的冷热量供应与末端负荷需求相适应，确保在各种复合条件下，空调供水系统均处于最佳冷热量供应状态，减少不必要的能源浪费。同时，因为水泵采用了变频调速技术，可以大幅度降低水泵的能量消耗。水泵变频设备如图5-30所示。

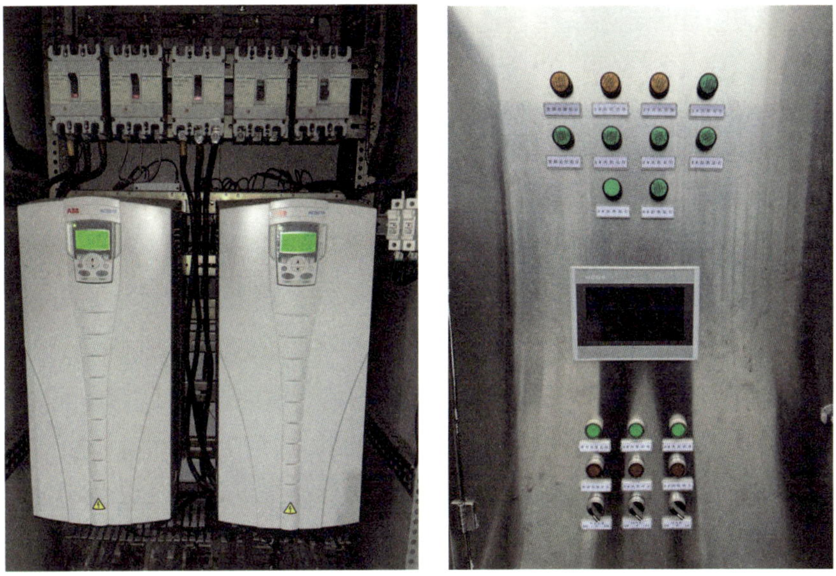

图5-30 水泵变频设备

5.4.2.3 光伏发电系统建设

根据津南区机关大院可利用屋顶情况，确定光伏发电系统安装容量为123.12 kW，光伏发电量100%自主消纳，首年发电量约为13.34万kW·h。后期将结合办公区内其他具备条件的场地，增加光伏容量。光伏发电系统如图5-31所示。

图5-31 光伏发电系统

5.4.2.4 智慧能源管理控制系统平台建设

平台采用分层控制结构，分为智能感知网络、智慧能源信息资源中心、智慧能源运行管理应用共3个核心层级。主要由监测计量、区域智能控制柜、各能源中心站集控中心、数据统计分析、数据仿真决策、数据展示集控中心、数据网络发布、数据移动终端推送等部分组成，通过收集、分析能耗数据，优化设备运行控制策略，减少能源浪费，降低整体能耗。

其中，监测计量是整个系统的基础，对能源站内冷热量、电量等数据进行实时采集，实时上传到服务器平台，为智慧能源控制系统提供依据。数据统计分析是核心，通过对系统采集的数据进行同比、环比、横向对比、多参数关联性分析，提出更合理的节能控制策略。应用系统决策执行层统计分析形成的控制指令，控制和调节系统运行模式，最终达到节能效果。

平台可实现能源数据实时统计、能耗分析、故障预警等功能，并对系统运行进行有效管控，保证系统安全可靠运行，不断降低能源消耗。通过实时能耗监测功能，能实时监测显示主机COP值以及系统SCOP值，实现控制管理智能化、能耗统计可视化、安全管理信息化、降本增效数据化、运维检查平台化。平台同时具备多级管理功能，能够把不同的技术进行连接，实现对能源的统一管理，并为子系统的集成开发提供方便。如图5-32所示。

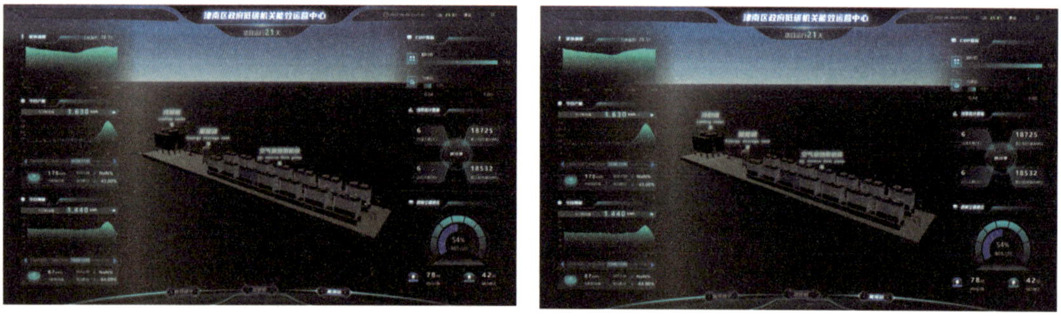

图5-32 智慧能源管理控制系统

5.4.2.5 末端系统改造

项目原末端风盘系统采用就地控制，空调调节受用能习惯影响，使用过程中不可避免产生供能过剩及闲置浪费。为此，在人员变动较大的公共区域增加远程温控器及人体微动开关，以减少末端能源浪费。为新风系统增加CO_2传感器、电动风量调节阀、温度传感器等，控制新风量及新风状态参数，以降低新风能耗，避免能源浪费。

5.4.3 成果效益

天津市津南区机关大院能源费用托管项目自2022年5月开始进入托管模式，年托管费约266万元。节能服务公司一次性投入改造资金约600万元。项目年节电量约86.84万kW·h，节约标准煤约103吨，综合节能率达25%以上，减少CO_2排放量约269.86吨。

5.4.4 所获荣誉

入选国家发改委国管局联合发的“绿色低碳公共机构”（图5-33）。

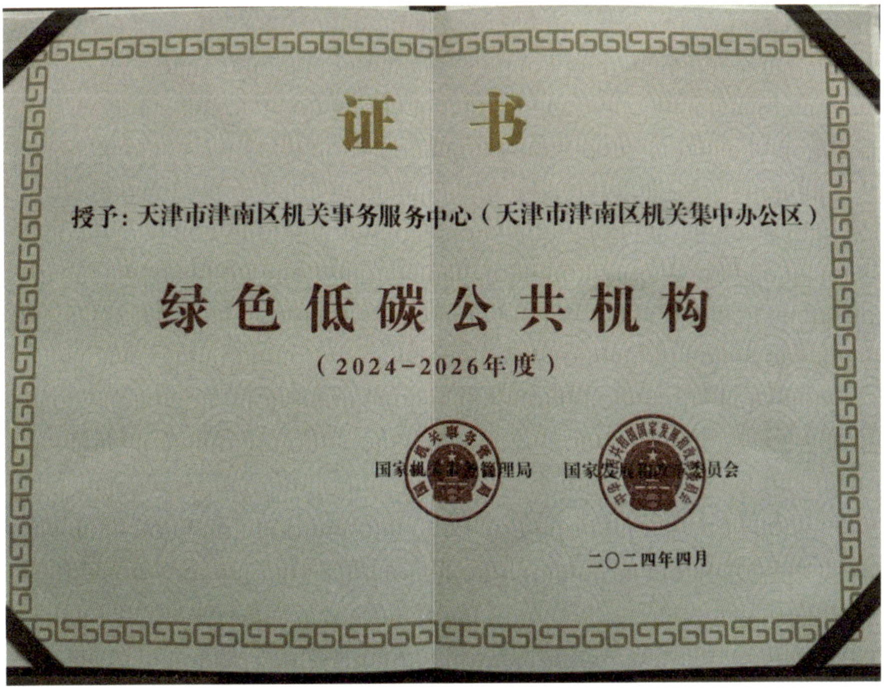

图5-33 绿色低碳公共机构获奖证书

入选国家机关事务管理局编制的《公共机构能源费用托管服务政策与实践》优秀案例（图5-34、图5-35）。

图5-34 《公共机构能源费用托管服务政策与实践》

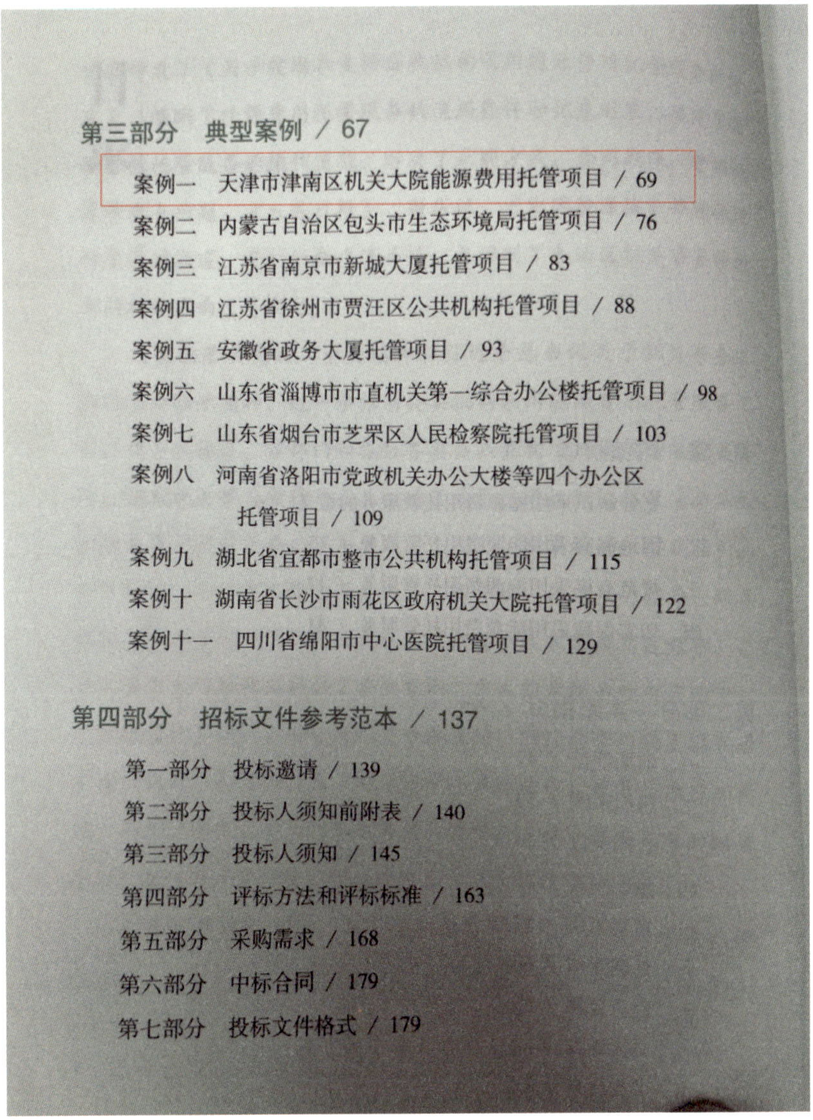

图5-35 《公共机构能源费用托管服务政策与实践》目录页

5.4.5 经验总结

1）树牢节能理念，开展先行先试

以习近平新时代中国特色社会主义思想为指导，全面贯彻党的二十大精神和习近平总书记关于机关事务工作的重要指示精神，坚定不移落实习近平生态文明思想，按照碳达峰工作部署和高等院校节约能源资源工作安排，打好用好生态科教会展“三张好牌”的发展大局，解放思想，大胆实践，摸清底数，智慧运行，率先实施能源费用托管试点工作，引领高等校园把能源节约工作贯穿于运行全过程。

2）紧密贴合实际，创新节能模式

以创新驱动、市场运行为原则，充分调动社会资本积极性，加快推动终端设备电气化，新增蓄能设备、空气源热泵机组，设置冷却塔与原水源热泵机组耦合运行，克服了原有系统水泵流量扬程较高、水循环能耗大的问题。同时，配置变频调节系统、远程温控、智慧能源控制系统等功能，提高能源利用效率。

3）开展宣传引导，营造低碳氛围

在校园内开展绿色能源替代、绿色改造、绿色公务出行、机关绿化、生活垃圾分类、绿色办公、绿色低碳倡导“七项行动”，以及“五个一系列”宣传倡议活动和“绿色低碳 节能先行”低碳机关能量兑换活动，引导全国高等院校带头学习节能减排法律法规、政策等方面知识，形成了心往一处想，劲往一处使，拧成一股绳，绿色办公、低碳生活的热潮。

5.5 本章小结

本章内容以可再生能源供应形式作为分类依据，从校园场地内可再生能源供给技术与方案、校园场地外可再生能源供给技术与方案和校园场地内外多能互补协同供应技术与方案3个方面出发，综合其他专业文献与市场报告，总结阐述了目前零碳校园可再生能源的主要供应方式，并列举部分实际案例进行论述。其中校园场地内可再生能源供给技术与方案重点介绍了可再生能源与校园建筑和校园场地的不同集成方式，通过部分实际案例说明了该种方案在空间利用、建筑美观度、经济性等方面的优势。校园场地外可再生能源包含了各种虚拟发电厂、区域能源站、碳交易等供应形式，可对场地内有限的可再生能源进行必要补充，是实现零碳目标的关键。多能互补协同供应作为传统能源应用方式的拓展，改善了传统能源应用的不足，体现了能源整合、全局考虑、一体化战略思想，不是将多种能源形势的简单相加、组合，而是在保证能源安全供应前提下的实现效益最大化的供能方式。总体而言，本章通过列举介绍多种校园可再生能源供应方式，综合可再生能源特性、建筑条件、社会经济等影响要素，辅之以各气候区典型案例的详细说明，为不同地区校园提升改善能源供应现状、实现零碳校园目标提供指导。

[1] JAYSAWAL R K, CHAKRABORTY S, ELANGOVAN D, et al. Concept of net zero energy buildings (NZEB): a literature review [J]. Cleaner engineering and technology, 2022, 11: 100582.

[2] 徐政，樊丽娟，曾祖勤，等. BAPV并网发电系统的实验研究 [J]. 太阳能学报，2011, 32(11): 1622-1628.

[3] 王嘉媛. 光伏发电技术的现状与展望 [J]. 电子技术，2023, 52(4): 307-309.

[4] 戴靠山，唐精，何任飞，等. 城市风能利用在绿色建筑中的运用综述 [J]. 绿色建筑，2017, 9(3): 44-48.

[5] 李克勋，宗明珠，魏高升. 地热能及与其他新能源联合发电综述 [J]. 发电技术，2020, 41(1): 79-87.

[6] 施壮宽. 水能利用 [M]. 北京：水利水电出版社，2013.

[7] 刘灿. 生物质能源 [M]. 北京：电子工业出版社，2016.

[8] 张军，孟祥睿，马新灵. 低品位热能利用技术 [M]. 北京：化学工业出版社，2012.

[9] 刘晓芳. 潮汐能 [J]. 能源与节能，2020(4): 129.

[10] 徐旭升. 玉环海山潮汐电站现状及保护利用建议 [J]. 浙江水利水电学院学报，2022, 34(4): 67-71, 90.

[11] 黄文龙，葛文超，任洪波，等. 全可再生能源多能互补系统优化配置与运行探索 [J]. 太阳能学报，2024, 45(5): 351-359.